航天电子技术与应用前沿

地面装备信息化技术及发展

秦　琨　等　编著

上海科学技术出版社

内 容 提 要

航天作为当今世界最具挑战性和广泛带动性的高技术领域之一,是国家综合实力和大国地位的重要体现。"航天电子技术与应用前沿"丛书基于"十二五""十三五"国家重点研发计划项目等,全面、系统反映了航天电子领域的前沿研究和关键核心技术。

进入 20 世纪以来,信息技术的跨越式发展催生了以其为先导的高新技术群的飞速发展。在地面装备领域,所面对的未来的空天威胁日益呈现出多维化、多样化、体系化、网络化和智能化等复杂特征,对面向未来的信息化地面装备提出了更高的要求。

《地面装备信息化技术及发展》一书,多层次、多角度、全方位地反映了信息化地面装备的基本内涵与发展历程,从信息获取、信息处理、信息传输、信息显示及信息指挥控制等方面对地面装备涉及的信息化关键技术进行了阐述,具有较强的现实性、针对性和指导性。

本书读者对象包括从事地面装备论证、研究、设计、运用、保障及试验的各类人员,相关领域工程技术人员,以及高校或科研机构相关专业研究生或高年级本科生。

图书在版编目(CIP)数据

地面装备信息化技术及发展 / 秦琨等编著. -- 上海:
上海科学技术出版社,2023.1
　　(航天电子技术与应用前沿)
　　ISBN 978-7-5478-5842-4

Ⅰ. ①地… Ⅱ. ①秦… Ⅲ. ①航天地面设备-信息技术-研究 Ⅳ. ①V55

中国版本图书馆CIP数据核字(2022)第165213号

地面装备信息化技术及发展
秦　琨　等　编著

上海世纪出版(集团)有限公司
上海科学技术出版社 出版、发行
(上海市闵行区号景路 159 弄 A 座 9F-10F)
邮政编码 201101　　www.sstp.cn
上海雅昌艺术印刷有限公司印刷
开本 787×1092　1/16　印张 13
字数 310 千字
2023 年 1 月第 1 版　2023 年 1 月第 1 次印刷
ISBN 978-7-5478-5842-4/V·33
定价:120.00 元

丛书编委会

本书编委会

主　　编　秦　琨

副 主 编　王　锦　吴毅杰　赵婵娟

编　　委　（按姓氏笔画排序）

王欣怡　王嘉颖　邱　睿　汪庆武

赵春雷　荀　找　姚庆璐　原浩娟

徐安祺　高　虹　董彧焘　蔡凤燕

前　言

随着以信息技术为先导的高新技术群的飞速发展,未来的空天威胁日益呈现出多维化、多样化、体系化、网络化和智能化等复杂特征,对面向未来的新型化地面装备提出了更高的要求。新概念地面装备的陆续涌现,不仅对军事理论、军队体制编制和战争形态产生了广泛而又深远的影响,还将改变未来战争的样式。

本书在吸收和借鉴了有关专家学者近年来研究成果的基础上,多层次、多角度、全方位地反映了信息化地面装备的基本内涵与发展历程,以及世界主要国家军队加强新概念信息化地面装备开发、研究、发展趋势、应用等方面的基本情况,具有较强的现实性、针对性和指导性。

编著本书时,考虑到以后5～10年信息技术的发展可能引发的地面装备发展趋势,作者力求做到能概念清晰地将地面装备的定义及分类、信息的定义、地面装备的技术等交代清楚,使读者能够通过本书的阅读和学习掌握问题的本质,从而能运用本书提供的思路灵活地解决实际问题。

本书主要面向关心信息化地面装备基本内涵、发展历程及未来趋势的工程实际工作人员和在校学生。考虑到读者可能已经具备雷达原理、雷达系统和数据处理及融合等方面的基础,故对相关知识做了简略;对这些内容不熟悉的读者,可以从《雷达系统导论》《雷达信号处理》和《多源数据融合》等图书中查阅到有关详细描述。

本书具体编写分工如下:秦琨负责全书的策划、统稿并编写第1章;王锦编写第2章、第4章;吴毅杰、赵婵娟编写第3章。原浩娟、徐安祺和赵春雷参与了第3章雷达系统部分相关文献、技术的研究和调研,提供了参考资料;董彧焘参与了第3章通信系统部分相关技术研究和资料提供;汪庆武、邱睿参与了第3章光电和人工智能相关技术的研究、材料收集及整理;王欣怡、荀找和蔡凤燕为第4章对地面装备发展建议和目标的叙述,提出了宝贵意见;王嘉颖、姚庆璐、高虹负责全书技术调研、相关材料收集和图表整理工作。本书的出版无疑是编委会所有成员共同努力的结果,在此特向他们表示衷心的感谢。同时,深深地感谢在编写过程中上海航天电子通讯设备研究所各位领导、同事的热心帮助。

虽然我们在编著本书时做了最大努力,但由于水平限制和经验不足,缺点及考虑不周之处一定不少,敬请读者批评指正。

作　者

目　　录

第 1 章
绪　　论

地面装备(ground equipment)是指部署于地面的电子设备。在地面多种装备领域，是指由各类车辆、电子信息系统、传感器系统等组成的复杂电子系统。同时随着信息技术的发展，"信息化"被高频提及。本章将首先简单阐述地面装备的概念、特征、结构及分类，然后结合信息技术的概念，将信息化和地面装备相融合并描述其现状和发展趋势。

1.1　　地面装备概述

1.1.1　地面装备的定义

地面装备综合集成体系是由多种装备系统通过信息网络连接而成的特殊集合，通常由主战系统、综合保障系统、电子信息系统组成，是庞大而复杂的装备系统。地面装备系统是由多种类型、多种功能的装备系统构成的大系统。

1.1.2　地面装备的特征

装备综合集成体系具有可扩展性、可持续性、可维护性、可演化性以及自学习性等特征。基于网络关联式的体系结构能够很好地描述体系组成部分间的相互作用关系和体系的整体特征。

以一体化联合作战需求为牵引，以信息技术为主导，运用综合集成方法，实现横向互联、纵向衔接，重点解决不同指挥系统之间，侦察、预警、导航、电子战/信息战、通信、火力打击系统之间，主战装备之间，主战装备、综合保障装备及电子信息装备之间，以及各装备系统内部基本单元之间的信息集成问题，以满足未来信息化条件下的作战需求。陆军装备系统综合集成体系是以陆军主战装备平台、信息支援平台、保障装备平台为节点，以指挥控制系统为核心，以信息传输网络为纽带，以提高作战整体能力为目标，实现功能互补、信息互通、运行协调的网络化作战体系。

1.1.3 地面装备的结构

体系的网络结构由底向上可分为三层,即单元层、系统层、体系层(图1-1)。椭圆表示装备系统单元;诸多单元间的有机联系构成装备系统,灰色方框表示装备单元在交互作用下构成的装备系统,系统层具有一项或某几项特定的功能;诸多装备单元、装备系统以一定的方式连接构成装备体系,白色方框表示相互连接的装备单元、装备系统在交互作用下形成的装备体系;不同的装备体系为完成一定的任务共同构成一体化联合体系。

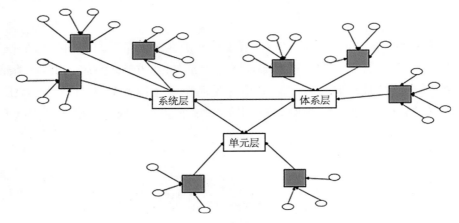

图1-1　系统网络结构层次示意图

1.1.4 地面装备的分类

1) 按类型与功能划分

从类型与功能角度,可将地面装备分为主战装备、电子信息装备和保障系统三类。

(1) 主战装备。指直接用于毁伤对方兵力、装备和破坏对方各种设施的核心,加上相关配套装备等构成的系统。其主要由装备、装备的火力控制系统及平台构成。陆军的主战装备包括轻装备、反坦克装备、装甲装备、压制装备、防空装备及空中突击装备,是实施火力打击与战场突击的手段。

(2) 电子信息装备。包括信息支援系统和电子战/信息战系统,是陆军装备综合集成的基础和纽带。信息支援系统主要用于获取战场信息、目标信息,指挥控制己方兵力兵器遂行机动与作战,确保各类信息的传输与共享,以及为己方兵力兵器提供导航定位、气象和海洋信息等。电子战/信息战系统包括干扰和破坏对方信息系统、削弱其获取、处理、传递和使用信息能力的军事装备系统和保护己方信息安全的技术手段、工具和措施等。

(3) 保障系统。包括作战保障、装备技术保障、后勤保障系统。作战保障主要包括对核化生及对其他特殊杀伤和破坏性装备的防护、消洗、侦测、伪装和假目标设置以及工程保障等;装备技术保障主要包括装备补充、系统维修、弹药保障和系统使用管理;后勤保障主要包括物资保障和运输保障。

2）按作用领域划分

地面装备的运行可从其存在和发挥作用的物理域、信息域和认知域这三个相互关联的领域来描述（图 1 - 2）。

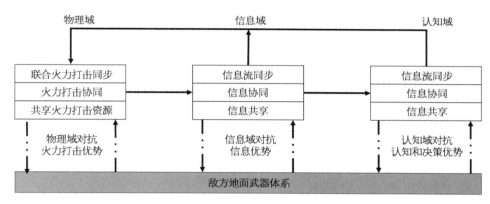

图 1 - 2 地面装备的作用领域

（1）物理域。指地面装备的物理平台和连接物理平台的通信网络存在的领域。物理域中各个组成部分通过网络实现了安全、无缝和可靠的连通，是综合集成系统存在的实体基础。在体系对抗条件下，物理域主要指火力打击域，由主战装备系统、保障系统与不同作战层次的 C⁴ISR（指挥 command、控制 control、通信 communication、计算机 computer、情报 intelligence、监视 surveillance 和侦察 reconnaissance）构成不同作战层次的物质体系。在这个物质体系内，诸多装备系统与作战人员形成诸多作战单元，单元与单元之间按照一定的协作关系连接起来，形成作战力量联网，进而共享火力打击资源，实施联合火力打击，获得作战效能同步。

（2）信息域。指产生、处理、共享信息，信息对抗以及网络攻防的领域。其物理基础是 C⁴ISR 系统联网。在体系对抗环境中，C⁴ISR 系统联网具有能力包括：搜集、获取、共享信息，关联、融合和分析处理信息，与敌进行信息对抗和网络攻防。

（3）认识域。指感知、理解，通过推理做出决策的领域。认知域的物理基础是指挥控制系统联网。战场中的各指控单元通过各种网络途径互通信息，每个指控单元都有自己对战场环境的认识；不同指控单元的态势感知，依赖网络进行交互、磋商与协调，形成共识，利用共享态势进行协同，最终形成一致的作战意图，获得决策优势。信息流同步、信息协同和信息共享是认知域的三个级别。

地面装备的整体优势体现在物理域、信息域和认知域的对抗活动中。在体系对抗条件下，三者环环相扣，从物理域中来，经过信息域、认知域，再到物理域中去，形成完整的作战过程。在这个过程中，信息是装备综合集成的内因，网络是价值创造的源泉。体系对抗在物理域、信息域和认知域以不同的形式、不同的方式进行，每个域中都有共享、协同和同步三个级别,且都有敌我网络对抗的问题。正是依赖于物理域各作战单元的互联互通互操作,才形成了以信息基础设施为主的网络优势,进而形成整个作战空间以 C⁴ISR 系统联网为基础的信息优势,最终形成以数据融合和知识发现为主的认知优势、以一体化联合作战构想与协同为主的组织优势、以一体化联合作战为表现形式的行动优势。依靠物理域、信息域和认知域之间的价值链运作,陆军装备综合集成体系形成了高效、可靠、自适应的信息化条件下的网络化作战体系。

1.2　信息概述

1.2.1　信息的定义

信息,"音信消息"也。依据《新词源》考证,早在中国唐朝年间,诗人李中就在他的诗作《暮春怀故人》中提到"信息"一词:"梦断美人沉信息,目穿长路倚楼台",其中的"信息"就是消息的同义词。在西方的早期文献当中,信息和消息也是互相通用的。美国数学家、控制论奠基人诺伯特·维纳在 1984 年出版的《控制论——动物和机器中的通信与控制问题》一书中提出:"信息就是信息,不是物质也不是能量",这是对信息本质的最深刻且有理论性的科学论断,其首次将信息与物质、能量放在同等地位。诺伯特·维纳从物的交换的角度给出了对于信息的解释:"信息是我们适应外部世界,并且使这种适应为外部世界所感知的过程当中,同外部世界进行交换的内容的总称。"意大利学者朗高在 1975 年出版的《信息论:新的趋势与未决问题》一书中提出:"信息是反映事物的形式、关系和差别的东西,它包含在事物的差异之中,而不在于事物本身。"宇宙间的万事万物都在运动和变化着,都有一定的运动状态和状态改变的方式,可以说,自然界和人类社会的一切活动都在产生着信息。

信息既广泛地存在于自然界当中,同时又是以信息化产品(包括硬件、软件、系统和服务)作为媒介进行传播的独立对象。从本体论而言,它是事物运动的状态和状态改变的方式;从认识论而言,信息是主体能够进行感知的"事物运动状态和状态改变的方式",包括主体所关心的这类运动状态变化的表象、含义与价值。信息又是关于客观事物运动状态的一种认知形式,是维持人类的社会与经济活动所需的第三种资源(物质、能量与信息)。事实上,半个多世纪以来,对于信息的定义可谓五花八门,这是由于不同的学者在不同的语境与角度下对"信息"进行思考的结果。时至今日,信息也并无一个达成统一认知的定义,这是由于信息本身是一个有极大影响和指代范围的概念。目前认同度比较高的关于"信息"的定义包括:"信息是人与人之间传播着的一切符号系统化知识",信息是"决策、规划、行动所需要的经验、知识与智慧"等。

信息大体可以分为自然信息、社会信息和人的信息。自然信息大到宇宙,小到基本原子,上至天文,下至地理。社会信息则一般包括经济、军事、政治、文化等社会的各个方面。人的信息来源于生理和精神两个层面,人类自从诞生以来就一直在创造着各式各样的信息。

信息的采集、交流与应用普遍存在于人类社会当中。人类对于世界的理解大致可分为三个层面,即数据层、信息层和知识层,其结构如图 1-3 所示。数据层是未经过组织的事实与符号,信息层是被有意识结构化的事实与符号,知识层则是在社会实践中可以进行应用的理论化信息。这三个要素构成一个解读、经验积累与表达的循环过程。从设计的角度而言,信息是将数据转化成有价值的内容,并构造文脉环境、使得其能够易于被用户理解,最终转化成用户可以进行应用的知识。信息虽然可以帮助人们了解事物运动的状态到底是什么,这种状态将以什么方式转变,但不一定具备普遍抽象的本质。因此,信息具有可以被转化成知识的基础,但其本身并不能够被称为知识。

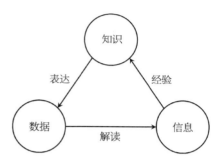

图 1-3 "信息"的概念结构图

随着历史的发展和社会的进步,信息的交流渠道与传播方式均发生了重大的变革,信息还体现了当今社会的诸多内涵。比如,信息虽然无法被人看到或触摸到,但是同样可以作为商品进行交易。从理论上讲,将任何人说出、唱出、描绘或者拍摄的所有事物进行记录下来并保存为信息,是完全可以实现的。几乎所有的信息,只要能够对其进行数字化处理和加工,就一定有足够的磁盘和芯片空间将它们全部进行数字存储。任何信息一旦被存储进计算机,就可以在转瞬之间通过互联网进行复制并传播到世界的每一个角落。从美学的角度而言,信息的传递和交互性已经在技术的范畴中得以实现,而信息的平衡将是未来的美学原则。对信息进行设计,终极目标是能够针对人们的各种显性与隐性需求创造愉悦的用户体验。对信息进行理解与应用,就要能够掌握信息产生的时间与环境,了解信息的本质特点,从传播速度与广度层面把控信息。

1) 广义定义

从广义角度,信息是广义主体对广义客体的表征,或者更一般地说,信息是一事物对他事物的表征。这个定义是最一般、最普遍的定义,适用于广泛的领域;它的内涵小而外延广。也许,这个定义能够统一现代科学中使用的各种信息概念。也就是说,传感器获取的信息、计算机操作的信息、生物遗传信息、生物体之间交流的信息、人类社会交际的信息,都可用一事物对他事物的表征来定义。

对信息的广义定义大致可以归纳为三种类型:第一种是通信技术观。认为信息是减少不确定性的东西,信息是一种熵,而且仍然有人认为一般信息的单位是比特。这是因为人们对信息重视和认真研究在很大程度上源于香农提出信息论,归功于现代通信技术的发展,不过 Information 一词并不是香农创造的,信息概念的现代应用已经远远超出通讯领域的范畴。第二种是本体论或客观论,认为信息是反映客观事物运动状态及变化的方式,信息是自然界的客观存在,这类信息的运动当然与主体无关,如有人认为信息是一种场的观点,是事物联系的普遍形式,有人将信息和物质、能量一起并列为宇宙的三大基本要素。第三种是主体论或主观论,认为信息是人对事物的认识,或是被反映的物质的属性,如定义信息是经过加工后的数据或编码的知识,控制论奠基人维纳认为信息是人和外界相互作用的过程中互相交换的东西,还有人认为,信息应该是对人有用的东西,有人认为信息必须是新的,必须具有某种价值,等等,特别是在研究经济信息时,对信息的认识在很大程度上有赖于人的主观感觉[1]。

2) 狭义定义

美国数学家、信息论的奠基人克劳德·艾尔伍德·香农(Claude Elwood Shannon)在他的著名论文《通信的数学理论》(1948 年)中提出计算信息量的公式: 即一个信息由 n 个符号构成,符号 k 出现的概率为 p_k,则有

$$H = \sum_{k=1}^{n} p_k \log_2 p_k \tag{1-1}$$

这个公式和热力学的熵的本质一样,故也称为熵。从式(1-1)可知,当各个符号出现的概率相等,即"不确定性"最高时,信息熵最大。故从狭义角度,信息可以视为"不确定性"或"选择的自由度"的度量。

美国数学家、控制论奠基人诺伯特·维纳在他的《控制论——动物和机器中的通信与控制问题》一书中指出,信息是"我们在适应外部世界、控制外部世界的过程中同外部世界交换的内容的名称"。英国学者威廉·罗斯·阿希贝(William Ross Ashby)认为,信息的本性在于事物本身具有变异度。意大利学者朗高在他的《信息论:新的趋势与未决问题》一书中认为,"信息是反映事物的形成、关系和差别的东西,它包含于事物的差异之中,而不在事物本身"。

1.2.2 信息的特征与属性

1) 信息的特征

(1) 客观性。信息是客观事物在人脑中的反映,而反映的对象则有主观和客观的区别。因此信息分为主观信息与客观信息,主观信息必然要转换成客观信息。

(2) 普遍性。物质决定精神,物质的普遍性决定了信息的普遍存在。

(3) 无限性。客观世界是无限的,反映客观世界的信息自然也是无限的。无限性可以分为两个层次: 一是无限的事物产生无限的信息;二是每个具体的事物或有限个事物产生无限的信息。

(4) 动态性。信息是随着时间的变化而变化的。

(5) 相对性。不同的认识主体从同一事物中获取的信息以及信息量可能是不同的。

(6) 依附性。信息的依附性可以从两方面来理解: 一方面,信息是客观世界的反映,

任何信息必然由客观事物所产生,不存在无源的信息;另一方面,任何信息都要依附于一定的载体而存在,需要有物质的承担者,信息不能完全脱离物质而独立存在。

(7) 交换性。信息通过处理可以实现变换和转换,使其形式或内容发生变化,以适应特定的需要。

(8) 传递性。信息在时间上的传递就是存储,在空间上的传递就是转移或扩散。

(9) 层次性。客观世界是分层次的,反映客观世界的信息也是分层次的。

(10) 系统性。信息可以表示为一种集合,不同类别的信息可以形成不同的整体。因此,可以形成与现实世界相对应的信息系统。

(11) 转换性。信息的产生不能没有物质,信息的传递不能没有能量,但是有效的使用信息,可以将信息转换为物质或能量。

2) 信息的属性

(1) 精确性。指对事物状态精确的描述。

(2) 完整性。指对事物状态描述的全面程度,完整信息应包括所有重要事实。

(3) 可靠性。指信息的来源、采集方法、传输的过程是可以信任的,符合预期的。

(4) 及时性。指获得信息的时刻与事件发生时刻间隔的长短。

(5) 经济性。指信息获取、传输带来的成本在可以接受的范围之内。

(6) 可验证性。指信息的主要质量属性可以被证实或证伪的程度。

(7) 安全性。指在信息的生命周期中,信息可以被非授权访问的可能性,可能性越低,安全性越高。

1.2.3　信息的作用

(1) 为认识世界提供依据。人们认识世界,首先要获取认识对象的有关信息,并通过对这些信息的加工获得有关知识,从而形成正确的认识。

(2) 为改造世界提供指导。人们认识世界的目的是改造世界,而改造世界就必须有正确的观念作为指导。

(3) 为有序的建立提供保证。人们所有活动的目的都是使客观世界变得更加有序。这种有序至少包括两种情况:一是使得本来有序的客观世界得到改善,变得更加有序;二是打破原来的有序,建立一种新的有序。无论哪种情况都需要有信息的保证。

(4) 为资源开发提供条件。人类社会的生存和发展要建立在资源之上,所有这些资源可以分为两类,即有形资源和无形资源,无论开发有形资源或无形资源都需要信息。

(5) 为知识生产提供材料。生产是人类生存或发展的基础或前提,包括物质产品与精神产品的生产。其中知识生产是精神产品生产的主要内容,而信息则为知识生产提供材料。

1.2.4　信息的交互

不同于"信息"的名词属性,"交互"是一个动词。在古时期的《京氏易传·震》中就有记载："震分阴阳，交互用事。"《后汉书·左雄传》中也云："自是选代交互，令长月易，迎新送旧，劳扰无已。"而依据《现代汉语词典》的解释，"交"的字义包括"相错、结合""一齐、同时"，"互"的字义是"彼此"之意。"交互"的字面释义为"互相、彼此""替换着"；除此之外，"交互"还包含着"和谐"的思想，主要是指适合、协调和恰当。

一般而言，交互泛指人与自然界一切事物的信息交流，表示两者之间的互相作用和影响。双方之间（包含人与人之间、人与机器之间、机器与机器之间）所发生的信息交换，用户可以做出单方面的反应，而另一方也须根据信息的输入做出相应的反应；交互也可指双方之间涉及实物或服务的交换。交互一词在计算机科学中有着广泛的应用，其意为"参与活动的对象可以相互交流，进行双方面互动"。

1.2.4.1　交互的属性

交互具有多层面、多维度的属性。在进行交互属性研究的过程中，许多不同的学术领域对于交互的属性有着不同学术角度的见解和观点。

1）传播学领域

研究学者们将交互看作信息通道的属性之一，这是由于交互使得信息传播过程中的信息发送者和信息接收者之间建立动态依赖成为可能。舍扎夫·拉菲里（Sheizaf Rafeali）就认为，交互代表了一个系统中信息互相联系，尤其是之后的信息关联之前的信息的解释程度[2]；他将交互视为基于连续信息相关性的变量。凯利·何特尔（Carrie Heeter）则延续了拉菲里的研究思路，将交互与媒体结构、用户应用的过程结合起来展开探讨。此外，路易萨·哈（Louisa Ha）与林肯·詹姆斯（Lincoln James）从人际沟通的角度定义了交互的属性，指出"交互代表了信息发送者与信息接收者对与对方的沟通做出反馈的程度以及渴望促进相互间沟通的需要"[3]。依据传播学的研究结论，在信息传播过程中通过信息接收者做出的反馈所生成的信息交换，均可视为交互。交互与用户心理及其行为特征有紧密的联系，无论对于何种传播媒介而言，这种联系均具有本质的一致性。

2）计算机科学领域

交互常被看作一种用户进行信息输入从而进行系统响应的过程，是用户参与计算机系统进行沟通与交流的一种机制。比如简思·弗雷德里克·简森（Jens Frederik Jensen）认为，人与计算机之间的控制形式及其在人机交互领域中的应用是交互的决定性因素。阿里那·贝曾·艾弗里（Alena Bezjian Avery）认为，"从根本上说，交互代表着用户控制信息的能力"[4]。乔纳森·E. 斯图尔特（Jonathan E. Stewart）也指出，"交互反映了信息用户实时参与并调整信息媒体环境形式与内容的程度"[5]。李杰兴则基于用户媒体和用户两种关系，将交互视为依据信息用户的反馈而变化的事物。概括而言，计算机科学领域的研究人员通常认为交互代表着信息用户在某种时候对于某种信息所施加的响应与改变。

3）心理学和社会学领域

在心理学领域，交互通常反映了人与人之间沟通的状况评价。舍丽·图科（Sherry

Turkle)认为,交互代表了人际关系与人文主义的一种变量。而在社会学领域,研究学者大多认为,交互的概念代表着多人之间相互适应彼此的行为与联系方式;比如斯塔基·邓肯(Starkey Duncan)就将交互看作一种信息双方相互意识到对方存在的状态。

1.2.4.2 交互的类型

早在 1986 年,简·伯德维克(Jan Bordewijk)与本·文姆(Ben van Kaam)就提出了交互的四部分模型,其中的核心概念是对于中心以及个体来源的控制。整个模型由两个维度组成,分别是信息来源的控制、时间和主题的控制。该模型简明扼要地揭示了在信息传播过程中存在的最典型的交互类型,其在类型学、传播学等领域产生了较大的学术影响。模型包括以下四个方面:

(1)训示。指信息从一个信息发送者实时传送到许多信息接收者的过程,是一种点对面的传播。这是一种比较传统而典型的单向沟通模式,鲜有反馈情况的出现。传统的电视节目、报纸杂志及电影等均属于这种信息传播类型。训示是一种可以让信息用户在某个单向的信息媒介系统中,从连续不断的信息流中进行选择的方式,交互含量很低。

(2)咨询。反映某个信息个体在信息中心的信息库中查询信息的过程。比如在某个计算机环境当中,信息用户进行信息数据的查询等均属于这种信息传播类型。咨询为信息用户带来了很大的便利,可以帮助信息用户在某个双向交互式信息系统中完成信息请求,进而做出基于自身需求的选择。

(3)注册。反映的是与咨询相反的信息传播过程,即信息中心对于某用户信息的记录与储存。注册常见于系统对某信息用户的监督过程中,但有时也会被不合法的利用带来一定的负面影响。注册展示了一种信息媒体中心去适应某个信息用户的信息传播方式,其交互含量与咨询是大致相同的,区别在于两者的信息传播方向是相反的。

(4)对话。指两个或更多的信息个体间通过媒介进行直接交流的信息过程,常见的电话、短信、微信等均属于这种信息传播类型。对话允许信息用户在一个双向的系统中进行信息输入并能得到实时反馈,主要包含了人与人的交互、人与机器的交互。由此可见,对话相比其他三种典型的交互类型而言,具有更高的交互含量。随着对于交互类型的深入研究,学者克里斯蒂娜·斯普尔京(Christina Spurgeon)指出,"对话"这一交互类型实际上还包括了"注册",强调了信息用户同时也是信息创造者这一全新认知,这对于交互类型的发展广度具有十分重要的指导意义。

1.2.4.3 信息交互方式的演进

在任何一个社会形态里,人与人之间都存在着空间上的距离和情感上的交流需要,这决定了社会大众对于信息交互活动的必需性。信息交互方式的演进是需要一个过程的演化,信息在社会环境中传播的速度和完成度在某种意义上标志着社会文明的发展水平。

在原始及农业社会时期,自文字出现后,人类从真正意义上开始进行信息传播,造纸术与印刷术的出现使得信息传播开始走向大众化。在这一历史时期,信息传播的速度比较缓慢、内容也比较简单。比如中国古代的驿站,实质上只是一种信息传播的渠道载体,虽然其在速度上具有一定的优势,但是只能传递比较简单的文字信息与符号信息。

到了工业社会,信息的传播形式开始转向机械化、电子化,信息内容也可以通过音频、视频、图像等形式综合呈现。电报、电话、无线电广播、电视的发明,意味着信息的传播速度已经接近于光速,这大大加快了人类社会发展的步伐。信息可以远距离短时间进行传播,传播范围进一步扩大,传播效率进一步提高。

信息社会时期,信息传播形式变得更加丰富多样,每一个信息用户都可以根据自己的习惯和喜好来灵活选择适合自己的信息交互方式,信息互动性与主体选择性的特点得到明显增强。快速变革的信息技术促进了传统媒体和新媒体的跨媒体融合,这既推动了信息技术的进一步发展,又实现了信息资源的进一步优化整合。互联网的普及与应用极大地丰富和加强了信息传播的速度与信息内容涵盖范围,信息开始以互动、双向的形式更多服务于人类的信息交互活动,人类真正进入"地球村"时代。与过去相比,信息社会的信息传播形式由"一点对多点"演变成"多点对多点",信息的采集与传播主体不再被专门机构所垄断。每一个信息用户都是信息的采集者和接收者,信息的互动变得更加频繁,用户进行信息交互参与性的提高使得信息受众趋于小众化、个性化。就像传播学者威尔伯·施拉姆(Wilbur Schramm)提到的,"信息技术革命在信息时代的一个趋势是,个人具有越来越大的使用媒介的能力而不是被媒介所利用。在这种信息交互的模式中,没有绝对的权威,每个人都可以在网络平台上发表言论和观点,任何主流的观点和声音既可能受到广泛的认同,也可能遭到诸多反对意见。信息社会的信息交互方式特点为'处处是边缘,无处是中心'"。

信息社会中的信息交互方式非常多元化,既有通过传统大众媒介(如见面交谈、电话、信件)展开的信息交互活动,又有依赖于新兴信息技术(如电子邮件、即时通信、视频电话)的互联网应用。信息交互双方通过以网络为主的信息媒介不断地进行信息的传播与接收,并根据对方的反馈信息随时进行信息的补充与修改。相比传统的信息交互方式,基于网络的信息交互方式含有一定的时间成本,比起面对面印象的形成较为缓慢,但最终能达到与面对面交流同等的交流效果,信息交流的数量则大致平等。互联网络的存在为信息交互活动营造了前所未有的空间,网络的匿名性、变化性和主动性为人们带来了全新的信息应用可能,无论是从数量还是质量上都扩展了人们的信息交互行为。

信息产业是信息社会知识经济的基础。随着信息科学技术的发展,信息的传播渠道和应用范围会不断扩展,这为信息内容提供了更加丰富的收入模式和更加广阔的利润空间。尤尔根·哈贝马斯(Jurgen Habermas)在谈到传统社会中的信息产生条件时认为,传统的信息交往过程中存在系统性扭曲现象,即信息存在非对称性,信息的沟通是不畅通、不健全的。而在信息社会里,借助计算机与互联网的发明与大规模普及,人们有效地构建了与以往社会形态完全不同的信息交互环境。信息获取和传递十分方便,信息生产发达,信息消费也非常普及,信息发送者和接收者之间的信息交流是双向及多向的形式。在信息社会里，信息的互动是信息社会组织的中心，人们可以有选择地进行信息交互活动。网络化传播为主的信息传播与信息分享模式具有个性化、目标性、双向性和全球化的特点。不论从信息传播的深度、广度和互动程度等任何视角来看，信息社会都远远胜过了过去任何一个社会形态。

1.3　信息化技术概述

信息化的概念起源于 20 世纪 60 年代，指现代信息技术应用，特别是促成应用对象或领域（比如企业或社会）发生转变的过程。自 20 世纪末期以来，信息化成为各学科、领域中使用频率非常高的概念之一，常指对象或领域因信息技术的深入应用所达成的新形态或状态。例如，信息化战场指信息技术应用到一定程度后形成的战场形态，它包含许多只有在充分应用现代信息技术时才能达成的新特征。关于信息化的概念，在中国学术界进行过较长时间的研讨，最终产生的对信息化的定义为：信息化是指培育、发展以智能化工具为代表的新的生产力并使之造福于社会的历史过程。

信息化过程是一个循序渐进的过程，可从以下四个方面理解其含义：

（1）信息化是一个相对概念，所对应的是社会整体及各个领域的信息获取、处理、传递、存储、利用的能力和水平。

（2）信息化是一个动态的发展中的概念，信息化是向信息社会前进的动态过程，所描述的是可触摸的有形物质产品起主导作用向难以触摸的信息产品起主导作用转变的过程。

（3）信息化是一个渐进的动态过程，是从工业经济向信息经济、从工业社会向信息社会逐渐演进的动态过程，每一个新的进展都是前一阶段的结果，同时又是下一发展阶段的新起点。

（4）信息化是技术革命和产业革命的产物，是一种新兴的最具有活力和高渗透性的科学技术。

信息化技术是指将智能化工具作为生产工具，通过获取信息、传递信息、处理信息、再生信息、利用信息的技术方式创造生产力。与过去不同的是，信息化技术的生产工具不再是一件孤立分散的东西，而是一个具有庞大规模的、自上而下的、有组织的信息网络体系。这种网络性生产工具改变了以往的生产方式、工作方式、交流方式、生活方式等，也改变着现代通信方式、经济发展、国防技术乃至战场模式，给国家发展及人类社会带来了天翻地覆的变化。

1.4　地面装备信息化概述

所谓地面装备信息化，是指利用信息技术和计算机技术，使地面装备在预警探测、情报侦察、精确制导、火力打击、指挥控制、通信联络、战场管理等方面,实现信息采集、融合、处理、传输、显示的网络化、自动化和实时化。地面装备信息化沿着两个方向发展:一个方向是对机械化武器装备进行信息化改造和提升。需要说明的是,地面装备信息化不是对机械化武器装备的简单否定和抛弃,而是对机械化武器装备的改造和提升。形象地讲,就是把计算机技术和信息技术以模块形式嵌入机械化地面装备之中,使机械化地面装备具备类似于人的"眼睛、神经和大脑"的功能,从而使其综合作战效能倍增,满足信息战争作战的需要。另一个方向是研制新的信息化地面装备,如 C⁴ISR 系统、计算机网络病毒、军事智能机器人等。地面装备信息化使得电子信息系统在武器装备体系中的比重将越来越大,相应的作战保障装备的地位和作用不断提升,武器装备体系中除了传统的硬杀伤兵器,还将出现软杀伤兵器。

自第二次世界大战(简称"二战")以来,作战平台本身的性能已经接近物理极限。随着信息技术的发展和信息时代的到来,人们发现在武器平台上加装信息设备,可以成倍提高平台的作战能力,由此引发了武器装备的信息革命。信息化武器装备的出现,是信息技术、计算机技术、空间技术及新材料技术等高新技术,作用于传统武器平台的必然结果。信息化武器装备与传统机械化武器装备的最大区别就在于,前者是网络系统中的武器,后者是单个武器平台。

当前,一些发达国家军队在加速推进全维一体、融合发展的信息化转型中,均重视把全力推进陆战武器装备一体化系统对抗的变革与发展当作重要一环,从而使现代战争既表征为武器对武器的对抗,也更加凸显出体系对体系、系统对系统的对抗。陆军是世界上最早出现和最为基础的军种。而今,随着信息时代的到来,陆军战场已今非昔比,陆战武器装备于变革中大力运用高新技术武装自己,开始谱写新的变奏曲:不断优化自身结构,更加注重系统集成、融合发展和注重一体化运用,使得现代战争舞台异彩纷呈。陆军航空兵的诞生,使得陆军如虎添翼,具备了空地一体的作战能力;"陆战之王"坦克装甲车辆"嵌入"数字化信息系统,使之在各种战场环境中机动更加自如;先进制导技术使炮兵、防空兵火力打击更加精确;现代化工程装备大量列装,使"开路先锋"能够化天堑为通途……现代陆战已开始由单兵种作战向各兵种一体化联合作战发展,以系统对抗为主导的发展模式已经取代单元对抗模式,单元作战优势也必然开始让位于"体系对抗优势"。

信息化作战的地面装备是以信息技术为核心,直接用于摧毁、破坏和削弱敌方信息和信息系统,并保护己方信息和信息系统的各种武器装备的统称,主要包括信息对抗侦察、信息进攻、信息防御与保障武器装备,如今已愈来愈成为陆战武器装备体系的"新宠"。现代战争表明,信息战武器已成为高技术局部战争中夺取信息优势的主战装备,也是夺取未来高技术战争制高点——信息优势的重要法宝。目前,世界各国特别是军事强国不惜投入大量人力和财力,秘密研制各种信息战武器,如计算机病毒武器、高功率微波武器、光电干扰与激光制盲武器、信息对抗侦察装备、电磁脉冲武器等。此外,一些军事强国还在考虑研制纳粹机器人和芯片细菌武器等,其能像吞噬垃圾和石油废料的微生物一样嗜食硅集成电路,对信息战地面装备可造成毁灭性攻击。

火力战与信息战紧密融合也是现代战争中地面装备信息化的一个重要特征。主战平台系统加速向通用化、轻型化、快速化方向发展,并在加速更新换代中呈现出许多新特点:强调一专多能,减少型号品种;注重性能质量,提高通用性和互换性;利用信息技术将多代武器装备组合成新型系统;重视现有装备的改进改造,实现一代平台、多代负载等。部分国家的陆军为了适应多元化作战目标和复杂作战环境等不确定因素的要求,在设计新型装甲战斗车辆和武装直升机时,尽可能采用通用的设备系统和技术标准,以发展具有多种功能的一体化陆战平台。尤其进入 21 世纪以来,各军事强国根据快速反应作战及现役装备庞大笨重、难以空运等情况,非常重视作战平台的轻型化和快速化发展。例如,美国正在研制的第四代主战坦克,重量仅 15~20 t(现役 M1A2 坦克重约 68 t),一架 C-17 运输机可运载 3 辆该坦克,从而有效实施远程作战。

此外,精确制导弹药技术目前正在向灵巧型和智能型方向发展。在信息化战场上,灵巧型弹药将能够自主搜索、锁定并摧毁敌方目标;智能型弹药则能够依靠战场信息链路获得所攻击目标的信息或自主发现巡逻区域的目标,完成目标类型识别、攻击任务再分配或摧毁目标。尤其是还有能够为战役或战术指挥员提供战场态势信息、目标毁伤信息的视频侦察弹,能够对威胁地域进行监测的战场传感器弹,能够对敌方战役战术通信进行压制干扰的通信干扰弹,能够对敌方电子装备实施硬摧毁的高功率微波弹等。这些信息化弹药融入 C^4ISR 网络,使得陆战水平产生了巨大飞跃。

近年来随着微电子和计算机技术的飞速发展及其在陆战武器装备上的应用,陆战平台控制数字化、智能化和网络化已成为重要趋势。从一些国家的发展情况看,综合电子信息系统目前主要有三种新趋势:一是继续大幅提升信息获取、处理和使用能力;二是实现一体化无缝链接,可在全球任何地方获得全方位信息接入和获得信息支援;三是提高生存能力。由于综合电子信息作战系统同时也是作战打击的主要目标,因此提高抗干扰和抗毁伤能力,无疑是未来综合电子信息系统发展的重点。在现代战场地面装备中,数字化作战系统的出现,则是陆战地面装备发展的一个里程碑。现代单兵数字化装备又称"单兵一体化防护系统",是 21 世纪士兵"从头到脚",从攻击、防护到观察、通信、定位,能实时地侦察和传递信息的在数字化战场上使用的个人装备组合,具有人机一体化、多功能等特点。目前,美国、俄罗斯、英国、以色列、澳大利亚等国都制定了单兵数字化装备发展计划。外军认为,未来数字化的士兵,将是有指挥、协调、保障功能的作战系统单元,甚至将成为地面作战无人时代的开端。

第2章
地 面 装 备

地面装备的多样性和多维性,使得很多复杂电子系统都可归为地面装备一类。本章从地面装备的分类开始,对典型地面装备做详细介绍,并对一些国家的地面装备进行阐述。最后将列举几个著名且具有各自特征的典型地面装备。

2.1 地面装备分类

2.1.1 雷达系统

2.1.1.1 概述

雷达是一种电磁传感器,用作对反射性物体的检测和定位。其工作可以归纳如下:

(1)雷达通过天线辐射电磁能量,使其在空中传播。

(2)部分辐射的能量被雷达某个距离上的反射体(目标)截获。

(3)目标截获的能量重新辐射到许多方向上。

(4)一部分重新辐射的(回波)能量返回至雷达天线,并被雷达天线所接收。

(5)在被接收机放大和进行合适的信号处理后,在接收机的输出端做出目标回波是否存在的判决,此时,目标的位置和可能其他有关的信息就得到了。

雷达可以在远或近距离,以及在光学和红外传感器不能穿透的条件下完成任务。它可以在黑暗、薄雾、浓雾、下雨和雪时工作。高精度测距和全天候工作能力是其最重要的属性之一。

地面装备通常采用无线电指令制导体制,地面设备由一部目标指示雷达和若干部跟踪制导雷达组成。目标指示雷达的任务是:完成对空中目标的探测、识别和分类,将要实施拦截的目标指定给跟踪制导雷达,并对整个拦截过程的技术状态进行监视控制。为了适应多目标的作战环境,跟踪制导雷达可由2~4部雷达组成,也可是一部多功能相控阵雷达组成。跟踪制导雷达的任务是:跟踪来袭目标,计算导弹发射条件,为导弹发射装置提供瞄准的方向,发出发射导弹的点火指令,对导弹离开发射架后的整个飞行过程进行控制,直到完成拦截任务为止。

2.1.1.2　目标指示雷达

在地面装备中,为了缩短系统的反应时间,必须配置一部目标指示雷达来完成对敌我目标的识别和威胁判断,以及实施对作战任务的指挥控制。虽然新一代跟踪制导雷达采用相控阵体制,具有多目标、多功能的特性,可以独立完成作战任务规定的所有功能,但是它需要消耗系统不少资源,当拦截的目标数较多时,会减少系统的反应时间,影响全系统的作战效果。所以,通过配置目标指示雷达来均衡分配作战任务仍然是必要的。在装备设计中,目标指示雷达可以是两坐标雷达或三坐标雷达,具体的选择要根据武器系统的要求来决定。

目标指示雷达的功能是在较大的作战空域内监测目标,尽早发现来袭目标,并向拦截作战火力单元提供警报信息和目标指示,以便后者能及时做好战斗准备,制导雷达在有目标指示的情况下可以更快地截获并跟踪目标,缩短作战反应时间。在对付密集攻击的多批目标的作战情况下,要求目标搜索指示系统具有边搜索边跟踪目标的能力,向多个火力单元分配目标指示信息,组织火力协同,提高防空作战效率。目标搜索指示系统可以由一部或多部雷达组成,也可以由防空体系的预警雷达网通过指挥控制中心直接提供预警和目标指示信息,但必须满足跟踪制导雷达要求的指定精度和数据率。典型的例子有美国改进型"霍克"地空导弹系统,它配有一部脉冲目标指示雷达 AN/MPQ50 和一部连续波目标指示雷达 AN/MPQ48;前者用于探测中高空目标,工作在 L 波段,能在严重地物杂波干扰环境下探测低空飞行目标。它们在搜索发现目标后,将目标信息经信息协调中心处理后传送给跟踪制导雷达。法国的"响尾蛇"低空近程地-空导弹系统配有搜索指挥车,采用 E 波段脉冲多普勒雷达,能边搜索边跟踪,可以监视 30 个目标,并对其中的 12 个目标进行跟踪,为 4 部发射制导雷达车提供目标指示信息。

2.1.1.3　跟踪制导雷达

跟踪制导雷达系统是一种由各类探测、控制、数据传输、通信、光电等设备集成的防空导弹武器系统中的地面装备。它的主要任务是:完成对来袭目标的探测、跟踪和识别;同时对拦截导弹实施全过程控制,直至摧毁来袭目标。跟踪制导雷达是地面武器系统中的重要组成设备之一。

防空武器系统的工作体制决定了跟踪制导雷达的工作体制和组成。例如,"响尾蛇""Roland"等近程地空导弹系统采用单脉冲跟踪雷达;"长剑"地-空导弹的基本型采用光学瞄准跟踪系统,改进型也增加了单脉冲跟踪雷达。苏联 C-25 中程地-空导弹系统的制导雷达采用机电扫描体制,在 $10°×10°$ 的空域内可同时跟踪目标与导弹,测量它们的相对坐标,测量角度的精度可达到 $1'～2'$。20 世纪 80 年代的新一代中远程防空导弹系统采用一种典型跟踪制导雷达——相控阵雷达,能够在大的作战空域内同时制导多枚导弹、拦截多个目标,大大提高了系统的作战效能;美国的"爱国者"系统和俄罗斯的 C-300 系统都采取了这种体制。在这种系统中,雷达测量通常采用绝对坐标制。跟踪制导雷达除了完成对导弹的制导外,还要完成拦截效果的评估任务。

多功能相控阵雷达能在大空域范围内完成多种任务,例如搜索多个目标、跟踪和制导多枚导弹,对多个目标进行拦截等。多功能相控阵雷达在防空导弹武器系统中的应用,标志着防空导弹武器系统发展到一个新阶段,它加强了武器系统对付多个目标和多种威胁的能力。在美国研制的"爱国者"系统、"宙斯盾"系统和俄罗斯研制的 C-300 系统中,跟踪制导雷达均采用了多功能相控阵雷达。这些防空导弹武器系统能在复杂的电磁环境下工作,是目前世界上最先进的防空导弹武器系统。多功能相控阵雷达具有波束控制灵活、能进行多目标跟踪的特点,还可以根据不同的任务要求实现能量自适应管理,因此在拦截高速目标、减少系统反应时间方面起到了关键性的作用。

近年来,固态有源相控阵雷达技术的快速发展,使相控阵雷达技术发展到了一个新阶段。固态有源相控阵雷达采用收/发组件(T/R组件)与天线单元组成一体,大大减小了馈线系统的插入损耗;固态有源相控阵雷达采用数字波束形成(digital beam forming,DBF)技术,能够灵活控制天线的波束形状,自适应地在干扰方向上形成天线方向图的零点,从而获得优良的干扰抑制效果;固态有源相控阵雷达还能够根据不同作战环境的需求,十分方便地发射多种波形,获得较强的抗干扰能力;固态有源相控阵雷达容易获得大的功率孔径积,这有利于有效地探测、跟踪远程弹道导弹和具有隐形特性的目标。由于这些优点,各国目前对固态有源相控阵雷达的发展都非常重视。未来的多功能相控阵雷达将向着固态化的方向发展,具有更高的可靠性,更强的信号处理能力、抗干扰能力和自适应能力。

2.1.1.4 典型雷达介绍

随着高新技术的迅猛发展,雷达技术有了较大的发展空间,雷达与反雷达的相对平衡状态不断被打破。许多国家为使雷达能满足现代作战需要,适应日趋复杂的作战环境,改善目前落后于反雷达的状况,在加紧开发高新技术,为摆脱四大威胁(即反辐射导弹、目标隐身技术、低空超低空突防和先进的综合性电子干扰)积极采取对策,从而不断提高雷达的适应性、有效性和战场生存能力。下面介绍几种典型的雷达系统。

1)"爱国者"系统 AN/MPQ-53/65 雷达

"爱国者-3"导弹系统(图 2-1)是洛克希德·马丁公司在"爱国者-2"(PAC-2)系统的基础上,通过改进火力控制系统并换装新的 PAC-3 导弹而成的一种全新的防空系统。它是当今世界上最先进、打击能力最强的防空导弹系统之一,也是美国当前正加紧研制的战区导弹防御(Theatre Missile Defence,TMD)系统重点项目之一。

除了系统所配备的导弹在不断升级外,系统所配备的雷达也经过了多次改进,目前广泛使用的"爱国者"系统已经由早期的 AN/MPQ-53 雷达升级为 AN/MPQ-65 雷达,雷达性能得到了显著提升。两者均工作在 G/H 波段,天线孔径 2.44 m,天线阵元 5 161 个,作用距

图 2-1　"爱国者-3"防空导弹武器系统

离覆盖 3~170 km,搜索扇区达到 90°、跟踪扇区 120°,整个天线装置安装在一辆半拖车底盘上,采用无源相控阵雷达体制,信号处理采用脉冲压缩体制,探测范围 300~400 km,AN/MPQ-65 升级具备脉冲压缩能力,低空性能得到极大改善,可在地面杂波下发现高速运动目标,使得整个系统的反巡航导弹能力有一定提升,具备更强的目标处理、目标识别、抗干扰的性能,具备发射、制导"爱国者-3"拦截导弹的能力。

AN/MPQ-53 相控阵雷达具备搜索、探测、跟踪及识别、导弹跟踪及引导、反电子干扰等功能。雷达由作战控制中心中的数字式武器控制计算机通过一条数据链对其实施自动控制。该雷达可跟踪最多 100 个目标并向最多 9 枚导弹提供导弹制导数据。相比 AN/MPQ-53 雷达,AN/MPQ-65 雷达与其主要区别在于,又增加了一个行波管(travelling wave tube,TWT),使得该雷达的搜索、检测以及跟踪能力得到了提升。

2) 法国 Ground Master 200/400 雷达

Ground Master(简称"GM")200/400 都属于战术防空雷达,无论环境条件如何,其能够对低空、高空、近程-中程目标进行精确检测。GM 200 雷达可以检测和跟踪各种类型的威胁,不管是作战行动还是维和行动。目标类型包括战斗机、直升机(悬停)、巡航导弹、轻型客机、UAV、火箭和火炮。

GM 系列雷达兼具很多现代雷达所必需的特点:接近 100% 的操作可靠性、高冗余度、很强的可部署能力和生存能力、强电子对抗能力等。GM 200/400 雷达系统均采用 S 波段有源相控阵天线,GM 200 的探测距离可达 100 km(交战模式)/250 km(监视模式),GM 400 的覆盖范围更大,可达 5~470 km;俯仰覆盖能力前者为 70°,后者为 20°,探测高度均可达 80 000 英尺(1 英尺≈0.304 8 m);两种雷达的可靠性均非常高,GM 200 雷达的 MTBCF 可达 2 800 h,后者则可达 3 500 h;前者的展开时间只需不到 15 min,后者可由 6

名操作人员在 1 h 内展开。

3) 瑞典"长颈鹿"AMB 雷达

瑞典萨博公司研发的"长颈鹿"系列雷达是目前世界范围内装备最为广泛的雷达产品之一,已经装备了几十个国家和地区,由于该系列雷达的不断升级,使其始终保持着突出的系统性能。作为一种新的改进型雷达,"长颈鹿"AMB 雷达在之前产品的基础上,性能又有了进一步提升。该雷达工作于 5.4～5.9 GHz,作用距离有多种选择,分别为 30 km、60 km 和 100 km,俯仰角超过 70°,探测高度超过 20 km,可同时对超过 150 批目标进行跟踪,整个雷达部署/撤收时间非常短,分别不到 10 min/6 min。

该雷达用于瑞典的 RBS23 BAMSE 和 RB97 防空导弹系统。系统具有以下几个特点:采用多波束技术;自动探测悬停直升机并具有威胁评估功能;可折叠天线桅杆完全展开,可将天线升高 13 m;全自动战斗控制功能;能对超过 20 个火力单元进行控制;可与早期雷达产品及其他同型号系统进行数据交换,简化了雷达协同的能力及汇编本地空图的能力;综合敌我识别(IFF)子系统。

"长颈鹿"是机动搜索脉冲多普勒雷达系统系列。雷达采用具有自动频率捷变的宽波段行波管(traveling wave tube,TWT)放大装置。天线可以在宽度 2° 的方位角上产生最大 60° 的余割平方光束。数字多普勒处理和恒定虚警率电路可以自动提取、探测和显示目标,其中的数字示位装置可以显示图像信号和目标追踪信号。

PS - 707/R"超级长颈鹿"雷达的探测范围在目标指示模式下为 40 km,在空中侦察的模式下会更大。PS - 707/R 有效探测范围的扩大是通过更强大的发射装置达到的。该系统可以作为防空系统中的盲区补足系统使用,因为系统具备杂波抑制功能,所以特别适用于低空目标准确外形探测。据称,此种雷达的移动目标显示能力(moving target indicator,MTI)优于 50 dB。

"长颈鹿"系列雷达是典型的低空监视雷达,该系列雷达的天线均被架高,主要用于对付低空威胁。瑞典 Ericsson 公司于 20 世纪 50 年代末开始研制脉冲多普勒雷达系统,"长颈鹿"基本型雷达最初是为瑞典陆军 RBS - 70 近程 SAM 系统设计的。其于 1978 年开始生产,命名为 PS - 70/R,出口名称为 Bofors。随着新的战术思想的发展以及武装直升机的广泛应用,Ericsson 公司不断改进"长颈鹿"雷达,于 1988 年 3 月开始在基本型雷达的基础上推出了"长颈鹿"雷达系列,使其从搜索雷达发展成为具有指挥控制功能的 C⁴I 系统。该系列包括 6 种型号的雷达:"长颈鹿"40 型、"长颈鹿"50AT 型、"长颈鹿"75 型、"长颈鹿"100 型、"长颈鹿"3D 型和舰载型"长颈鹿"。该类雷达的主要用途是对付空中威胁,尤其是对付严重的杂波干扰环境中和严重的电磁干扰情况下的超低空目标。

2.1.2 导弹系统

2.1.2.1 系统定义

导弹系统主要包括导弹战斗部系统、导弹推进系统、导弹制导与控制一体化系统、导弹电源系统和导弹结构系统。

按飞行方式划分,导弹可分为弹道导弹和巡航导弹。弹道导弹是指在火箭发动机推力作用下按预定程序飞行,关机后按自由抛物体轨迹飞行的导弹;其速度快,重返大气层后几乎不可拦截。巡航导弹是指导弹的大部分航迹处于巡航状态,用气动升力支撑其重量,靠发动机推动力克服前进阻力在大气层内飞行的导弹;其突防能力强、机动性能好、命中精度高、摧毁力强。

按作战任务的性质划分,导弹可分为战略导弹和战术导弹。

按发射点和目标划分,导弹可分为地地导弹、地空导弹、空地导弹、空空导弹、潜地导弹、岸舰导弹等。

按攻击的兵器目标划分,导弹可分为反坦克导弹、反舰导弹、反雷达导弹、反弹道导弹、反卫星导弹等。

2.1.2.2 发展过程

1) 国外导弹系统发展

随着科学技术的进步,导弹武器的功能、性能以飞快的速度向前发展。导弹已不再是少数国家掌控的尖端武器,其普及面不断扩大,时至今日已成为大多数国家的常规武器装备;过去装备炸弹、火炮和鱼雷的飞机、军舰、潜艇、坦克及其他军用车辆,逐步成为各类导弹的作战平台。

自导弹问世以来,综观世界各国导弹系统的发展,大致可划分为早期发展、大规模发展、质量提升、全面更新和重点发展五个阶段:

(1) 1945 年至 20 世纪 50 年代初是早期发展阶段。在这一阶段,美国、苏联、瑞士、瑞典、英国及法国均开始或恢复了导弹武器的研究工作。第二次世界大战(简称"二战")时期德国人留下的导弹实物、技术资料和有关设施加速了各国在导弹研究和试验上的进程,对导弹技术发展发挥了重要作用。

(2) 1951 年至 20 世纪 60 年代初是大规模发展阶段。在这一阶段,各国之前提出的各种导弹设计方案大部分相继研制成功。截至 1961 年,世界各国研制的各类导弹总数达到 180 种。这一发展阶段可以说是解决了战略导弹的有无问题,各种战术导弹开始装备部队,导弹种类和数量都达到了一定的规模,世界范围的导弹武器市场开始形成。

(3) 1961 年至 20 世纪 70 年代初是质量提升阶段。在解决了导弹有无的问题后,导弹研制进入提升质量、改进性能的发展阶段。改进的重点是提高发动机性能、降低结构质量、缩小外形尺寸、提高命中精度、延长导弹使用寿命和改善战斗使用性能,并进一步提高导弹的可靠性,使导弹向实用化方向迈出了一大步。但是,导弹技术的改进是在基本没有突破原有总体设计方案的前提下进行的,导弹性能提高的幅度非常有限。

(4) 1971 年至 20 世纪 80 年代末是全面更新阶段。在这一阶段,美国与苏联达成限制战略导弹数量的协议,美、苏两国由导弹数量上的竞争转向以质量取胜对方为主的新阶段。弹道导弹发展的重点转向进一步提高命中精度、生存能力和突防能力。导弹系统的设计思想和研制方法也有了新的发展,计算机辅助设计、预埋伏设计和模块化设计等系统科学理论和方法的广泛应用,推动了世界各国新型号导弹系统的研制。

(5) 20 世纪 80 年代末至今是重点发展阶段。这一阶段重点发展的内容是精确制导和反导弹。随着战争理论的发展以及国际形势的变化,导弹武器的发展需求不断更新。科学技术的进步与工业水平的提高,也为新一代导弹武器的出现做好物质和技术方面的保障。为了满足未来战场的需要,导弹正向着精确制导、隐形化、智能化和微电子化等更高阶段发展,精确制导导弹和反导弹成为重点发展的武器系统。

导弹系统主要包括导弹、雷达探测平台、指挥控制平台(连级、营团级)、火力控制平台、导弹发射控制平台、制导指令传输平台、装填保障设备等。导弹系统的种类和型号繁多,其设备构成差异很大,小至单兵便携式导弹,大到由数辆或数十辆车载设备构成的高空远程导弹系统。防空导弹用于拦截空中目标,必须具有搜索指挥、目标识别、目标跟踪、导弹发射、导弹制导和杀伤目标等功能。

导弹系统主要的作战对象是各种空中来袭目标,包括战斗机、直升机、无人机等,具有杀伤范围远、毁伤目标概率高、系统配置丰富、可接入多种武器系统等特点。防空导弹系统还可选配多种不同射程的导弹,组成远程、中远程、中程、近程全空域的防空体系,从而比较适合现代战争需求。

导弹系统具备独立作战的能力,与外部系统组网时又能协同作战,具有极强的灵活性。其装备的火力控制系统具有目标指示、情报指挥、辅助决策控制、无线组网等功能,底盘机动能力较强。目前亚洲及中北非大多数国家装备的导弹系统多为第二代导弹系统,其射程近、抗干扰能力差,基本没有反巡航导弹能力。同时随着世界上战术、战略巡航导弹和战术弹道导弹技术的发展,很多中小国家都感受到来自周边的空中威胁,都有更新防空导弹系统,采购具有反巡航导弹能力同时兼有一定反战术弹道导弹能力的防空武器系统。

现代战争具有目标多种多样、攻击形式复杂、攻击方式隐蔽等特点。因而要求能较早发现目标,及时对目标进行处理,指挥员根据处理结果下达作战指令发射导弹攻击目标,这就需要一套完整的火力控制系统,能完成目标信息接收、控制发射平台瞄准并跟踪目标,进行目标的射击诸元参数计算,形成导弹发射区参数,进行目标的威胁等级判断,挑选威胁度最高的目标上报给指挥员,供指挥员决断,同时,还可预测导弹与目标的遭遇点,并控制导弹对来袭目标进行攻击。因此,火力控制系统是导弹系统的"眼睛"和"大脑",是人眼观察视野的拓展、作用距离的延长以及大脑思维判断、运算能力在机器上的体现,减轻了操作人员对武器的繁重体能操作和瞄准工作。

美国等西方国家从 20 世纪 70 年代起就开始了导弹系统火力控制技术方面的研究,初期于海军潜艇上使用计算机,对潜艇接收的声呐信号进行融合处理后可以探测到地方潜艇及舰船的精确位置,之后美国在此基础上又研发了数十个军用信息融合系统。随后,在 20 世纪 80 年代,美军又对该技术进行了发展,可以完成目标识别、战场态势评估、威胁度评估等,这为导弹系统目标信息的获取起到了极大的作用。在美国、俄罗斯等军事强国的武器装备中,导弹系统较早装备了自动火力控制系统,系统还集成了搜索、识别、跟踪和指示系统等。比较典型的有美国的"爱国者"导弹系统、"THAAD"导弹系统,俄罗斯的"S-300"系列导弹系统、"TRO-M"系列导弹系统、"铠甲"导弹系统等,这些武器系统的火力控制系统均可完成目标射击诸元计算、威胁评估、火力分配和指挥控制等任务。

截至目前,防空导弹已经发展到第四代,不仅可以反固定翼飞机、巡航导弹和武装直升机,还可以抵御反辐射导弹、空地导弹的攻击,是防空武器系统中极为重要的组成部分,在世界各国的国防中发挥着重要作用。20 世纪 90 年代发生的几次典型局部战争中,导弹系统均取得了良好成绩,更进一步证明了它防御低空、超低空来袭目标的价值。

2) 中国导弹系统发展

中国的导弹事业起步时面临着国内经济十分困难、国际上严格封锁的不利形势。当时为了捍卫刚刚建立的社会主义国家,并使其逐步发展壮大,科技工作人员不畏艰难险阻,默默无闻地开展了大量探索、研究工作。在党和国家的正确引领下,经过广大科技人员的忘我拼搏与艰苦奋斗,仅仅十多年时间,导弹研制就走过了从仿制到自行研制的艰辛而又光辉的历程,组建了学科专业齐全,研制、生产、试验工作相配套的导弹产业体系,成功研制出一系列防空、地地和飞航导弹。通过导弹计划的实施,有力带动了中国相关科学技术和制造工艺技术的发展,增强了中国的综合国力,使中国跻身于世界国防高科技发展国家行列。

2.1.2.3　导弹地面设备

导弹地面设备是指设置在地面,保障导弹发射和控制导弹飞行的各种设备。导弹地面设备主要用于运输、装载和安装导弹,以及进行导弹技术准备、导弹发射准备、发射和控制导弹飞行。导弹地面设备通常有固定式和机动式两种:固定式导弹地面设备设置在地面、地下发射井或者坑道内,机动式导弹地面设备包括自行、牵引、车载或者便携式等地面设备;此外,还有一种半固定式导弹地面设备(一般指大型、笨重的设备),这种设备移动时需要分解运输。

1) 导弹地面设备的发展

二战期间,德国研制成功 V-1 导弹、V-2 导弹及其地面设备。V-2 导弹的运输、起竖、加注、发射等设备共计 30 多台(件),较为笨重,多采用人工操作。20 世纪 40 年代中期,美国和苏联在德国导弹技术的基础上,开始研制本国的导弹及其地面设备。50 年代末,美国和苏联研制成功 20 余种型号的导弹,地面设备也同时得到发展,自动化水平有所提高,并形成了各类导弹的比较完整的地面设备系统。60 年代,为提高导弹武器系统的生存能力,美国、苏联等国将战略导弹部署在导弹发射井内,对地面设备做了相应改进,并采用电子计算机进一步提高了自动化水平。一些国家为战术导弹研制了运输起竖发射车,减少了地面设备(台)件数,提高了机动能力。70 年代,美国、苏联等国研制成功固体战略导弹在陆地机动发射的设备,采用集运输、供配电、调温、指挥通信、起竖、测试、发射等多种功能于一体的多功能发射车,配备了快速定位、定向设备,进一步改善了冷发射设备。80 年代以后,全世界在导弹地面设备技术水平方面有了很大提高,采用新的光电和微电子技术,研制和生产出体积更小、质量更轻、功能更集成的设备。

2) 导弹地面设备的类型

依据导弹类型、用途和发射方式不同,各种导弹的地面设备也不尽相同,主要类型如下:

(1) 导弹运输设备。用于运输弹头、弹体、推进剂和其他非自行设备与装置。按导弹类型、运输距离、交通情况和作战要求,分为铁路、公路、水路和空中运输设备。主要包括专用和通用铁路运输车、公路运输车、轮船、飞机和直升机等。战略导弹弹头还配有分解状态和结合状态两种专用运输设备。

(2) 导弹转载与对接设备。用于导弹的转载和弹体、弹头的对接结合。主要包括起重机械,专用的装卸、对接和吊装结合设备等(如导弹转载设备、导弹头体结合设备)。

(3) 导弹起竖装填设备。用于将导弹竖立和装填在发射装置上,有的还可短距离运输导弹。通常包括起竖、挂弹、装填和起重设备等。为了便于机动作战,有些导弹的起竖设备和运输设备是一体的。

(4) 导弹测试设备。用于检查、测试导弹的技术参数是否正常。导弹测试设备又分为单元测试设备和综合测试设备,前者用于对导弹单个仪器和分系统的技术状态进行单元测试,后者用于对导弹进行分系统测试和综合测试。

(5) 液体推进剂储运加注设备。用于液体导弹推进剂的加注和泄出,分为固定式和机动式。固定式加注设备包括槽罐、泵组、管路和加注控制仪器等;机动式加注设备包括槽车加注车和加注控制仪器等。

(6) 导弹地面供气设备。用于导弹在测试、加注和发射时提供气源,保障导弹各系统进行气密性检查,对弹上气瓶充气,给推进剂储箱增压,向调节、消防和加注系统供气等,主要包括制气、储气和配气设备等。

(7) 导弹地面供电设备。用于在导弹技术准备和发射准备时给弹上各分系统和地面设备供电。

(8) 导弹瞄准设备。用于导弹在发射前的初始定向瞄准,包括寻北定向设备、方位瞄准设备、基准标定设备、射向变换设备、水平检查设备、检测训练设备等。

(9) 导弹发射装置。用于支撑导弹,赋予导弹射向,实施发射和导流。导弹发射装置分为垂直、倾斜和水平三种,其结构形式有发射台、发射架、发射筒和发射井等。

(10) 导弹发射控制设备。用于实施导弹发射准备监控和发射控制的专用技术设备。通常由计算机、控制台、监视装置、瞄准装置等组成。

(11) 导弹飞行控制设备。用于发现、跟踪目标和控制导弹飞行。主要包括搜索、跟踪和制导雷达等设备。

(12) 导弹遥测设备。用于测量弹道导弹主动段参数和估算弹着点位置,主要包括遥测站和实时处理系统等。

为了适应导弹小型化、发射方式多样化的需要，满足作战使用要求，导弹地面设备将尽量减少车辆和专用设备的数量，使设备向小型化、集成化、通用化和自动化方向发展，以达到使用可靠、隐蔽机动、减少操作步骤、缩短导弹发射准备时间的目的。

2.1.3　火力控制系统

2.1.3.1　系统定义

地面装备火力控制系统是控制地面装备自动或半自动地实施瞄准与发射的装备总称，是地面装备系统射击准确性的重要因素。所有的火力控制问题都是围绕着发射——射弹丸击中所选择的目标这一事实产生的，其中，目标和装备都有可能处于运动状态。因此，可以这样定义，火力控制实际上是研究装备弹发射并如何使弹丸有效命中目标这样一个控制过程。具体研究的问题又可以描述如下：为瞄准目标而实施的搜索、识别、跟踪；为命中而进行的依据目标状态测量值、弹道方程(射表)、目标运动假定、实际弹道条件、装备运载运动方程等诸多条件下计算射击诸元；以射击诸元控制地面装备随动系统驱动装备线趋近射击线，并依据射击决策自动或半自动执行射击程序，最终使弹丸命中目标。

为了完成这一任务，需要搜索发现目标、识别敌我目标、确定预射击的目标、跟踪并连续测量目标坐标、依据测量的目标坐标计算射击(发射)诸元、控制火力随动系统驱动装备瞄向预定方向、选择弹种、在最佳时刻控制装备发射弹头。上述步骤均由火力控制系统完成。可见，火力控制系统是地面装备系统的"眼睛"和"大脑"，是人眼观察视野的扩宽、作用距离的延长以及大脑思维判断及运算能力在机器上的体现。因此，现代硬杀伤地面装备系统中都配备了先进的火力控制系统；如果没有火力控制系统，再好的硬杀伤武器也难以发挥它应有的作战效能。

1）火力控制系统的功能

(1) 自动接收 C^4I 情报指挥系统远方目标指示。

(2) 对近程目标进行搜索、截获、跟踪、识别、显示，并将获得的目标信息反馈给 C^4I 情报指挥系统。

(3) 火控计算机自动采集目标坐标信息，并根据目标运动假定、弹道特性、载体运动姿态参数、射击条件偏差等计算射击(发射)诸元。

(4) 控制火力随动系统驱动武器身管(或发射架)到射击方向，选择射击(发射)时机及时间，控制武器射击(发射)。

(5) 操纵控制台实现人机对话、操控。

2）火力控制系统组成

(1) 武器发射平台。包括火炮身管、发射架以及相应装弹机构等。

(2) 武器所发射的弹丸。包括炮弹、火箭、导弹等。

(3) 武器载体。包括车辆、装甲车辆、航空航天器、水面舰船、水下舰船等。

3）火力控制系统涉及的常用名词

（1）目标状态测量值。

① 静止目标。指与武器在同一球坐标系内的相对方位角、高低角及距离。

② 运动目标。指目标的运动速度、方向、距离的当前值。实际上，对运动目标的射击火力控制还将考虑目标未来（从弹丸发射到接近目标，即近炸）轨迹的假设。

（2）瞄准线。指以观测器材回转中心为起始点，通过目标中心的射线。观测器材可以是光学、红外等任何一种瞄准装置。

（3）跟踪线。指以观测器材回转中心为起始点，通过观测器材中某一基准点的射线。此时，观测器材自身形成一条直线，以此对目标进行跟踪。

（4）武器线。指以武器身管或发射架（火箭或导弹）回转中心为起点，沿膛内或发射架上弹头运动方向所构成的射线。显然，武器在发射弹时，武器线必须与目标之间有一定的关系，方能命中目标。对于静止和运动目标，武器线的指向在发射时显然是不同的。

（5）射击线。指在武器发射瞬间时的武器线。

（6）射击诸元。指射击线在大地坐标系中的方位角和高低角。实际上，还应有武器装定的参数等。主要用于确定武器发射前的最后参数，目的是命中目标。

（7）射击决策。指由于目标的运动，使得射击线无法完全满足命中的条件。因此，有必要设定一个有效范围，该范围的大小设定将与射击决策有关，通常从一定的概率统计规律中得到。只有射击诸元误差小于允许的希望值即满足射击条件时，武器才可以射击。

（8）弹道方程。为一个或一组表达式，它以目标的运动状态观测值为依据，再考虑气象等其他条件，来求解射击诸元。有时可以以表格的形式出现（射表）。弹道方程的建立对于武器系统是至关重要的。

（9）武器运载体。指所有搭载武器系统的运动载体，如车辆、舰船、航空器、航天器等。

4）火力控制系统控制过程

地面武器系统火力控制系统武器射击控制的过程如图 2-2 所示，图中方框是系统有关的功能框。预警系统通常是地面武器系统使用，它主要负责对指定空域或海面进行搜索发现目标，并在作战指挥系统决策后向武器系统进行目标指示。目标指示数据通常是目标的方位和距离，它们被传送到观测跟踪传感器或火控计算机。

火力控制系统接收到目标指示命令和相应数据后，跟踪传感器立即对指定的目标进行捕捉、跟踪，并不断精确地测量目标，自动向火控计算机提供目标坐标和速度数据。火控计算机接收到跟踪传感器的数据同时，还接收导航系统传来的载车的运动和定位参数、接收或装定的弹道气象参数，按照射击指挥员给定的射击计算方式，准确计算出目标运动参数和命中所需的射击诸元，以及辅助作战的战术数据；在向操作人员和指挥员显示有关数据的同时，还连续地向武器瞄准系统发送射击诸元。武器瞄准系统在接收到火控计算机输出的射击诸元后，以自动方式控制武器完成实时跟踪瞄准，保证武器发射后能准确命中目标。武器的发射控制系统直接由射击指挥员的命令控制，按指定的射击方式适时控

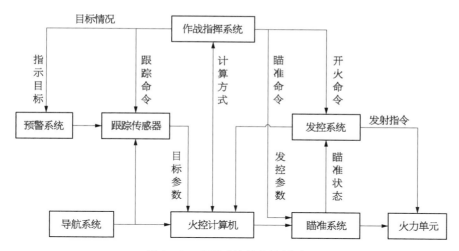

图 2-2　武器系统射击控制过程

制武器开火射击。但武器能否开火,还受到武器瞄准状态、火控计算机计算的发控参数、武器的射击范围等因素的限制和约束,以确保安全可靠的实施发射。

　　火力控制系统用来实现战术单位对火力单元的指挥控制。该模块部署在中心软件和战术单位软件上,中心和战术单位可以向火力单元下达各种作战指令。火力控制系统的功能结构图如图 2-3 所示。

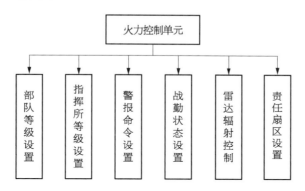

图 2-3　火力控制系统功能结构图

　　如图 2-3,火力控制系统可以细分为六个子功能模块,包括部队等级设置、指挥所等级设置、警报命令设置、战勤状态设置、雷达辐射控制及责任扇区设置。这六个子功能模块覆盖了中心和战术单位所下发命令的全部类型。这些功能的执行流程大致相同。以部队等级设置为例,火力控制单元的流程如下:

　　(1) 点击火力控制单元菜单,弹出火力控制单元的对话框。

　　(2) 选择发送指令的类型,如"部队等级"。

　　(3) 选择需要设置的部队等级,如"二等"。

　　(4) 在部队选择树上选择部队作为指令接收的目标,如果该部队不是营级部队(如旅级部队），则给出错误提示，提示用户重新选择部队。重新选择部队后点击发送按钮，如果命令发送成功，则提示用户命令发送成功；同样，如果命令未能完成发送，则提示用户命令发送失败。

2.1.3.2 发展过程

火力控制系统和相关技术从 20 世纪 50 年代到 21 世纪初期间得到了飞速发展，并发生了跨越式的变化。按照火力控制系统的组成，可将其发展过程划分为四个阶段，如图 2-4 所示。

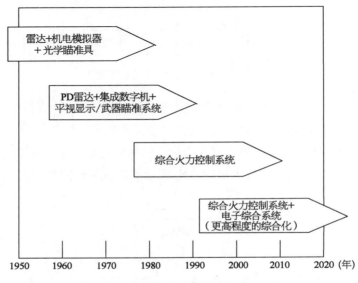

图 2-4 火力控制系统发展过程及趋势

1) 第一阶段：机电式光学瞄准具火力控制系统（20 世纪 60 年代以前）

光学瞄准具火力控制系统的形成得益于机电式计算装置和陀螺仪等仪器设计与制造技术的发展。

（1）系统组成。主要由单脉冲雷达测距仪、模拟式火控计算机、机电式光学瞄准具、陀螺仪以及气压传感器组成。光学瞄准具火力控制系统如图 2-5 所示。

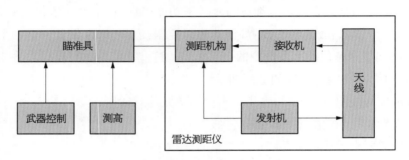

图 2-5 光学瞄准具火力控制系统图

（2）系统特点。各分系统相互隔离，相对独立，没有通信，并通过模拟电缆连接，在座舱内也是独立显示，为分立式结构。

2）第二阶段：平视显示/武器瞄准火力控制系统（20 世纪 60—70 年代）

20 世纪 60 年代晶体管技术、数字电子技术、数据显示处理技术、机载数字计算机和惯性导航技术的发展，形成了平视显示/武器瞄准火力控制系统（head-up display/weapon aiming system，HUD），也引发了探测、控制、计算和瞄准显示的"数字革命"。

（1）系统组成。以数字式平视显示器为主，并由大气机、计算机、惯性导航系统、脉冲多普勒雷达、火控计算机等分布式数字化设备组成。平视显示/装备瞄准火力控制系统如图 2-6 所示。

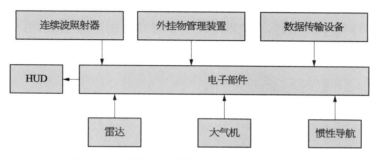

图 2-6　平视显示/武器瞄准火力控制系统图

（2）系统特点。平视显示/武器瞄准火力控制系统中各分系统仍是独立的，分别处理自己的信号和数据，并通过总线将数据综合显示到数字式平视显示器上，是混合式结构。早期的一些分系统（如雷达、惯性导航等）还是模拟式的，所以要先通过模数转换到火力控制计算机，再进行数模转换显示出来。

3）第三阶段：基于数字航空信息系统（digital aviation information system，DAIS）计划的联合式综合火力控制系统和基于系统综合思想的综合火力控制系统（20 世纪 70—80 年代）

计算机技术、信息工程和电子技术的迅猛发展催生出了第三代的综合化航空火力与指挥控制系统，美国空军莱特实验室（Wright Lab）DAIS 计划的出台，使得航空火力与指挥控制系统走上了真正的数字化、综合化的发展道路，即以数据局域网为信息交换通道，将各子系统（雷达、惯性导航、任务计算、武器管理等）集成为火力控制系统。

2.1.3.3　典型火力控制系统介绍

火力控制系统常用于地面和舰上火炮、防空火炮、轰炸机防御火炮以及船上和飞机上火箭、导弹的控制。广义的火力控制系统还包括指挥截击机的飞机、导弹的地面引导站，以及弹道导弹防御系统中的地面系统。典型火力控制系统包括火力防空系统、航空火力控制系统、舰载火力控制系统、反坦克导弹控制系统和反导弹防御火力控制系统等。现代火炮、坦克炮、战术火箭和导弹、机载武器(航炮、炸弹和导弹)、舰载武器(舰炮、鱼雷、导弹和深水炸弹)等大多配有火力控制系统。按制导方式划分,火力控制系统又分为非制导武器火力控制系统和制导武器火力控制系统。非制导武器配备火力控制系统,可提高瞄准与发射的快速性与准确性,增强对恶劣战场环境的适应性,以充分发挥武器的毁伤能力;制导武器配套火力控制系统,由于发射前进行了较为准确的瞄准,可改善其制导系统的工作条件,提高导弹对机动目标的反应能力,减小制导系统的失误率。

1) 火力防空系统

自动防空火力控制系统的敏感元件是装在火炮指挥仪上的雷达,用以测量目标飞机的方向和距离,自动跟踪目标。根据天线转动的速度和到目标的射程,计算装置(设在指挥仪内)就可计算出正确的提前角。火炮伺服机构是一种大功率、快动作的液压随动装置。每台火炮有两套伺服机构,一套用于方位角(绕垂直轴转动)控制,另一套用于俯仰角控制(图2-7)。

图2-7　37毫米高炮

2) 航空火力控制系统

航空火力控制系统是由控制飞机火力方向、密度、时机和持续时间的机载设备构成的系统。它将飞机引导到目标区,并搜索、接近、识别和跟踪目标,测量目标和载机的运动参数,进行火力控制计算,控制武器发射方式、数量和装定引信。对于需要载机制导的武器,它还进行发射后的制导。轰炸机的火力控制系统包括突防、导航、瞄准投弹和防御设备。轰炸机的多门炮可由一人操纵。计算光学瞄准具将一球形炮塔瞄向目标,而其他炮塔则靠伺服系统控制跟随动作。现代歼击机装有用数字计算机控制的火力控制系统,其由有下视能力的脉冲多普勒雷达、惯性导航系统、大气数据计算机等组成。驾驶员通过平视显示器、下视仪和多功能显示器获得敌我信息，控制和管理导弹、机炮、火箭和炸弹的瞄准、发射和投放。系统的操纵电门装在驾驶杆和油门手柄上。

航空火力控制系统按装备的飞机、使用的武器和战术功能分为以下几种：

（1）歼击机火力控制系统。以空对空作战为主，兼有一定的对地攻击能力。主要配用武器是航空机关（枪）炮和空空导弹，也能粗略地引导轰炸。轰炸机炮塔的火力控制系统属于这一类。

（2）轰炸导航系统。为轰炸机的基本装备，包括突防、导航和瞄准投弹设备。

（3）攻击导航系统。用于歼击轰炸机和强击机，以攻击地面目标为主，兼有一定的空战能力。配用武器除炸弹外还有航空机炮、火箭弹和制导武器。

（4）飞机-武器控制系统。装备截击机。这种系统包含通信导航识别综合系统、自动飞行控制系统、火力控制雷达和指挥计算机等。

（5）综合武器投放系统。为一种数字式火力控制系统，包括多种传感器和多个处理机，兼有良好的空对空和空对地作战性能。有的系统还能同时搜索、跟踪和攻击几个空中目标。

3）舰载火力控制系统

舰载火力控制系统是用以控制对付海岸炮群和敌舰的大型舰载火炮、火箭、导弹发射器的火力控制系统。它的控制速度较慢，但精度较高；而对防空系统的控制速度较快。舰载火力控制系统一般配备有火力控制雷达和望远镜设备。火力控制雷达能搜索、识别和跟踪目标，并通过电子计算机控制伺服系统操纵武器发射。计算机还可做脱靶量校正。20 世纪后期的火力控制雷达（fire control radar）同时具备搜索雷达和跟踪雷达的功能，并能跟踪多个目标。

火力控制雷达是舰载武器系统的眼睛，它能让舰载武器系统看得清、看得准。火力控制雷达包含雷达扫描系统和火力控制系统，其通过计算机辅助系统，实现对整个武器系统的综合有效利用。一般在综合武器平台如飞机、军舰（都携带多种可并发的武器）上使用。火力控制雷达可以现实获取战场态势和目标的相关信息；计算射击参数，提供射击辅助决策；控制火力兵器射击，评估射击的效果。所以，武器系统是否可以完全发挥其效能，很大一部分受限于火力控制雷达的性能。

4）反坦克导弹控制系统

早期的反坦克导弹控制系统采取管式发射、光学跟踪和有线制导。由于采用光学制导系统（红外线、激光），射手只需要将与光学跟踪器（如红外线测角仪）同步的瞄准镜的十字线对准目标，导弹就能自动地修正它与瞄准线间的偏差而飞向目标，因而能减小射手控制导弹的难度、提高命中率。现代的反坦克导弹控制系统能保证导弹在瞄准线附近稳定地飞行。导弹在飞行过程中不断提供弹体在空中的位置信息，由计算装置和制导系统综合弹体的位置情况及其偏差，形成控制指令送给执行机构，借以控制导弹消除位置偏差，直到命中目标为止。因此，反坦克导弹控制系统实际上是一个典型的人机控制系统。

　　早期的便携式反坦克导弹控制系统(图2-8)在制导方式上比较落后,比如苏联于20世纪60年代服役的AT-3A/B反坦克导弹控制系统,主要采用人工手动有线指令制导,曳光管发射发光弹,射手通过目视对目标进行瞄准和跟踪,然后通过手动触发压电引信传输指令。AT-3A/B导弹的这种制导方式不仅效率低,而且命中率很低,所以很快被淘汰了。

图2-8　早期的便携式反坦克导弹控制系统

　　此后的便携式反坦克导弹控制系统采用了较先进的红外半主动制导方式,也称半自动有线指令制导,代表型号有AT-3C及"米兰"反坦克导弹控制系统(图2-9)等。"米兰"反坦克导弹控制系统从1974年开始交付,安装了带有红外测角仪和潜望式瞄准具的瞄准跟踪装置,以及制导电子箱和带电点火器。该导弹尾部安装了红外辐射器,用于向红外测角仪发出信号,制导电子箱通过导线向导弹发出修正指令,从而有效提高了命中率。

图2-9　"米兰"反坦克导弹控制系统

　　随着便携式反坦克导弹控制系统的不断发展,其制导技术也在不断进步。便携式反坦克导弹控制系统拥有携带方便、作战灵活、威力较大、适应性强等优点,在局部冲突中往往能发挥出出人意料的效果。无论是 M1A2 主战坦克还是"豹 2"主战坦克,均被便携式反坦克导弹控制系统摧毁过,其战力由此可见一斑。正因如此,世界军事大国均在积极发展便携式反坦克导弹控制系统,其中就包括美国的 FGM-148"标枪"反坦克导弹控制系统(图 2-10)。

图 2-10　美国 FGM-148"标枪"反坦克导弹控制系统

　　随着主战坦克性能的提升和陆战装备的升级,采用有线指令传输的红外半自动跟踪制导技术的便携式反坦克导弹控制系统已经无法满足现实需要,于是更先进的便携式反坦克导弹控制系统应运而生。20 世纪 80 年代初期,美国陆军提出 AAWS 项目(先进反坦克武器系统),其分为 AAWS-M(先进中型反坦克武器系统)和 AAWS-H(先进重型反坦克武器系统)两个子项目,其中 AAWS-M 项目的成果就是 FGM-148"标枪"反坦克导弹控制系统。该系统于 1991 年 3 月进行了第一次试射,准确命中了 2 000 m 外的一辆 M47坦克,并将其彻底摧毁,显示了其优越的性能。1997 年"标枪"系统开始批量生产和交付。

　　FGM-148"标枪"反坦克导弹控制系统是全球第一种"发射后不管"的便携式反坦克导弹控制系统,它采用了全新的制导方式,特别是焦平面阵列技术。FGM-148"标枪"反坦克导弹控制系统的红外成像导引头配有 64×64 单元长波(8~12 μm)微型红外探测器,由 HgCdTe(汞镉碲)材料制成,尺寸仅 6.35 mm×6.35 mm,却拥有 4 000 余个探测单元,具有极强的目标探测和搜索能力。其制导装置的核心是一组数字成像芯片,能够捕捉到红外射线和目标的电子图像。换言之,FGM-148"标枪"反坦克导弹控制系统的红外传感制导系统主要由一个微型红外传感器和一个多模跟踪器组成,红外传感器负责探测和搜索,装有微处理器的多模跟踪器负责跟踪和捕捉目标,并且为射手提供清晰的目标图像。

　　FGM-148"标枪"反坦克导弹控制系统的发射过程可分为搜索和瞄准阶段、发射和飞行阶段。搜索和瞄准阶段是发射准备阶段,射手在组装完"标枪"系统后,开始进入白光电视摄像机模式也即宽视场模式,此时属于搜索目标阶段。之后进入瞄准阶段,通过红外瞄准器瞄准目标,使目标处于红外瞄准器十字丝的中心位置。注意红外瞄准器与发射筒并不在一条直线上,发射筒向上成18°高低角,以保证导弹发射后向上飞行。这里还有一个目标判定过程,在红外热成像模式的窄视场下,红外传感制导系统多模跟踪器的微处理器,将自动对瞄准器中的热图像进行分析,判定其是否真实目标。判定结束之后,可选目标的周围会有一个白色虚框。在目标判定过程中,发射控制单元会发出提示音,导引头开始制冷,SEEK 灯亮表示进入导引头视野模式。目标被锁定后,发射控制单元会发出短促提示音,目标上出现"十"字线,表示导弹已锁定目标,接下来将进入发射阶段(图 2-11)。

图 2-11　反坦克导弹控制系统发射

　　FGM-148"标枪"反坦克导弹控制系统有两种作战模式,一个是攻顶模式,另一个是直射模式(正面攻击模式)。攻顶模式主要用于攻击坦克和装甲车等目标,直射模式则用于打击地面工事和非装甲目标。在攻顶模式下作战时,导弹以 18°的高低角发射,然后低速飞出,导弹的折叠翼展开并旋转前进。导弹飞出一小段距离后以 30°～40°仰角爬升至160 m 的高度进入持续飞行阶段。由于"标枪"反坦克导弹控制系统的制导单元没有惯组转台,所以在制导过程中没有机械消旋过程,因此在续航过程的高速飞行中不再旋转。导弹以接近 70°的仰角迅速爬升到抛物线的顶点,在爬升过程中,导弹将按照预先设定的曲线飞行,制导系统并不工作。在从抛物线的顶点向下俯冲的过程中,制导系统开始工作,红外成像系统和多模跟踪器的图像处理系统对目标进行实时跟踪、识别和锁定。另外导弹控制系统会对导弹进行调整,使目标始终处于十字丝的中心位置(图 2-12)。在飞行阶段的最后,导弹将以 20°～30°俯角对目标进行俯冲攻顶攻击。

　　和以往的便携式反坦克导弹控制系统不同的是,FGM-148"标枪"反坦克导弹控制系统首次应用了焦平面阵列技术,以其为核心的红外传感制导系统使"标枪"反坦克导弹控制系统具备了"发射后不管"能力。如果在发射前就已经锁定目标的话,那么在发射和飞行阶段,"标枪"的制导系统会自动对目标位置进行修正,自动跟踪和识别目标,并自动

图 2 - 12　反坦克导弹控制系统瞄准目标

进行攻击。而且除了坦克、装甲车和其他地面目标外，凭借优秀的制导技术，"标枪"反坦克导弹控制系统甚至能攻击低空飞行的直升机等飞行器。

5）反导弹防御火力控制系统

反导弹防御火力控制系统由远程搜索雷达搜索、捕获、识别和跟踪侵袭弹道导弹的弹头，由反导导弹阵地上的目标跟踪雷达精确地跟踪目标。测量的数据经数据处理系统处理，得到目标的精确位置、速度等弹道参数，并将其传输给指挥控制系统和引导雷达。指挥控制系统迅速做出决策，指挥发射反导导弹，并由引导雷达引导导弹拦截目标。如果目标未被摧毁，则系统继续对目标跟踪，并指挥低空拦截的反导导弹继续拦截目标。

20 世纪 90 年代后期，美国又对 FGM - 148"标枪"便携式反坦克导弹控制系统进行了改进和升级。在制导单元和装置方面，用 128×128 阵列取代了之前的 64×64 阵列单元，增大了红外探测距离，提高了抗干扰能力，还增加了跟踪自动决策和导弹自动选择等功能。另外，还对瞄准控制指令装置增加了一个信息数据终端，可以自动显示并标记有可能出现目标的区域。最后还对"标枪"便携式反坦克导弹控制系统的红外成像系统和图像处理系统做了改进，强化了目标图像捕捉和数字图像处理能力。经过改进后，"标枪"反坦克导弹控制系统的制导技术更趋完善，至今仍有很多可借鉴之处。

除了不断改进的"标枪"便携式反坦克导弹控制系统外，以色列研制的"长钉"系列反坦克导弹控制系统也是一款优秀的反坦克武器。"长钉"反坦克导弹控制系统于 20 世纪 90 年代后期亮相，至今已发展出短程型的"长钉-SR"、中程型的"长钉-MR"、远程型的"长钉-LR"（图 2-13）以及增程型的"长钉-ER"等多个型号，射程从 800 m 到 8 000 m，其中前几个型号均属于便携式反坦克导弹控制系统范畴。

在制导技术方面，"长钉"反坦克导弹控制系统使用了最新的光纤制导技术，依靠红外传感器和电视摄像机将目标图像通过光纤传输给射手，指控指令也通过光纤传输给导弹，从而具备了射前锁定、自动制导、发射后不管能力。目前，便携式反坦克导弹控制系统的

图 2 - 13 "长钉 - LR"

制导技术正朝复合制导方向发展,将红外热成像、毫米波雷达激光制导、焦平面阵列技术、光纤制导等多种制导方式相结合,不断提高制导精度、目标识别和抗干扰能力,加强发射后不管和全天候作战能力。

2.1.4 光电系统

2.1.4.1 系统概述

1)系统定义

光电系统是以光学工程、激光工程、精密机械、信息处理、自动控制盒计算机等技术为依托,实现对光的收集、转换、提取、控制、处理、显示和输出等处理,并集成多种传感器实现特定功能系统的总称。

2)系统优势与不足

(1)优势。光电系统有主动探测和被动探测两种方式,其具有昼夜探测、抗干扰能力强、隐蔽性好、探测精度高等优点。例如,光电系统可利用中、长波红外对飞机蒙皮和尾喷口的辐射进行远距探测。作战飞机还可利用光电探测的被动探测特性,通过静默攻击,大幅提升攻击成功概率和本机生存能力。

基于光电系统的独特优势,近年来具有军事用途的光电类产品获得了空前发展、技术上取得了长足进步。光电系统"直观、卓越"的成像能力已经在战场透明显示、夜间侦察与作战、目标识别、低信噪比目标探测、反隐身探测、防区外突袭和毁伤效果评估等方面为武器装备带来了能力飞越,成为名副其实的战斗效能"倍增器"。

近年来,在几次局部战争中军用光电系统的广泛应用和取得的令人瞩目的效果,显示了对现代战争模式的巨大影响力。军用光电系统已经在预警与遥感、侦察与监视、火控与瞄准、精确制导、导航与引导、靶场测量、光通信和光电对抗领域形成规模并批量装备,形成系列化产品,有力地支撑着现代高技术战争中"信息主宰""全球作战""精确打击"等战略战术能力的构建与拓展。

（2）不足。光电系统在拥有诸多优点的同时，也存在一些不足。由于光电辐射波长较短，光电探测受气象条件影响较大，大气中的液滴、冰晶等物理态的水分子、气溶胶、雾、霭、烟尘等，都会对大气窗口中的红外、紫外、可见光、激光产生不同程度的吸收，使光电探测系统性能降低。因此，在探测体系构建过程中，通常需要将雷达和光电探测手段优势互补，构成多频谱的综合探测体系。

3）系统分类

对于军用光电系统，通常有两种分类体系：一种是基于其配置和承载方式的"平台"分类体系；另一种是基于其战术功能属性的"功能"分类体系。按照光电系统不同的承载平台，军用光电系统可分为以下几类：

（1）机载光电系统。主要以战斗机、运输机、无人机、飞艇等为载体，以军事侦察或军事打击为目的，如机载光电监视侦察系统、机载光电跟踪瞄准系统等。

（2）星载光电系统。主要以各类人造卫星为载体，以军事侦察或预警为目的，如星载光电跟踪系统、星载红外预警系统、星载激光告警探测系统等。

（3）舰载光电系统。主要以各类舰艇为载体，以监视、预警或军事打击为目的，如舰载光电对抗系统、舰载光电跟踪系统等。

（4）车载光电系统。主要以各类陆地军用车辆为载体，以监视、预警或军事打击为目的，如车载光电瞄准系统、坦克光电火力控制系统等。

（5）弹载光电系统。主要以各种类型的导弹为载体，以探测、跟踪、制导为目的，如空空导弹红外导引系统、空地导弹反坦克导引系统等。

（6）单兵光电系统。主要以人为载体，以监视或军事打击为目的，如单兵激光地照器、光电瞄准镜等。

按照光电系统功能和对光波的利用方式，光电系统可以分为信息感知类、信息传递类和能量传递类三大类别。它们在组成和机理上有许多相似之处，而功能侧重不同，使得其组成的单元模块和性能指标体系各异。

2.1.4.2　发展历程和现状

1）光电探测技术发展

（1）电视成像技术。1925 年，英国人贝尔德第一次扫描出木偶图像。同年，美国西屋电气公司的斯福罗发明了电子电视成像。1939 年，美国 RCA 公司发明出第一台黑白电视。1958 年，中国 712 厂生产出了中国第一台电视机。

（2）红外成像技术。1800 年，英国人赫歇尔从太阳光中发现了红外线。1830 年，诺比利发明温差热电偶（真空温差）。20 世纪 60 年代，随着半导体技术的发展，基于光电效应的 HgCdTe 红外探测器的研制成功，开辟了红外技术的新篇章。20 世纪 90 年代，基于多晶硅或氧化钒半导体材料的常温热红外焦平面探测器的研制成功，促进了红外技术的普及和发展。

（3）激光技术。1960 年 7 月 8 日，美国人梅曼发明了世界上第一台红宝石激光器。1961 年，中国长春光机所的王之江课题组研制出中国第一台红宝石激光器，属当时世界先进水平。

（4）光纤技术。1970 年，美国康宁公司根据华人高锟的论文，制造出世界第一根光纤。1976 年，武汉邮电科学研究院赵梓森院士研制出中国第一根光纤。光纤技术的突破带来了现代通信技术和物理检测技术的飞跃。

2）光学系统发展

光学系统的基础理论有近代光学和古典光学，生活中常见到的显微镜、望远镜、照相机都是以几何光学或应用光学作为理论基础，其均属于古典光学。20 世纪 60 年代以来出现的激光全息、纤维光学、集成光学、非线性光学、二元光学、自适应光学、微纳光学、衍射光学、激光光学、红外光学和紫外光学等新领域则属于现代光学范畴，其理论基础是物理光学、薄膜光学、傅氏光学和量子光学等。

20 世纪 50 年代逐渐发展起来的傅氏光学为现代光学信息处理、现代像质评价等奠定了理论基础。20 世纪 60 年代薄膜光学的兴起，为解决各种分光和光谱滤波提供了理论依据。纤维光学的迅速发展，特别是 20 世纪 70 年代低损耗光学纤维的研制出现，才使得光通信取得了很大的进步，同时为内窥光学系统、微光技术和光纤传感器的发展提供了强有力的手段。20 世纪 60 年代初第一台红宝石激光器问世以来，激光技术取得了惊人的进展，激光在工业加工制造、精密测量（测距）、全息检测、激光雷达、激光制导、激光导航、遥感遥测以及激光通信等方面得到了广泛应用，有力地促进了现代科学技术的发展。20 世纪 70 年代初开始发展的自适应光学，将闭环反馈控制技术运用到光路传输中，用适当的波面校正器对测出的波面误差主动地做实时校正。人们对光学系统的认识和利用进入能动控制的阶段。自适应光学为光学设计提供一个极限的补偿，使控制系统和光学系统形成内在的联系，实现对动态变化波面误差的实时检测和校正，从而使光学系统成为能动、可控和具有抗环境干扰能力的自适应系统。

3）目标识别与跟踪技术发展

（1）目标识别。指将一个特定目标从其他目标中区分出来的过程，它既包括两个极为相似目标的识别，也包括不同类别目标之间的识别等。在计算机视觉领域，目标识别作为其基本目的和研究热点，发展日趋成熟。

目标识别的算法主要基于两种思路：一种是不依赖于先验知识，直接从图像序列中检测到运动目标并进行识别；另一种是基于运动目标的建模，在图像序列中实时寻找相匹配的运动目标。此外，识别技术具有信息存储量大、关联性强、人为因素影响较大等特点。目前在目标识别中应用较为广泛的算法主要有卷积神经网络（convolutional neural networks，CNN）算法、深度迁移学习算法等。

作为深度学习的代表算法之一，CNN 是一种仿照生物视知觉构建的、由多种算法层组成的、具有平移不变的算法。虽然其在图像处理领域表现优异，但训练过程中需要大量数据信息及硬件资源，影响了应用的实时性和实用性。迁移学习是一种运用已有知识求解其他相关领域问题的新型机器学习方法，在目标域进行模型训练时，可借助从源数据和特征中提取的信息，实现在相似或相关领域内的复用和迁移，使得传统的零基础学习转变为积累型学习，从而强化深度学习的效果。在深度学习基础上进行优化的深度迁移学习，较好地解决了可用数据不足情况下的可应用性。

除此之外，目标识别领域使用较多的算法还有不变矩算法和语义分割算法等。不变矩算法以二阶中心和三阶中心为理论依据，通过创建不变矩来实现图像平移、旋转、缩放过程中数学特征保持不变，一般将其与 D-S 理论配套使用。图像的语义分割是指对图像进行像素级的理解，并对每个像素点进行标签标注和分类，从而达到识别图像内每个物体的目的；分割过程中一般须使用阈值法、像素聚类法、图像边缘分割法等。

（2）跟踪技术。卡尔曼（Kalman）滤波算法是跟踪技术采用的比较主流的算法之一。该算法是一种在线性高斯环境下，通过观测系统的输入与输出数据，对系统进行最优估计的滤波算法。作为目前应用最为广泛的滤波方法，卡尔曼滤波在通信、导航、制导、控制等领域都得到了较好的应用，在目标跟踪和状态估计方面也占据着重要地位。具体来说，卡尔曼滤波根据一较为准确的初始值不断进行修正估计，从而使得修正值逐步接近真实值，其中数据质量直接影响到滤波效果。而跟踪目标时容易受到噪声、杂波、复杂背景以及其他不利因素的影响，难以得到准确的观测值，从而削弱滤波效果。故在针对弱小目标或复杂背景下，直接利用卡尔曼滤波器进行精确的红外目标跟踪，变得难以实现。不过，若使用卡尔曼滤波器对弱小目标位置进行初步定位及预估，再借助其他手段对预估区域内的运动目标再次匹配，则有望提高跟踪目标定位的准确性。

均值偏移（Mean-Shift）算法是一种密度函数梯度估计的非参数聚类算法，其通过迭代逼近，在样本密度高的区域找到概率分布的极值，以此来确定目标位置。其具体算法思想是假设不同簇类的数据集概率密度分布也不相同，找到任一样本点密度增大的最快方向，样本密度高的区域对应于该分布的最大值，这些样本点最终会在局部密度最大值处收敛，而收敛到相同局部最大值的点被归为同一簇类。由于其具有可以处理各种形状的簇类、参数设置简单、算法结果稳定等优点，该算法在目标跟踪问题中也得到了广泛的应用。

虽然卡尔曼滤波算法是一种优秀的线性系统状态估计和预测算法，在解决目标快速运动或受到干扰、遮挡等情景时能发挥较好的功能，但其应用于非线性系统时，处理速度会显著降低，且针对运动目标状态发生变化的情况如转弯、加减速等，往往无法取得令人满意的效果。相比较而言，虽然 Mean-Shift 算法依据相似性最大化原理，在目标物发生严重遮挡或速度过快时容易丢失目标，但对于运动物体尺寸和形状的变化有优良的适应性。若将这两种算法结合使用，即无遮挡时采用 Mean-Shift 算法、遮挡时引进卡尔曼滤波算法，则可有效地弱化单一算法产生的弊端。

2.1.4.3 典型光电系统介绍

西方发达国家对于舰载 IRST 系统的研制比较早,其中以法国为代表、水平也最高,荷兰、以色列、美国也相继开展了舰载 IRST 系统的研制。

1) 法国光电系统

法国 Thales 公司为法国海军研制了一款专为防御空中广域和海面威胁而设计的 ARTEMISIRST 系统。ARTEMISIRST 是新一代海军光电侦察和保卫系统,主要探测空中的小目标,虚警率非常低。可同时探测和跟踪空中和海面目标,具有全景以及宽仰角覆盖探测能力。ARTEMISIRST 系统采用制冷型中波红外大规格面阵焦平面探测器,采用分布孔径凝视,没有转动机构。该系统包括三个传感器头,每个传感器有一个焦平面探测器,合起来完成对方位 360°、俯仰 25°大视场的监测,全景图像更新频率为 10 Hz。

在 2014 年的法国巴黎海军装备展上,法国 HGH 红外系统公司推出了高分辨率广域监视系统——Spynel - X8000。该系统采用反扫补偿型像移补偿方案,包括一个斯特林制冷的中波红外大面阵探测器,采用 1 280×1 024 探测器。Spynel - X8000 可以以 2 s/圈的搜索速率完成方位 360°扫描,俯仰视场 5°,视场分辨率为 0.08 mrad×0.08 mrad,俯仰可调节范围高达±45°,工作温度范围为－40～＋71℃,Spynel - X8000 系统能够探测到 8 km 之内的人、15 km 之内的汽车和 30 km 之内的坦克。图 2 - 14 为该系统探测到人的同时提取出航迹。

图 2 - 14　Spynel - X8000 系统

法国 SAT 公司早在 1973 年就开展对舰载 IRST 系统的可行性研究,其设计研发的"VAMPIR"系列 IRST 系统是世界上使用最早的舰载 IRST 系统,也一直引领舰载 IRST 的发展方向。其先后推出了 VAMPIRDIBV、VAMPIRMB、VAMPIRNG 等,各型号组成模块基本一致,最先进的属 VAMPIRNG 系统。VAMPIRNG 系统克服了前几代产品重访时间长、刷新率偏低、连续两次扫描之间目标出现显著的运动的缺点。其充分利用焦平面探测器高帧频的特点,采用反扫补偿型方案,图像帧频高达 100 Hz。采用了一台中波红外 3～5 μm 的制冷型焦平面探测器,并装有一块高质量的反射镜来补偿探测器积分时间段内视轴的移动,保证积分时间段内视轴的稳定。图 2 - 15 展示了 VAMPIRNG 系

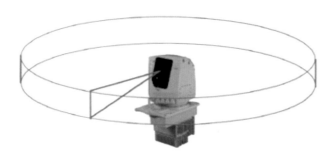

图 2 - 15 VAMPIRNG 系统 360°方位搜索模式

统 360°方位搜索模式。

VAMPIRNG 系统的光学设计原理如下：红外辐射穿过外部窗口进入光学系统前段，第一次反射发生在俯仰反射镜上，折叠反射镜 1 可以确保在较大仰角变化时俯仰反射镜的尺寸较小，第一组透镜构成了一个望远镜系统，可以减小扫描镜前端光学入瞳的尺寸。折叠反射镜 2 提供系统紧凑型设计，接下来的瞄准扫描镜和俯仰扫描镜提供了连续扫描过程中的图像去模糊，使得积分时间内冻结景物视场。接着是一组成像物镜，经过折叠反射镜 3 到达红外焦平面探测器上。VAMPIRNG 系统采用预测函数控制技术，以 10 kHz 的计算频率进行方位、俯仰补偿的反射镜运动，可以为系统获取几毫秒有效积分时间。全景成像帧频达 1 Hz，反射镜位置控制误差为 10 μrad，远小于红外焦平面探测器瞬时视场的 100 μrad。

2）荷兰光电系统

荷兰"天狼星"（SIRUS）是远程红外警戒和跟踪系统，可加强水面舰艇抗掠海反舰导弹的水平搜索能力。系统采用线列扫描型方案，对超音速掠海导弹探测距离为 35 km。可完成方位 360°、仰角覆盖 3.8°监测，扫描速度为 60 r/min，全景成像帧频 1 Hz。系统采用高性能制冷性的中、长波红外探测器，工作波段 3～5 μm、8～12 μm；探测器：300×10 单元和 300×8 单元；系统采用斯特林制冷原理。该系统如图 2 - 16 所示。

图 2 - 16 "天狼星"系统

3）以色列光电系统

以色列 ELTA 公司研制的 EL/L - 8273/4 防御和自保护系统是一个远距离、多任务、多光谱的红外搜索跟踪系统，机械结构如图 2 - 17a 所示。其中 EL/L - 8274 用于海军，可实现 360°全景覆盖。该系统采用步进凝视扫描型方案，俯仰视场 10°，全景扫描频率可达 1.25 Hz，通过切换滤光片可实现多光谱成像；通过先进的多光谱目标识别技术，系统可连续搜索、拦截、跟踪目标。系统采用高灵敏度的中波红外 3～5 μm 焦平面探测器，分辨率达 320×256。系统通过 8 个折叠反射镜覆盖方位视场 360°，每个反射镜覆盖角度 60°，相邻反射镜中心有 45°偏移，从而有 15°的重叠。扫描潜望镜以步进的方式旋转，当和反射镜阵列中心重合时进行成像。该系统的参数设计为2.5，该设计允许焦平面探测器上有高质量的成像效果，8个窗口采集的图像如图2-17b所示。

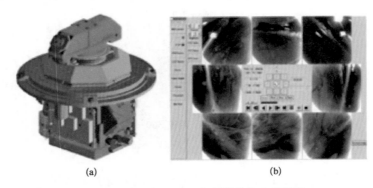

(a)   (b)

图 2-17　EL/L-8274 机械结构和窗口图像

地面装备系统的光电搜索跟踪系统，一般由可升降/收缩的桅杆结构和光电探测系统组合而成。车载光电桅杆所用车辆灵活多样，可以是军用车辆、警用车辆或民用车辆。在车载光电桅杆中，地面监视雷达主要配合红外、可见光、激光和其他传感器协作使用，可以较大程度地实现对目标的搜索、跟踪和定位。

4）美国光电系统

周视观察对车载平台态势感知能力的影响尤为突出。如美国 Lockheed Martin 公司和 FLIR 公司推出的几款光电桅杆（图2-18）的方位角全部实现连续360°全周视观察，根据工作任务的不同，它们的俯仰角各有不同，小到-30°、大到+120°。

美国 FLIR 公司（图2-19）研制的基于挂车的 Cerberus 直臂式光电桅杆，其桅杆部署高度为5.8 m，可以部署在偏僻地区，实现较长时间的无人值守工作。

图 2-18　美国 Lockheed Martin
公司桅杆　　　　　　　　　　图 2-19　美国 FLIR 公司光电桅杆

2.1.5　通信系统

2.1.5.1　通信系统概述

在信息化战争中,通信系统作为战场指挥控制的中枢神经网络,必然成为敌方的重点攻击目标,特别是作为战斗一线的战术通信,很难依靠固定通信设施完成遂行通信保障任务。为了解决这一难题,装备快捷、抗击打能力出色的无线 Ad Hoc 网络便应运而生。它可以由多个移动节点构成,网络中各个要素通过无线网络互联,且分布任意,非常适合战术通信使用。正是由于其无须架设网络设施、可快速展开、机动性强等特点,使得 Ad Hoc 网络成为信息化战争军事通信的技术首选[6]。

1) 战术互联网的定义

战术互联网是指用于战场上互连的通信网络,是以互联网和自组网为基础的,将各种战术电台、交换路由设备和终端设备等互联而成的系统,是数字化战场上集通信、指挥控制等功能于一体的战役/战术网络系统。战术互联网是部队信息化建设的基础设施,通常应用于师和师以下机动作战部队,它能够为战场信息的传输和交换提供可靠的平台,从而实现无线战术通信与战役、战略通信的无缝衔接,保证在任何情况下维持通信链路的畅通。战术互联网是数字化战场的战术通信网络,自 20 世纪 90 年代出现以来,受到世界各国的高度重视,其在实现数字化战场中的机动指挥控制、战场态势感知以及无缝连通等方面发挥着重要作用。

战术互联网是以互联网和自组网为基础,采用标准的 TCP/IP 协议,基于路由器和网关(战术多网网关)的自动化通信网络[7]。其通过路由器和多网网关,将各种战术电台和通信设备组成的多个无线战术通信子网进行无缝连接,给部队的作战指挥提供有效的通信保障;并在指挥控制平台和各通信子网之间提供可靠、安全的通信链路,以支持战场态势感知数据的上传和分发,通过构建一个兼容、互通、无缝的通信网络进行战场信息共享。战术互联网是数字化战场的网络支撑平台,能满足未来数字化战场多层次、多模式、多覆盖的通信需求,为战术战场提供有力的通信保障和有效提高各分队的战场态势感知能力[8]。

美军为适应复杂的战场环境下信息数据的采集、处理、传递和分发,支持高度的移动指挥控制,在互联网和无线自组织网络发展的基础上最早提出"战术互联网"。美军战术互联网开始主要为了运用于军事目的而进行研究,真正建立是在海湾战争后。美军为解决多个战术系统之间存在的互通性和互操作性差的问题,着手改变多个独立的战术通信系统,实现主要战术通信系统之间的良好互通和互操作以及指挥控制系统一体化的要求。经过多年的研究和实战的检验,美军已建立起较为完善的战术互联网。美军陆军手册中对战术互联网进行了如下定义:战术互联网是互联的战术无线电台、计算机硬件和软件的集合,它在机动、战斗勤务支援与指挥控制平台之间提供无缝隙态势感知和指挥控制数据交换[9]。这一定义阐明了战术互联网的功能作用,它不但能为各指挥控制平台之间提供指挥控制信息的交换,即提供可靠、安全的通信链路以进行语音和数据信息交换,还可以为各战斗分队或人员提供无缝的态势感知、实现战场态势的信息共享。战术互联网是一个集高效处理信息、无缝互通连接、指挥控制于一体的智能网络,它使得战场信息处理高效、信息传递快速、作战进程加快、作战时效增强,从而使联合作战能力大大增强[10]。

除了美国之外,欧美其他一些发达国家也以互联网为基础,开发集指挥、控制和通信于一体的作战管理网络体系结构,以解决目前在战术通信系统中存在的互通性差的问题。俄罗斯也在开发效率更高的多级战术指挥无线电通信系统,并逐渐换装新一代的自动化战术指挥控制系统和战术指挥通信设备,利用计算机网络和数据交换系统将各级指挥机构连接起来。

2) 战术互联网的特点

在信息化条件下的现代化战争,战场区域广阔,地形环境陌生等不确定性因素增加,地理位置变化较快,敌我双方区域界限模糊,部队一般处于机动状态。战场上无任何网络基础设施,也不适合临时搭建基础设施。战术互联网就是在这样的战场环境下进行快速组网,并保障网络能够随时通联,确保指挥通信系统顺畅,战场信息实时共享,以及传输数据安全、可靠。由于应用环境的特殊性和作战要求的针对性,使得战术互联网具有不同于其他一般无线网络的特性,主要特点如下:

(1) 快速部署安装,支持节点高速移动。现代化战争中,随着武器装备越来越先进,部队的机动性不断提高,战斗进程也不断加快。在这样的环境下,战术通信网必须支持节点的移动性,使数据和话音能够"动中通",时刻为部队保持可靠、稳定的通信保障。用户终端具有机动中通信能力,能够在作战地域内为机动作战的部队提供通信保障。同时,随着战斗进程的加快,除了支持节点的移动,还要求战术通信网能够快速组网。当部队到达待机地域时,不需要架设固定的网络设施就能够快速部署、自行组网,从而大大提高了组网的效率。

(2) 结构灵活,拓扑变化快速,易于扩展。战术互联网可以根据需要运用平面结构和分层结构,结构灵活。在战场环境中,由于用户节点不规则运动和受到战场地理环境、电磁环境等不确定因素影响,导致用户节点位置和无线信道的质量变化快速,网络结构受影响较大。所以,战术互联网必须能够探测网络动态拓扑变化,实现动态路由,适应快速的拓扑结构变化。由于节点具有转发功能,新接入节点能通过邻居节点迅速接入网络,使网络很容易得到扩展。

(3) 各通信子系统之间具有良好的互联互通能力。战场中一般都会使用多种通信手段、通信方式进行通信,存在着多种战术通信子网。而这些通信子网通过统一的标准接口和协议,能够实现互联。战术互联网为了实现各战术通信子网的互联,引入互联网的组网概念,即无论用户的内部结构和接入方式如何,通过统一的接口和协议,就能够实现相互之间的互联互通。这里的互联互通具有两层含义:① 网络中任意两个用户之间都能够通信,可以进行信息交换;② 信息交换的通信路径对用户相对透明,用户只需要知道信息发往哪里而不必关心信息如何到达目标用户。这两层含义下的互联互通不但能够确保网络用户间的无缝连接,也大大提高了战场各类信息的上传和分发能力,使各级能共享战场信息,有效提高了部队作战指挥控制能力。

（4）网络的健壮性和安全性好。网络中存在多条路径,当部分链路出现故障或中断时,不会破坏网络的完整性,网络的健壮性较好。另外,无线信道由于广播的特性,容易遭受被动窃听、主动入侵、强干扰等网络攻击。要适应恶劣的战场环境,战术互联网则具有较强的抗毁能力,具备信道加密、抗干扰、防止入侵等安全防护措施。

3）战术互联网的主要功能

战术互联网由各战术通信子系统通过交换路由设备和终端联结而成,是无线通信技术和计算机技术的有机结合。在组成上,它需要通过各种路由交换设备,构成一个多路由、自组织、自适应、自恢复的通信网络平台。从用户业务类型角度,战术互联网主要为用户提供语音和数据两种业务类型的服务功能。其中,语音服务包括可以使用模拟话音和数字话音;数据服务包括提供敌我双方的态势感知数据和指挥控制数据,也可以为用户提供图像、视频、地理位置等信息。总体概括起来,战术互联网主要实现以下功能：

（1）各通信子系统互联互通,系统中任意用户之间"无缝"连接,具有良好的信息交换能力。

（2）提供战场态势信息共享,为战场态势信息提供快速上传和分发的通信链路。

（3）满足快速机动要求,能够确保部队"动中通"。

（4）网络结构灵活,能够在拓扑结构快速变化时确保通信顺畅。

（5）具有自我管理维护功能和良好的安全防护能力及抗毁能力。

4）战术互联网的架构

美军的战术互联网是通过增强型位置报告系统、数字化宽带无线电台、互联网控制器和战术多网网关,将定位报告系统、战场态势感知与数据分发系统以及指挥控制平台互联成一个整体的网络[11]。按战场网络的配置划分,美军战术互联网可分为上层(旅以上)战术互联网和下层(旅和旅以下)战术互联网。上层战术互联网可称为战场地域通信网,主要由计算机网络(战术指挥控制系统)组成,是连接旅以上的作战指挥系统。下层战术互联网可称为战术电台互联网,主要由计算机网(旅和旅以下作战指挥系统)和无线战术通信网组成,主要用于连接旅和旅以下作战单元。通常所说的战术互联网一般是指下层战术互联网。

战术互联网的体系结构能够使态势感知和指挥控制信息在各指挥控制系统内部做横向传递和上、下级指挥控制系统之间做纵向传递,从而实现整个系统的无缝连接。随着通信技术特别是卫星通信技术的发展,可以在原有三层的体系结构基础上增加一层卫星通信网层,从而发展成为空间、地面一体化的战术互联网[12]。

2.1.5.2　战术互联网发展情况

1）美军战术互联网发展历程及现状

美军战术互联网是在海湾战争后才建立的。美军为解决战术系统互联互通之间存在的问题，着手改变多个相对独立的战术通信系统，实现单信道地面与机载无线电系统（SINCGARS）、增强型位置报告系统（EPLRS）和移动用户设备（MSE）等主要战术通信系统与设备之间的良好互通，实现指挥控制系统一体化的要求[13]。其设计目标是实现战术级用户之间的无缝通信连接，除实现语音和数据传输业务外，还可实现图像和实时视频业务的传输，其主要功能是承载数据业务，完成战斗单元动态组网与协调通信，且具有无须架设网络设施、可快速展开、抗毁性强等特点，是数字化部队建设的基础设施。

美军战术互联网最早是在运用于军事目的的无线自组网的基础上发展起来的。无线自组网是 20 世纪 70 年代初美国国防部高级研究规划署（DARPA）出于未来战争通信网络需要的考虑，从资助研究的"战场环境中的无线分组网"（PRNET）项目中产生的一种新型网络构架[14]。DARPA 相继于 1983 年和 1994 年分别启动了高残存性自适应网络项目（SURAN）和全球移动信息系统项目，其目的是在指挥控制和通信系统中使用商用部门开发的技术，建立满足未来国防移动信息系统在灵活性、通用性和互通性上的应用需要，以及支持更大的网络和可快速展开、高抗毁性的需求。为了更深入地研究无线自组网，使其相关技术更好地运用到战术互联网中，美军于 1997 年成立了一个 MANET 工作组，专门负责研究和开发移动自组网的路由算法和制定相关协议的标准化工作[15]。

美军进行营级数字化先期实验时，依靠改进型"辛嘎斯"电台和增强型位置报告系统电台构成两层传输网络结构。1997 年，美军在旅和营战术作战中心之间增加近期数字化无线电台（NTDR），将旅以下的战术互联网改为三层传输网络结构，将上层（旅以上）和下层（旅以下）的战术互联网连接起来。后来又在营以下指挥控制链的通信链路中，使用增强型位置报告系统电台向营级以下提供态势感知功能，使连、排级的子网能直接连接到营或旅的增强型位置报告系统主干线上，从而大大减少了在指挥链中向上或向下传送态势感知和指挥控制数据所需的转接次数，并缩短了信息传送时间、提高了通信时效。

美军在军用移动通信系统方面发展很快，陆续出台了不少研究开发计划，比如先后在全球移动信息系统（GloMo）、小部队作战态势感知系统（SUO/SAS）、指战员信息网-战术部分（WIN－T）、多功能动中通保密自适应综合通信系统（Mosaic）、联合战术无线电系统（JTRS）等计划中开发了新型通信体系结构以及相关技术，对战术互联网的发展起到了很大的推动作用。

经过多年的研究，美军的战术互联网已初见雏形并得到实战的初步检验。为适应未来战争的需求，美军陆续出台了不少研究开发计划，这些计划目前正在进一步的发展和完善之中，也代表战术互联网的发展方向。

2）法国、英国战术互联网发展历程及现状

除了美国之外，世界其他各国也陆续建立和发展了自己的战术通信系统，较为著名的有法国的"里达"（RITA）系统和英国的"松鸡"（Ptarmigan）系统[16]。随着战争对战术通信系统提出新的、更高的要求，各国竞相对旧的系统进行升级改造，同时也在加紧推进新系统的研究计划，较为典型的有法国新一代的战术通信系统"里达"2000（RITA 2000）和英国第三代战术通信系统——多功能系统(MRS)[17]。

(1)法国。法国新一代战术通信系统"里达"2000是在原有战术通信系统"里达"基础上改进而来的,其通过增加战术ATM多媒体交换网络设备和加强综合卫星通信的能力,支持数字化战场通信,并提供了与目前西方国家使用的各种战略和商用网络的交换接口。该系统使用的战术ATM交换机(ATS 2000)除了具有符合欧洲通信标准的交换机性能外,还兼有ISDN交换机的全部功能,可为用户提供更宽的带宽和多媒体通信能力,实现了窄带和宽带用户可共存于同一个系统中。

(2)英国。英国在"熊""松鸡"战术通信系统的基础上,研制了第三代战术通信系统——多功能系统(MRS)[18]。MRS基于欧洲通信标准,采用模块化的数字电路、分组和信息交换机,可构成从小型战术链路到复杂战略网络的各种系统,可实现与现有和未来军民通信系统的互通。MRS的发展方向,是在战场上实现快速部署、快速展开与现有设备的高度融合;并根据通信发展要求,通过增加一些系统接口与其他盟国部队的战术通信系统进行互联。

除了以上几个典型的战术通信系统外,其他各国也在相继研发或建立自己的战术通信网,如土耳其的TASMUS战术地域通信系统、加拿大实施的战术指挥控制通信系统(TCCCS)计划、印度的战术通信系统(TCS)等[19]。未来的战术通信网要求能够提供整个作战区域内快速、机动、互通、保密、实时的综合业务通信能力,并具有良好的抗毁性能。其发展趋势是充分采用商用技术,向一体化、宽带化、综合化、智能化和个人化发展。

2.1.5.3　典型战术通信系统

1)移动用户设备系统

移动用户设备(MSE)系统是美军的野战地域通信网,为美国陆军新一代军、师级主要战术通信网,是根据"地空一体作战"的思想而设计的,能够覆盖整个军或师作战地域。MSE网络以电路交换为主,同时叠加分组交换网,集交换、无线中继、通信保密以及系统控制功能于一体,能够传输战术话音和低速数据业务。MSE系统虽然能跟随部队准机动工作,但由于其主要以微波接力手段为主,只能在用户设备机动完成后进行组网通信,因而不能保障移动中的通信。

2)单信道地面和机载无线电系统

单信道地面和机载无线电系统(SINCGARS)主要由"辛嘎斯"电台组成,是一种重要的战斗通信网无线电设备。其除了提供传统的话音通信,还具有分组数据传输能力,使部队能够在机动过程中进行话音通信和数据传输。SINCGARS改进计划对原系统做了大量改进,采用RS前向纠错技术,并通过附带的互联网控制器而具备了分组网络特性,在传统的话音通信基础上引入了IP分组数据传输能力。SINCGARS高级改进计划进一步增强了系统的功能,提供了新的数据重传机制并采用了快速信道接入协议,两个或多个无线电台可通过互联来支持数据的中继转发。

3）增强型位置报告系统

增强型位置报告系统（EPLRS）是"定位报告系统"的改进型，在原有的基础上增加和提升了系统的部分通信功能。EPLRS由数字化特高频宽带数字无线电台组成，是集通信指挥、定位、导航和识别于一体的综合性战术通信系统。系统采用时分多址（time division multiple access，TDMA）调制方式和X.25协议，满足不同用户的网络接入需求，能为大量移动用户合理分配时隙和信道。同时，EPLRS构成战术互联网中分发指挥控制和态势感知报文数据通信的骨干网络。在传输过程中，EPLRS使用跳频技术和利用预置格式化信息、纠错编码技术等为用户提供可靠的传输信道，可在移动条件下实现高速的自动数据交换。

按功能可将EPLRS分为控制网络和通信网络两部分。控制网络功能同原有定位报告系统，包括提供测量、定位、导航、识别等功能，并能够传输网络管理、测量报告、识别指令等信息。通信网络功能是在原有系统上增加的，由宽带数据电台组成自组网，能为网内用户提供安全可靠的通信链路。

4）近期数字化电台

近期数字化电台（NTDR）作为战术互联网主干通信网络的主要设备，是一种采用开放体系结构和标准内部总线设计的网络无线电台，提供加密且带有前向差错控制（forward error control，FEC）纠错和检错能力的数据传输，是美军排至旅级通信网络的骨干。NTDR系统采用分级分簇网络架构，下级网络由多个本地簇组成，簇头节点组成上级骨干网络，作为各本地簇用户间分组数据交换的中继节点。每个簇的簇头节点同时工作在骨干信道和本地簇这两个信道上，既负责收集管理簇内成员的信息，与簇内成员组网，同时也要作为中间转发节点负责本地簇内节点与外部簇的成员节点通信。

NTDR系统的体系架构基于开放式最短路径优先（open shortest path first，OSPF）路由协议，簇头节点为本簇的路由器，本地簇内的网络拓扑变化和路由更新信息不会传递到簇外，可以降低路由开销。系统的网络管理由网络管理终端实现半自动管理，包括在网络连通性发生变化时自动更新路由表、移动环境下本地簇的解散和重新组合、拓扑变化时簇头节点的重新推选等。

5）战术级指战员信息网

战术级指战员信息网（WIN-T）基于商用技术，采用大容量无线电传输技术和数百兆赫宽带通信链路，把大容量的多媒体信息传送给战场上高速移动的战斗部队和各级指战员。WIN-T将地面、空间和卫星通信能力全部综合到一个网络基础结构中，将为陆军部队（从机动排到战场后方，包括后勤部门、指挥和控制部门、作战支持部门）提供一个集成、灵活、安全、生存能力强、无缝连接的多媒体信息网络，其网络架构如图2-20所示。

WIN-T通信网可以分为三层：最高层为卫星通信系统，第二层为空中通信节点（air communication node，ACN），最下面一层为地面通信系统[20]。

（1）卫星通信系统。由于卫星通信具有覆盖地域宽、通信容量大、及时、保密通信等

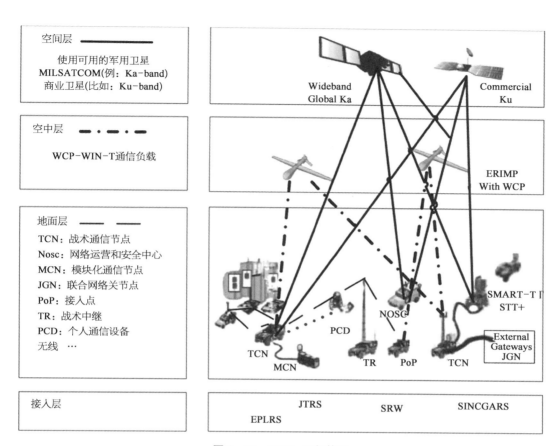

图 2 - 20　WIN - T 架构图

特点,因此成为军事通信中十分重要的部分。在海湾战争、科索沃战争中,美军中远程通信业务的 70%～90% 是通过卫星传送的。由于军事通信卫星的带宽限制,在 WIN - T 中除了采用军事通信卫星外,还采用了个人通信卫星和商业通信卫星。军事卫星多工作在 X 波段,以后可能会工作在 Ka 波段;商用卫星多工作在 C 和 Ku 波段。卫星通信终端包括单信道卫星终端和多信道卫星终端两种,用于接收信息、延伸通信距离,主要安装在高机动多用途轮式车上或者是嵌入 ATM 枢纽交换机和 FSEN 交换机中。

（2）空中通信节点（ACN）。指搭载了现代化通信装置的高空长航时无人飞行器[21]。ACN 搭载了大量、多频段、多模式、具有高增益天线、坚固的通信有效载荷,支持装备轻型全向天线、低功率电台的战术用户与移动平台建立起超视距通信。ACN 的应用,可以使陆地军队再也不用受地形和植被的限制。

（3）地面通信系统。主要由网络基础结构、网络管理、信息保证、网络业务和用户接口等组成。地面通信系统的基础结构主要包括广域网节点（wide area node，WAN）、用户节点（subscriber node，SN）、远程接入用户接口（remote access subscriber interface，RASI）以及增强和扩展网络连接的信息传输系统。

WAN 是 WIN - T 系统的核心,其构成 WIN - T 的高速骨干网,并为用户节点和移动用户提供扩展连接。用户节点(SN)包括掩蔽节点(shelterized subscriber node,SSN)和综合用户节点(integrated subscriber node,ISN);前者由信号营管理,后者由用户使用。WAN 和 SN 都有交换/路由、传输、管理系统、IA 能力。其中,交换/路由技术将基于商用标准。WIN - T 将自动分配带宽并在多条传输路径上选择路由,绕过中断和拥挤的路径,提供自愈和自组织的网络功能。

RASI 是信号兵设备,它将增强 SSN 的功能,并提供伸缩性,为远程用户提供业务。RASI 能端接话音、数据、视频用户,扩展了 SSN 话音、数据和视频功能。

WIN - T 信息传输系统包括快速架设的大容量视距(LOS)电台、光纤电缆、宽带数字电台和联合战术无线电系统(JTRS),为指战员提供从局域网(LAN)到广域网(WAN)的连接,并支持指挥控制动中通。WIN - T 将利用各种平台的空中通信节点来延伸距离,支持网络扩展。

2.1.6 指挥控制系统

2.1.6.1 系统定义

指挥控制是指挥员及其指挥机关对部队作战或其他行动进行规划、组织、决策、指挥、协调和控制军事力量的活动统称。指挥控制系统是武器系统的指挥和控制中心,负责建立战术原则,显示并处理各传感器数据,做出敌我识别、威胁判断,指定目标优先顺序和火力分配,协调和控制整个作战系统的运行。其工作原理是:战前通过辅助功能软件实现作战预案的制定,形成武器系统的行军和布阵方案;武器系统开赴阵地进行展开加电正常后,通过目标分配软件实现武器系统工作模式的切换;按照作战流程,目标分配软件将系统工作模式从待命切换到系统维护的系统标定模式、进行武器系统标定,指挥控制系统将目标搜索雷达和火力单元的绝对坐标互传,从而实现作战过程中目标航迹参数的坐标变换。在作战过程中指挥控制系统接收情报系统的预警信息,通过综合态势席位显示,供指挥员进行决策,适时命令目标搜索雷达开机。指挥控制系统对目标搜索雷达、情报信息源、各跟踪制导雷达的目标信息进行综合处理,结合保卫区域的位置进行威胁判断,根据各火力单元的位置及法线指向,以及系统空闲通道、剩余导弹等信息,将目标优化分配到火力单元,通过情报处理系统将目标射击情况上报上级指挥所。战后通过辅助功能软件录取的作战信息,自动进行作战效果的统计分析,给出评判结果。

指挥控制信息系统作为战场的中枢和心脏,可以向指挥员提供实时作战信息、地理态势、指挥决策,是信息化战争不可或缺的部分。传统的防空指挥控制信息系统的框架为客户/服务(C/S)架构,即下级作战单位为客户端,上级作战单位为服务器端,逐级向上/向下传输信息。这种"金字塔式"架构的显著特征是系统内各作战资源相互绑定成紧耦合关系,即一套防空导弹武器系统只能利用其系统内部雷达所提供的目标信息进行作战控制,并利用系统内部的发射装置进行导弹发射,无法得知友邻系统作战信息,使得同级别作战单位之间的信息透明度和协同能力较差。

指挥控制系统的用户为各级指挥中心和部队的作战指挥员。系统向用户提供的功能包括交互作战命令、进行辅助计算化及配置席位。各功能描述如下：

（1）交互作战命令。各级指挥中心和部队的用户可以进行作战指令信息的交互：指挥中心的作战指挥员可以向下级部队下达作战命令；下级部队可以收到上级下达的最新作战命令，并可以向上级指挥上报当前的部队状态和战斗信息。

（2）进行辅助计算。用户可以选择不同的来袭目标和部队，进行战场要素的辅助计算，通过辅助计算结果判断所选部队是否具备拦截所选来袭目标的能力，作为其进一步目标火力分配的参考和依据。

（3）配置席位。地面防空指挥控制系统将部署在多个不同的作战席位上，作战总指挥员可以决定每个指挥中管理部队的规模和数量。

2.1.6.2 发展过程

随着计算机技术、信息技术的高速发展以及未来战争模式的不断演变，战争思想、战争方式、战争手段、作战武器等战争要素相比以往都发生了日新月异的变化，指挥控制系统面临着诸多的冲击与考验。因此，结合现代战争的特点，探索和研究指挥控制系统的发展，具有重要的现实意义。

20 世纪 50 年代是指挥控制系统发展的初始阶段，各军的指挥控制基本都是基于以图上手工标绘作业展现指挥员的指挥意图，依托电报、电话、人工传递等方式传达指挥命令，陆军、空军、海军等各军兵种独立指挥，仅在最高统帅部进行协同指挥。各军兵种指挥控制系统之间几乎无作战信息、指挥信息、保障信息的横向交互和共享。

自 20 世纪 70 年代以来，随着计算机技术、通信网络技术、自动化控制技术和信息系统的发展，在以数字计算机为主要的指挥平台上，依托"天星地网"，构建指挥链、信息链、数据链等多种指挥信息传输手段，加强了指挥控制系统之间、各军兵种之间的信息铰链和互联、互通、互操作，进一步提升了整体指挥控制系统的作战效能。

冷战结束后，虽然世界格局发生了重大变化，但各国、各军兵种的指挥控制系统也逐步由自动化、数字化向信息化快速发展，指挥控制系统也由以网络为中心向以信息为中心转变，注重系统互联、信息互通、资源共享、协同作战。在指挥控制系统的建设与发展中，美军先后提出了一系列系统（图 2 - 21），从 C^2、C^3、C^3I、C^4I、C^4ISR、C^4KISR 到 GIG，代表了不同年代、功能和用途的指挥控制系统。美军 C^4ISR 建设经历了独立发展、平台式发展和一体化发展的阶段[22]。初期发展阶段，各军兵种的 C^4ISR 建设标准没有规范，缺少理论支撑，导致各军兵种之间 C^4ISR 系统不能互联、互通、互操作。平台发展阶段，美军致力于打通独立开发的 C^4ISR 系统之间互联、互通的通路，建设共用的互操作信息平台。一体化建设阶段，美军奉行理论先行、系统跟进的建设原则，将 C^4ISR 系统架构在全新的体系上，使其能真正实现全球范围内的一体化，而不是平台建设阶段的互联、互通。

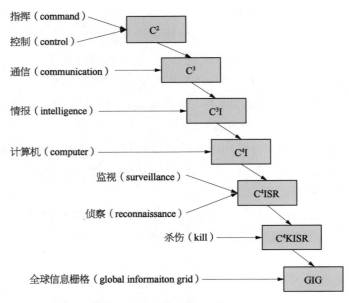

图 2-21　美军指挥控制系统演变过程

进入 21 世纪,尤其是近 10 年以来,数字宽带、物联网、云计算、大数据等新一代信息技术的兴起和广泛应用,对指挥控制领域的技术发展起到了推波助澜的作用。北约、美国、英国、法国、以色列、瑞典等组织和国家都在积极研究和研制能够适应未来的作战管理系统(BMS)[23]。美军在十多年发展各军兵种联合作战、联合指挥的基础上,提出了涵盖"陆""海""空""天""网"多域联合的一体化作战[24],近期又提出从多域作战向全域作战的作战理论战略调整,目的在于构建联合作战环境,实现从跨域协同向全域一体的指控战略转变。例如,在网络方面,在全球信息栅格(GIG)体系框架下,发展联合信息环境(JIE),通过企业化服务、云计算技术以及安全体系架构和管理,在更短时间内实现联合,以更少资金投入换取军种之间的互联互通,形成全球一体化作战能力。在指挥控制方面,2019年下半年,美军各军种致力于推进将陆、海、空的指挥控制网络连接成一个单一的联合全域指挥控制(JADC²)网络,在所有域(陆、海、空、天、网、电)之间实现迅速和无缝的信息交互,联合全域指挥控制将取代美国空军正在使用的多域指挥控制(MDC²)概念,成为美国各军种统一使用的新概念[25]。

从以上指挥控制系统发展的粗略脉络来看,随着信息技术的发展以及信息获取和传输方式的变化,必然引起指挥控制系统的深刻变革,使指挥控制系统更加扁平化、网络化,并形成横向连通、纵横一体的指挥控制体系。横向连通不仅可以使平级部队之间进行直接的沟通,各作战平台也可以实时交换战场环境、情报等信息。纵横一体是指进行一体化指挥控制,实现信息实时化,信息采集、传递、处理、存储一体化。图 2-22 为典型的协同指挥控制模式示意图,从图中可以看出,在这种模式下,侦查监视飞机将打击目标的地点、路径等最新的情报传递给各级指挥所、空袭编队、火炮群,消除了由其他各级指挥所转发的时延,使获得的情报具有更高的实时性与准确性。空袭编队可以根据目标情报,不断地调整航线,减小目标的搜索范围,而火炮群根据实时的目标情报,提高打击精度。由于各种通信网络将各层次的终端有机地联系起来,指挥员与指挥机关可以有效地指挥与控制各个兵力协调作战。通过网络平台的连接指挥中心可以快速地收集与处理情报,指挥员实时掌握战场的情况,对整个作战行动实施更有效的集中统一指挥与控制,从而提高决策的质量和灵活性。

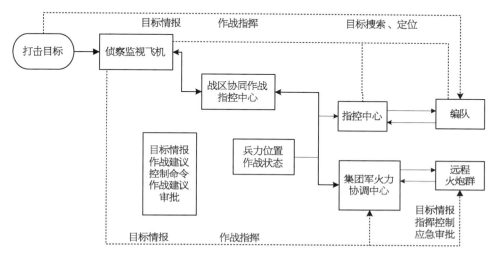

图 2‐22　典型的协同指挥控制模式示意图

2.1.6.3　典型指挥控制系统介绍

1) 美国全球指挥控制系统

美国的指挥控制系统建设起步较早,经过半个多世纪的发展,已在规模、技术、能力方面成熟,能够满足各种不同任务需要。美军在长期作战技术研究和实践经验的累积下,树立了明确的指挥控制系统建设思想。美军在军事信息化系统建设方面一直将指挥控制系统的研发放在头等地位,并于 20 世纪 60 年代初最先研发组建了指挥控制系统,此被称为全球军事指挥控制系统(WWWCCS)[26],之后 30 年对指挥控制系统的投入更是不断加大,按照统一部署的发展思路,建立了数字化战场指挥控制系统。美军指挥系统主要包括陆军作战指挥系统、海军指挥控制系统、空军指挥控制系统和联合指挥控制系统四大类。在 2003 年伊拉克战争中,美军使用通用作战图系统开展联合作战,参战人员配备了个人微型电脑,该电脑拥有实时网络,体积小巧便于携带在腰间,电脑上安装了"漫游者"软件,在网络环境下使用通用作战图系统可以及时下载更新战争图示,进行实时战争互动信息交流,加强了士兵对战争空间情况和战略形势的掌握,有效地提高了作战效能,并且陆、海、空军指挥控制系统进行了联网,及时快捷地传输信息和数据。但是,由于各系统的技术差异大,在信息融合和集成方面存在问题,因此美军指挥控制系统向信息时代转型,逐步向"网络中心战"的模式发展。美军较早就开始大规模投入建设指挥自动化系统（C^3I系统、C^4I系统、C^4ISR系统等），经过半个多世纪的不断发展和海湾战争、科索沃战争等高技术战争的实战检验，其在体系完备、技术先进、功能齐全等方面都处于世界领先地位。美国目前已建成较完备的数字化指挥控制系统，据美国国防部称，基于一体化C^4ISR系统和高效的信息基础设施，美军已经能够对地球表面任意目标进行实时发现、跟踪、定位以及攻击，实现在正确的时间、地点精确地使用兵力，使国防管理的效率大大提高[27]。美国还建立了多种级别、类型的作战实验室，在实验室中进行各个规模的仿真演习并检验各种新的作战理论。作战实验室的使用是美军提高战斗力的重要手段。

美国的全球指挥控制系统，由部署于陆、海、空、天的各分系统组成，主要包括性能先进的指挥控制系统，多层次、全方位的预警探测系统，以及高速、大容量、安全保密的通信系统等。该系统采用扁平化网络结构，通过卫星、无线电、有线通信与遍及全球的 50 多个指挥中心连接，能够减少指挥层次，实现互通与互操作。

全球指挥控制系统是一种分布式计算系统，可保障指挥和控制功能的软件及数据被分布在通过网络互联的异构与互操作的计算机上，通过三层客户/服务器结构实现其分布式计算，即高层、中层和低层：高层是国家汇接层，包括国家总部、参谋长联席会议、中央各总部、战区各总部；中层是战区和区域汇接层，主要由战区各军司令部、特种/特遣部队司令部和各种作战保障部门指挥控制系统组成；低层是战术层，由战区军种所属各系统组成，包括联合特遣部队、联合特遣分队和最基层战斗人员的设施。

2）俄罗斯指挥控制系统

目前俄军指挥控制系统仅初步实现了互联互通。经过多年的发展，俄军基本已形成覆盖陆、海、空三军，战略战役战术各级较为完善的指挥控制系统。

俄军战略指挥控制系统的主要任务，是保证俄罗斯国家最高当局对战略核部队实施不间断的指挥控制。战略指挥控制系统主要由战略探测预警系统、战略指挥中心和战略通信系统组成。俄军战略探测预警系统由导弹预警卫星、预警机、防空雷达、导弹预警雷达、空间监视系统组成，通过全方位的探测网络，可以对来自各个方向的导弹攻击提供 15～30 min 的预警时间。

3）日本自卫队指挥控制系统

日本自卫队指挥控制系统始建于 20 世纪 60 年代初，90 年代以后加快发展。目前，日本自卫队初步形成了以防卫省中央指挥所为核心，天基、空基、海基、陆基侦察预警系统协同配套的指控系统体系[28]。

日本陆上自卫队指挥控制系统分为战略、战役和战术三级。陆上自卫队参谋部负责管理和运用战略指挥控制系统，与中央指挥所和陆上自卫队各军区相连接。陆上自卫队各军区司令部负责管理和运用战役指挥控制系统，与各作战师、旅和支援部队指挥控制系统相连接。战术指挥控制系统包括野战数据自动处理系统、火力控制系统和防空系统等，可灵活快捷地实施作战指挥。

日本海上自卫队指挥控制系统建成于 20 世纪 70 年代,主要包括舰载指挥控制系统和岸基指挥控制系统。舰载指挥控制系统装备于海上自卫队各种舰艇,并能够在战场层次上与美海军相关系统互联互通,实施协同作战。岸基指挥控制系统的核心是海上自卫队的联合舰队指挥支援系统,为支援海上自卫队作战的作战指挥枢纽。

日本航空自卫队指挥控制系统主要用于支援航空总队等主要作战部队司令部的指挥控制,可收发、处理、显示主要司令部、各部队作战态势等信息。目前,该系统的核心部分是新"巴其"防空作战指挥控制系统。新"巴其"系统主要由指挥中心、预警系统和通信系统组成,系统实现了指挥、控制、通信、情报等全自动实时处理,与中央指挥所相连接,保证最高指挥当局在必要时能直接指挥航空自卫队。

4)其他指挥控制系统

除美军外,其他世界主要军事强国也在不断发展和完善综合军事信息系统,以获得作战信息的感知和共享。

(1)俄罗斯指挥控制系统。俄罗斯重点发展战略和战场指挥自动化系统、战略防御体系的信息系统、电子对抗系统和天基通信系统。俄军的指挥自动化技术继承于苏联的技术基础和设备之上,特别是在科索沃战争之后,更是积极投入发展新一代的指挥自动化系统,逐渐换装新一代的自动化战术指挥控制系统和战术指挥通信设备。俄军自动化指挥控制的主要发展方向是:增强信息交换和数据处理方面的能力;扩大卫星通信在战术指挥控制中的作用;完善自动化指挥控制系统的架构,实现数据的分布式处理,并与全军指挥控制系统保持兼容;设备的软硬件设施应实现标准化和统一化;扩大通信服务范围,增开实时传输多媒体数据的功能;使用新的数字信号处理技术和免干扰技术。俄军还非常注重虚拟现实仿真训练,通过创建虚拟环境,使受训者更好地体验战争环境。

(2)法国布尔系统。2016 年法国发布的布尔作战管理系统可以实时共享战略情报,用于地面和空中行动,为班、排直到战斗群指挥部提供节点,可以利用传统的通信系统进行连接。该系统可以通过不断更新战场地图来获取战场的实时信息,帮助地面部队获得完整的态势感知,达到辅助决策的目的。同时,该系统允许指挥官获取和分享情报,处理和发布命令,建立和更新战术态势图像。布尔作战系统可以安装在笔记本电脑中,所以可以轻易地集成到很多平台上。现已装备于法国陆军航空兵的直升机、步兵通信和装备士兵系统[29]。

(3)瑞典萨博 SLB 系统。瑞典萨博公司开发的 SLB 作战管理系统将取代瑞典陆军的 RA-180 作战管理系统。该系统中的基本需求追踪器是一种可穿戴系统,也可以集成于轻型地面车上,包括导航、路线管理器、消息传递、警报系统、蓝军跟踪系统。SLB 作战系统中的作战需求集成器,除与基本需求追踪器系统具有相同的功能外,还增加了车辆信息系统、全动态视频等功能,能够完成协助火力支援任务、协同任务管理。

目前,萨博公司的 SLB 作战管理系统已经完成了与防空系统、无人机等其他系统的联网验证。

（4）美国 ABMS。美国空军的先进作战管理系统（ABMS）是一个系统族，旨在取代已过时遗留项目中的指挥与控制能力，并开发一个情报、监视与侦察（ISR）传感器网络[30]。ABMS 将由一个情报、监视和侦察传感器网络组成，并将利用基于云的数据共享，为作战人员提供对空、陆、海、太空和赛博作战域的战场空间感知。美国空军已经将 ABMS 确定为支持国防部发展联合全域指挥控制（JADC²）能力的解决方案，这些能力最终将支持美国各军种以及联盟跨越所有作战域开展军事行动。2020 年 4 月 16 日，美国政府问责署（GAO）发布了一份关于 ABMS 的国防采办评估报告。该报告对 ABMS 的进展、需求情况、管理架构进行了评估，指出了目前存在的问题，建议确立 ABMS 发展总计划，并正式建立 ABMS 管理架构和决策机构，国会已要求美国空军开始定义 ABMS 所需的网络化数据架构要求，以便提供多域指挥控制和作战管理能力。

2.2　地面装备现状

2.2.1　美国陆军装备现状

美国陆军在 2016 年确定了须优先发展的八大装备能力和科技发展计划，并成立了新的装备采办机构"快速能力办公室"，还提出了"下一代战车"装备发展设想和"多域战"作战设想。

（1）八大装备能力和科技发展计划。美国陆军须优先发展的八大装备能力包括：未来垂直起降能力、先进防护能力、跨域攻击能力、车辆作战能力、机器人及自主系统、远征任务指挥能力、赛博战、士兵/小组作战能力与对敌优势。对这八大装备能力经过评估审查后，陆军能力集成中心将根据最大缺口制定近期（项目目标备忘录阶段）、中期（21 世纪20 年代）和远期（2030 年以后）解决方案。最终，陆军需求监督委员会将以更加有效的方式，推动这些优先能力需求倡议转变为采办项目。

美国陆军 2016 年年中发布的《2016—2045 年新兴科技趋势报告》，以过去 5 年由政府机构、咨询机构、科研机构等发表的 32 份科技趋势相关研究调查报告为基础，其目的是帮助陆军及相关部门总体把握未来 30 年可能影响国家力量的核心科技，并为国家及社会资本指明科技投资方向，以确保陆军在未来世界的战略优势。通过对近 700 项科技趋势的综合分析对比，该报告最终明确了 19 项最值得关注的科技发展趋势，包括机器人与自动化系统、增材制造、数据分析、人效增强、智能手机与云计算、医学、网络安全、能源、智能城市、物联网、食物与淡水科技、量子计算、社交网络、先进数码设备混合现实、对抗全球气候变化、先进材料、新型武器、太空科技、合成生物科技。

（2）"快速能力办公室"。美国陆军部长范宁宣布新成立了"快速能力办公室"，其职能是以比正常采办程序尽可能快得多的速度研发和交付相关武器技术，满足作战指挥官当前至中期的需求。该办公室聚焦于快速开发原型机和初始列装能力,主要涉及赛博战、电子战、生存力、定位导航与授时及其他优先武器技术领域。职权范围是对精选出来的、计划 1～5 年内进行作战部署的优先能力解决方案做综合分析、样机制造、研发采购和有限列装。与陆军现有的专用于 6 个月内满足前线部队紧急作战需求的"快速装备部队"相比,"快速能力办公室"的明显区别是研发视野较为长远。成立该办公室只是努力提高采办效率的措施之一,而不是为了取代传统采办程序。它不是为整个陆军采购列装武器系统,而是使用特定投资进行战略样机试制、方案鉴定和有限列装,尤其是在技术快速发展的武器技术领域。

(3)"下一代战车"装备发展设想。在八大装备能力之一的车辆作战能力方面,在陆军协会作战车辆发展热点问题会议上,陆军卓越机动中心地面战车需求分析部主任提出了研发"下一代战车"设想。该设想与 2009 年 6 月的未来战斗系统类似,是计划 2035 年前开始列装以取代"艾布拉姆斯""布雷德利"等现役作战车辆的全新战车家族。陆军 2017—2021 年开展分析论证工作,并于 2021 年征求工业部门对"下一代战车"的设计研发建议,与此同时展开相关的科学与技术研究,在 2025 年前使有发展应用前景的技术准备就绪[31]。

(4)"多域战"作战设想。2016 年 10 月 4 日,包括国防部副部长在内的美军高层在陆军协会年会期间以"多域战,即确保联合部队未来战争行动自由"为主题展开研讨,对陆军新近提出的"多域战"概念做了阐述。"多域战"旨在扩展陆军在空中、海洋、太空和赛博空间的作战能力及与其他军种的联合作战能力,以帮助美军更好地应对"反介入/区域拒止"威胁。陆军训练与条令司令部司令帕金斯于 2016 年 11 月 28 日通过陆军协会官网宣布,陆军将在 2017 年春首先在太平洋司令部和欧洲司令部对"多域战"概念进行演示。帕金斯于 2014 年最初提出这个概念时称之为"跨域战",经过 2 年多的演变和陆军高层酝酿,现称之为"多域战",主要是陆军在大力推动。陆军希望通过"多域战"概念从战争理论高度对未来战争进行剖析,明确陆军在未来战争中的地位和作用,从而指导作战体系的构建和武器体系的发展。陆军正在根据该概念研发新武器:在进攻武器方面,陆军正在与战略能力办公室联合发展最大射程不超过 500 km 的"远程精确火力"导弹,用于打击移动目标、时敏目标甚至舰船目标;还正在联合发展使用陆军 155 mm 榴弹炮发射"超高速炮弹"的能力,以使传统榴弹炮同时具备防空反导、反舰、对陆打击、火力压制等多任务能力。在防御武器方面,正在发展新的反无人机系统等。

2.2.2 印度陆军装备现状

2011 年 11 月 9 日,印度陆军宣布向印占我藏南地区部署了一个陆基布拉莫斯超音速巡航导弹团。2012 年 9 月,印度陆军宣布将向该地区部署第二个布拉莫斯巡航导弹团,并且将装备最新研制的布拉莫斯 II 型巡航导弹。自 2012 年 5 月提出采购计划后,印度于 2016 年 11 月底签订了 7.37 亿美元的采购合同,计划采购 145 门 M777A2 和配套的激光惯性火炮定位定向系统(25门为原装采购,其余120门在印度许可生产);M777A2计划装备新成立的面向中印边境作战的山地打击军,以提高其机动性和杀伤性。

在陆基导弹方面,印度陆军重点开发布拉莫斯超音速巡航导弹(图2-23),并将其2个布拉莫斯导弹团部署在中印边境地区,该导弹飞行速度达到马赫数2.8,拦截难度大,对我防空反导体系构成极大的威胁和挑战。印度陆军于2014年7月8日成功完成了先进型布拉莫斯巡航导弹的发射试验,该导弹首次使用安装印度最新研制的软件算法的制导系统,能够集成多颗导航卫星的导航数据,以大幅提高对付地面深埋目标的精度;在对付难以攻击的地面目标时,该导弹能携带200~300 kg的弹头进行大角度俯冲攻击。2017年3月11日,印度首次成功从陆基机动平台发射了增程型布拉莫斯巡航导弹,最大射程达450 km,并透露正在研发射程达800 km的增程型布拉莫斯,2019年之前进行了试验。由于2016年6月印度已正式成为《导弹技术控制协议》成员国,因此射程300 km及以上的导弹技术转让不再受限,这为最大射程仅为290 km的布拉莫斯解除了增大射程的约束。陆基增程型布拉莫斯的试验成功将使印度陆上打击能力进一步提升,而一旦用于空基和海基布拉莫斯使射程达到450 km,将对其他国家的航母编队形成更大威胁[32]。

图2-23　印度陆军布拉莫斯超音速巡航导弹

2016年2月15日,6家印度承包商向印度国防部提交了未来步兵战车项目的建议方案。根据当时的计划,12~14个月后,印度国防部将根据技术成熟度、本土化能力和资金情况,从5家承包商中选出2家,与OFB军械工厂委员会一起进入样车设计阶段;24个月后再从3家承包商中选定1家,于2020—2021年进入用户试验阶段,并计划于2024年签订合同进入有限序列生产阶段,2028—2029年开始列装。印度陆军共计划装备2 610辆可空运的两栖型未来步兵战车,用于取代老化的俄制BMP-1/2步兵战车。印度要求该车重20~22 t,能携带3名乘员和7名士兵,安装射程4~5 km的发射后不管反坦克导弹、40 mm 榴弹发射器和射程 2 km 的辅助武器及 7.62 mm 同轴机枪,还要求战车具备核化生防护及防地雷和简易爆炸装置的能力[33]。

2017 年 7 月上旬,印度总理访问以色列,为印度陆军订购了 321 部长钉反坦克导弹发射架和 8 356 枚长钉导弹(图 2 - 24);该项军购计划是印度国防部 2014 年 10 月 25 日批准的,当时共计划采购 1 914 部长钉发射架和 37 860 枚导弹。除了这次直接采购外,剩余部分将由印度通过技术转让进行许可生产。

图 2 - 24　印度长钉导弹

2017 年 9 月 10 日,印度国防部宣布其自研的毒蛇(Nag)反坦克导弹在拉贾斯坦邦沙漠地区成功进行了测试。虽然印度国防研究与发展组织宣布该导弹已完成研发试验,但印度陆军要求在正式批量生产列装前再进行更多的极端环境温度试验。印度陆军的担心主要体现在导弹的红外导引头性能和价格两个方面。之前曾暴露毒蛇导弹的红外导引头在夏季白天高温环境中无法分辨目标信号和环境信号特征,达不到 4 km 的最大射程。虽然印度国防研究与发展组织认为 2017 年 6 月进行的成功试验已解决了该问题,但陆军认为试验只是部分成功,还须进行更多试验。另外,1 套毒蛇发射系统单价约 50 万美元,接近以色列长钉或美国标枪导弹的 2 倍。印度陆军共计划装备 8 000 枚毒蛇导弹,但印度总理却已于 2017 年 7 月访问以色列时紧急订购了 8 356 枚长钉导弹,看来正式列装大批量武器印度陆军仍任重道远。毒蛇于 1983 开始研制,原计划 2008 年正式列装,但印度陆军在 2008 年只自研了 443 枚毒蛇导弹(当时计划 2011 年交付,具体交付情况不详),采用由 BMP - 2 步兵战车改进而来的纳梅卡发射车进行了用户试验。

2.2.3　俄罗斯陆军装备现状

俄罗斯陆军到 2018 年共部署了 10 个"伊斯坎德尔- M1"导弹旅(至少装备 120 套"伊

斯坎德尔-M1"地地战役战术导弹系统):每旅编3个导弹营,每营装备4套"伊斯坎德尔-M1"导弹系统,每套系统备弹4枚;全旅共装备各种车辆51辆,包括12辆发射车(每车携带2枚导弹)、12辆运输装填车、11辆指挥车、14辆部队与膳宿运输车(即保障车)、1辆校准与工程车(即维护车)、1辆火力控制车(即数据处理站)及配备的导弹、弹药和训练武器。

2.2.4 欧洲其他国家陆军装备现状

法国陆军"蝎子"计划旨在改造现役营级诸兵种战术群(GTIA)的武器和联网性能,有关方面在2016年详细披露了第一阶段"蝎子"计划的未来发展:2021年前部署首个"蝎子"GTIA,2023年前部署首个"蝎子"作战旅(3个GTIA),2025年前部署2个"蝎子"作战旅;届时,现役GTIA的5种战场管理系统将统一为单一的SICS指挥信息系统,3个种类30个型别的车辆将统一为2个种类6个型别,新型车辆间将具备70%的通用性。

德国国防部于2016年年初提出了陆军受益最大的1300亿欧元国防采购计划。该计划要求立即增加现役陆战武器数量:"豹2"坦克从225辆增至320辆;"非洲小狐"轮式装甲侦察车从217辆增至248辆;"拳击手"轮式装甲人员输送车从272辆增至402辆;PzH2000履带式自行榴弹炮从89门增至101门;计划采购的342辆新型"美洲狮"履带式步兵战车(已于2016年12月底正式交付109辆)与现役192辆"黄鼠狼"履带式步兵战车并存武器使用,不再是取代和被取代关系。该计划的核心目的是使所有陆军部队都达到100%齐装满员率。

2.3 典型地面装备介绍

2.3.1 美国陆军 LTAMDS

2020年2月,美国雷神公司宣布在获得美国陆军低层防空反导传感器(LTAMDS,新一代爱国者系统雷达)合同后,不到120天的时间内就完成了首部雷达天线阵列的生产。

美国陆军的LTAMDS(图2-25)是一种能应对高超声速武器、无人机等先进威胁的下一代雷达系统,将取代"爱国者"系统的现役雷达。美国陆军将于2022年年底前部署首个装备新型雷达的"爱国者"导弹营。

美国陆军更换其"爱国者"雷达系统的想法由来已久。现役"爱国者"雷达自20世纪80年代起开始服役,虽然其间经历了一系列升级,但由于其采用无源电扫阵列技术,以及最大只能覆盖120°扇区等设计缺陷,已无法应对当前及未来战场环境下如高超声速导弹、高速巡航导弹、无人机等日益复杂的空中威胁。美国陆军之前曾一度希望以美国、德国和意大利联合开发的增程中程防空系统(MEADS)来取代现役系统,不过这一设想随着美国于2014年退出MEADS项目而落空。

图 2‑25 美国陆军低层防空反导传感器(LTAMDS)

爱国者系统目前使用的 AN/MPQ‑65 雷达如图 2‑26 所示。"爱国者"雷达(AN/MPQ‑65)采用相控阵体制,工作频段 5.25~5.925 GHz(C 波段),探测距离 170 km,平均功率 20 kW。

图 2‑26 爱国者系统目前使用的 AN/MPQ‑65 雷达

AN/MPQ‑65 相控阵雷达(图 2‑27),平均功率比 PAC‑2 使用的 AN/MPQ‑53 雷达增大了 1 倍,增强了对小反射截面目标、低空飞行巡航导弹、超高速目标的探测、跟踪和识别能力。

在经过数年的探讨后,美国陆军于 2017 年年初正式启动 LTAMDS 项目招标,同年 10 月分别授予雷神公司、洛克希德·马丁公司、诺斯罗普·格鲁曼公司以及技术创新应用公司 4 家公司 LTAMDS 概念设计合同[34]。2018 年 9 月,雷神公司和洛克希德·马丁公司获准进入该项目的下一阶段,即技术成熟与风险降低(TMRR)阶段。不过仅两个月

图 2-27 AN/MPQ-65 相控阵雷达

后美国陆军就改变采购策略，重新开放了项目竞争。随后于 2019 年 5—6 月间，美国雷神公司、诺斯罗普·格鲁曼公司，以及美国洛克希德·马丁公司与以色列艾尔塔公司组成的联合团队，这三家竞标者相继参加了在美国新墨西哥州白沙导弹靶场开展的一项名为"感测"(sense off)的验证活动。

根据验证活动的结果，雷神公司最终击败另两家竞争对手，于 2019 年 10 月独获一份价值 3.84 亿美元的合同，将生产、测试与交付 6 部 LTAMDS 样机。这份合同是一份固定价格的其他交易授权(OTA)协议，从而为 LTAMDS 项目的研发提供了更多的灵活性，反映出美国陆军亟须加快该项目的开发过程。后续采购决策将根据首批样机产品的资质认证和部队部署试用情况而定，如果一切顺利，美国陆军将会再采购 16 部产品型 LTAMDS 系统(图 2-28)，直至其"爱国者"系统最终全部换装新雷达。

图 2-28 雷神公司 LTAMDS 天线系统

2020 年 2 月,雷神公司完成了 LTAMDS 首部雷达天线阵列的生产工作。LTAMDS 项目的研发预算请求为 4.278 亿美元,远远高于最初计划的 1.258 亿美元,预计到 2024 年该项目投资总额将达 15 亿美元[35]。

1）雷神公司雷达系统特点

雷神公司中标的系统是一种采用氮化镓(GaN)技术的 360°有源电扫阵列(AESA)雷达,其特点可以概括为以下几个方面:

(1) 采用三面天线阵列,雷达探测范围可实现 360°覆盖。美国陆军之前宣布将重点通过集成各种战场传感器来模拟 360°态势感知,这表明该军种实际上已放弃了探测范围 360°覆盖这一要求。不过,雷神公司的方案仍提供了全向能力,采用在同一平台上安装一大两小共三部天线阵列的方式来实现 360°覆盖。根据雷神公司和军事媒体的有关报道,大阵列为前向配置的主阵列,朝着主要威胁方向,大小与老式“爱国者”雷达阵列相当,能够探测弹道导弹等高度更高的威胁目标;两个侧后面板阵列,约为老式“爱国者”雷达阵列一半大小,具备后视和侧视能力,主要用于应对来自其他方向的吸气式威胁目标。雷神公司表示,除探测弹道导弹目标外,新型雷达的侧后面板阵列基本上与主阵列的能力类似。

(2) 采用 GaN 技术,雷达核心性能大幅提升。虽然其他雷达企业同样在开展 GaN 研究,但雷神公司在 GaN 技术上的优势远非其他雷达企业可比拟,与洛克希德·马丁公司等企业依靠第三方供货商提供 GaN 器件不同,雷神公司早在 20 多年前就开始布局 GaN 技术,并在美国马萨诸塞州安多弗建有自己的 GaN 器件制造工厂,其微波 GaN 工艺现已达到制造成熟度 8 级,即最高的制造成熟度等级。与在下一代防空反导雷达(AMDR)和下一代干扰机等项目中获胜一样,雷神公司优异的 GaN 技术在此次竞标中同样功不可没。

具有 AESA 和 GaN 技术的 LTAMDS(图 2-29),将为当前和未来的 PATRIOT 拦截器带来更强的功能。

(3) 采用开放式架构,雷达系统更新和升级更加灵活。由于 LTAMDS 的服役寿命预计长达 30～40 年,雷神公司在方案中采用开放式架构,将该系统设计成一种能集成新型软硬件与第三方应用的开放式架构平台,从而能灵活地实现系统更新和升级,为 LTAMDS 带来了提高装备性能、降低寿命周期成本、利于军民融合等诸多益处,使美国陆军能比之前更为容易地为雷达增添新能力,以应对未来不断涌现的新兴威胁。

图 2-29 具有 AESA 和 GaN 技术的 LTAMDS

（4）其他特点。雷神公司 LTAMDS 方案的其他一些特点包括：维护、使用与训练更加简便，更适合战场作战；能满足陆军所有的机动性要求，如通过 C-17 运输机空运；可连入美国陆军的一体化防空反导网络，从而能与美国陆军的其他防空反导系统通信等。

2）雷神公司雷达系统作用

雷神公司 LTAMDS 雷达系统投入使用后，将在以下方面产生重要影响：

（1）大幅提升"爱国者"系统作战能力。与采用无源电扫阵列技术、只能覆盖 120°扇区的老式"爱国者"雷达相比，拥有全新 GaN 有源电扫阵列设计的 LTAMDS 不仅探测距离更远、全方位 360°覆盖，且其目标范围也大大扩展，能探测高超声速武器、无人机、直升机、喷气战斗机、巡航导弹和弹道导弹等众多当前和未来的战场目标，并能抵御这些威胁的混合袭击；新型系统还具有开放式架构、易于运输，以及维护与使用简便等一系列新特性，将大幅提升现役"爱国者"系统的整体战场作战能力。

（2）进一步巩固升级美国反导作战体系。"爱国者"系统所采用的"爱国者先进能力-3"分段增强型（PAC-3 MSE）导弹射程太远，现役"爱国者"雷达已经无法充分支持这种最新导弹的性能。LTAMDS 服役后能完全发挥出 PAC-3 MSE 导弹及未来导弹的威力，可解决长期困扰美国陆军的这一难题。另外，LTAMDS 将不仅仅与"爱国者"系统相连，该型雷达未来还能通过一体化防空反导作战指挥系统，将数据传送给美国陆军的任一拦截系统如"萨德"系统等，从而填补"萨德"系统与"爱国者"系统之间的反导空白区域，进一步巩固升级美国现有的反导作战体系。

（3）积极促进美国对外军售。据雷神公司预计，LTAMDS 的国内外市场潜在价值可能高达 200 亿美元。除美国的 80 套"爱国者"系统外，目前全球范围内还有 14 个国家和地区装备了 240 余套"爱国者"系统，而这些系统都是潜在的升级对象。LTAMDS 在获得美军认可后，装备"爱国者"系统的各个美国盟友，例如 2019 年炼油厂遭受袭击的沙特，很可能会步其后尘，积极要求采购新型雷达来升级现役系统。LTAMDS 未来的出口市场潜力巨大[36]。

2.3.2　美国末段高空区域防御系统

萨德（THAAD），即末段高空区域防御系统（图 2-30），是美军先进的导弹防御系统。末段高空区域防御系统由携带 8 枚拦截弹的发射装置、AN/TPY-2X 波段雷达、火控通信系统（TFCC）及作战管理系统组成。

萨德与陆基中段拦截系统配合，可以拦截洲际弹道导弹的末段，也可以与"爱国者"等低层防御中的"末段拦截系统"配合，拦截中短程导弹的飞行中段，在美国导弹防御系统中起到了承上启下的作用。

AN/TPY-2 高分辨率 X 波段有源相控阵雷达是萨德系统的火力控制雷达，它是陆基移动弹道导弹预警雷达，可远程截获、精密跟踪和精确识别各类弹道导弹，主要负责弹道导弹目标的探测与跟踪、威胁分类和弹道导弹的落点估算，并实时引导拦截弹飞行及拦截后毁伤效果评估（图 2-31）。

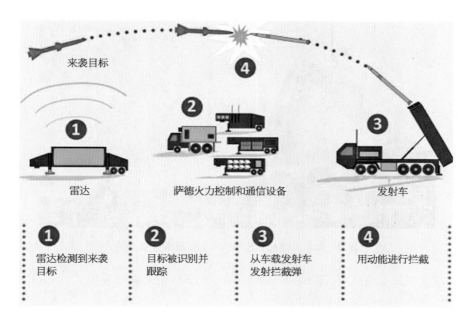

图 2-30　萨德(THAAD)/末段高空区域防御系统

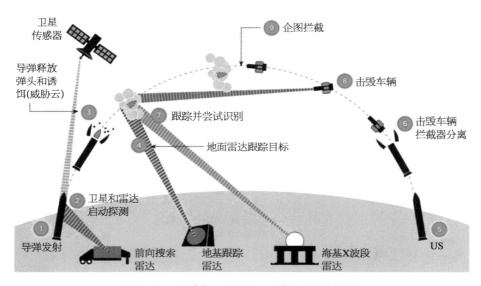

图 2-31　X 波段 AN/TPY-2 有源相控阵雷达

AN/TPY-2 雷达(图 2-32)采用先进的雷达信号处理技术以及薄化的相控阵天线技术,使其探测波束不但功率大而且非常窄,因此其分辨率非常高,对弹头具有跟踪和识别能力,对装备诱饵突防装置的弹道导弹具有很大威胁。

除了探测距离远、分辨率高之外,AN/TPY-2 雷达还具备公路机动能力,其雷达还可用大型运输机空运,战术战略机动性好,其战时生存能力高于固定部署的雷达。

结合公开资料关于"萨德"AN/TPY-2 雷达的基本参数和具有一定合理性的假设,来

图 2－32　X 波段 AN/TPY－2 有源相控阵雷达

分析萨德在前置部署模式(forward-based mode，FBM)和末端部署模式(terminal mode，TM)(图 2－33)下的雷达相关性能(图 2－34)。

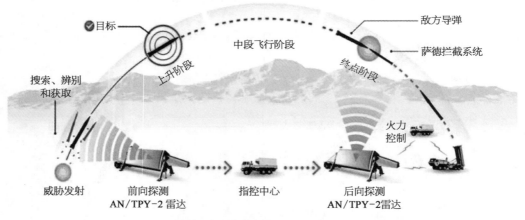

图 2－33　萨德(THAAD)部署模式

1) 雷达波长(9.5 GHz)

TPY－2 雷达工作在 X 波段，频段范围 8～12 GHz，众多报道是 9.5 GHz。

2) 天线增益 G(48.77 dB)

天线孔径面积 9.2 m²，拥有 72 个子阵列，每个子阵列有 44 个发射/接收微波接口模块，每个模块有 8 个发射/接收组件，72×44×8＝25 344 个阵元。假设天线孔径效率选 0.65，那么天线的有效孔径约为 6 m²。根据天线有效孔径和波长计算出天线增益 G 约为 48.77 dB。

3) 峰值发射功率 P_t(405 kW)

天线阵元数有 25 344 个，每个阵元的平均功率是 3.2 W，峰值功率 16 W，阵元平均功

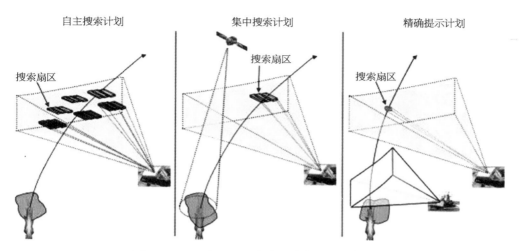

自主搜索计划   集中搜索计划   精确提示计划

搜索扇区   搜索扇区   搜索扇区

图 2 - 34 AN/TPY - 2 雷达系统的三种搜索方式

率为 81 kW,峰值发射功率 $P_t=405$ kW。其中假设了脉冲重复周期为 200 Hz,占空比 20%,脉宽为 1 000 μs。

4) 雷达探测距离

目标 RCS 为 0.01 m^2,通过计算,探测距离约为 195 km;RCS 为 0.1 m^2,对目标的有效探测距离约为 350 km,RCS 为 2 m^2,对目标的有效探测距离约为 700 km。

5) 雷达搜索方式

AN/TPY - 2 雷达系统具有三种搜索方式来保障三种搜索计划下的目标搜索、跟踪和识别任务[37](图 2 - 34)。这三种方式分别为墙式搜索、广域搜索和远距离提示搜索,用于自主搜索计划、集中搜索计划和精确提示计划,对来袭的导弹进行探测,获取导弹的轨迹,远程截获、精密跟踪和识别各类导弹。

2.3.3 法国响尾蛇武器系统

20 世纪 70 年代出现了一些先进的低空近程防空导弹武器系统,其中典型的代表就有法国的"响尾蛇"系统。"响尾蛇"2000 型系统的制导雷达工作在 Ku 波段,该系统采用单脉冲体制的跟踪制导雷达和电视跟踪设备,雷达采用频率分集等技术来提高系统的抗干扰能力。对散射面积为 1 m^2 的目标,雷达的跟踪距离为 18 km。为了对付多批次多目标的攻击,系统用一部搜索/目标指示雷达提供目标信息。该雷达采用脉冲多普勒体制,工作在 S 波段,可同时监视 30 个空中目标,精跟踪 12 个目标;能自动进行威胁判断,将要拦截的目标指定给 3~4 部跟踪制导雷达,对多方向来袭的目标实施拦截;目标指示雷达的输出数据率为 1 s,雷达对散射截面为 1 m^2 目标的作用距离为 20 km,改善因子可达 55 dB。能在强地杂波的背景中检测出目标。

在"响尾蛇"2000 型的基础上,法国汤姆逊公司又研制了"响尾蛇"3000 型系统,其中的跟踪制导雷达增加了对运动目标跟踪的功能,改进后"响尾蛇"3000 型系统的目标指示雷达测距精度由 200 m 提高到 80 m。20 世纪 90 年代中期研制的"响尾蛇"NG(5000)型系统,该系统将目标指示雷达和跟踪制导雷达集成于一台车上,其可在行进中完成对目标的捕获、跟踪和导弹发射,大大缩短了系统的反应时间,提高了作战效率。

2.3.4　俄罗斯 S - 400 防空导弹系统

俄罗斯 S - 400 防空导弹系统是 S - 300 防空导弹 PMU 型的全新升级版本(图 2 - 35),可用于从超低空(5 m)到高空、近距离到超远程(600 km)的全空域对抗密集多目标空袭,并针对第五代战斗机的出现和近年来越发复杂的干扰与对抗环境进行了特别优化。

图 2 - 35　俄罗斯 S - 400 防空导弹系统

俄罗斯 S - 400 防空导弹系统具备反战术弹道导弹和中程弹道导弹的能力,可对付侦察机、战略战术飞机、战术导弹、中程弹道导弹、超音速目标、巡逻机等各种目标。

S - 400 防空导弹系统还使用了雷达探测距离大幅提高的 91N6 搜索雷达、92N6 多功能火力控制雷达及新型 96L6 宽带雷达,此外它在指挥控制和通信能力上也有所提高。

1) 91N6 搜索雷达

工作在 C 波段的新型相控阵 91N6 搜索雷达,是 S - 300 系统的 64N6 双面旋转无源相控阵雷达的升级版本,功率较后者有明显增强,具有双面扫描、全向扫描功能,最大探测距离达 600 km。

其号称对抗类似 F - 22"猛禽"这种高速、隐身来袭目标的能力大大提高,并且可以识别主动干扰源和被动干扰源,抗干扰性能强。

2) 92N6 多功能火力控制雷达

工作在 X 波段的无源相控阵雷达,可以说是一款多用途雷达,可同时跟踪 40 批次的目标,引导 20 枚导弹,攻击 10 个目标。最大作用距离为 400 km,对 RCS 为 0.4 m^2 的弹道导弹目标探测距离超过 185 km。

2.3.5　俄罗斯 S - 500 防空导弹系统

根据 S - 400 防空导弹系统,俄罗斯自主研发了一种中段反导系统 S - 500,该系统具备类似美国萨德的大气层外拦截能力。

其攻击的目标不仅包括小型的无人机和低空飞行的巡航导弹,还可拦截 500 km 外以 5 km/s 高速飞行的弹道导弹或战略弹道导弹,以及大气层外的各种高超音速飞行器。

S - 400 系统由以下部分组成:

1) 96L6 搜索雷达

96L6 是一种三坐标阵列搜索雷达,这也是目前 S - 400 系统的标准配置之一,同时也可以用于 S - 300PMU2 的升级。96L6 雷达的出现直接替代了原有的 36D6 中、低空探测雷达和 76N6 低空补盲雷达,大大简化了系统。

2) 91N6A(M)作战管理雷达

这种雷达的基本型号 91N6 已经用于 S - 400 防空系统,可对包括弹道导弹在内的多种目标进行探测。

3) 76T6 火力控制雷达

76T6 火力控制雷达为多功能 X 波段无源相控阵雷达,是在 S - 400 所使用的 92N6 火力控制雷达基础上发展而来的。和后者相比,它除了采用新的底盘,还采用新的双圆柱状天线。根据 92N6 雷达推测,76T6 应该也具备对付各种飞机和中、近程弹道导弹目标的能力。

4) 77T6 制导雷达

77T6 制导雷达为多功能 X 波段有源相控阵雷达,主要用于跟踪、制导和拦截,作战距离可达 700 km。其反应速度快,可在几秒钟内确定目标的"威胁度";测量精确高。

第3章
地面装备信息化技术

各类不同的地面装备涉及不同的技术领域，其涵盖面从雷达系统的传感器接收处理到火力控制与打击，从光电图像探测到车载定位定向，甚至涉及人机交互、网络化作战、通信乃至多源异构数据融合和人工智能辅助决策。本章将向读者描述地面装备信息化中所涉及的主要技术并加以细化。

3.1　雷　达　技　术

雷达一词是英文 radar 的音译，它是 radio detection and ranging 几个英文单词词头的缩写，意为"无线电检测和测距"。雷达技术就是指利用电磁波对目标进行测向和定位的技术。它发射电磁波对目标进行照射并接收其回波，经过处理来获取目标的距离、方位和高度等信息。雷达技术涉及天线、接收、发射、控制、显示、数据处理、收发开关、调制器、定时器及微电子等技术领域。雷达技术作为一种探测手段，具有白天黑夜均能检测到远距离较小目标，不为云、雾和雨所阻挡，以及探测距离远、测量目标参数速度快等特点。因此，它不仅用于军事目的，还广泛地应用到民用事业和各项科学研究中，如交通管制、气象预报、资源探测、航天、电离层结构和天体研究等。雷达可以按照不同的方法进行分类：按雷达波段，可分为米波雷达、分米波雷达、厘米波雷达、毫米波雷达及其他波段雷达等；按雷达发射信号形式或信息加工方式，可分为脉冲雷达、连续波雷达、脉冲压缩雷达、动目标显示雷达、脉冲多普勒雷达等；按雷达架设地点不同，可分为地面雷达、航空器载（机载）雷达、船舶载雷达、航天器载雷达等；按雷达完成的战术任务不同，可分为远程和超远程警戒雷达、指挥引导雷达、炮瞄雷达、跟踪测量雷达、导弹制导雷达、航空管制雷达和气象雷达等；按天线特点，可分为相控阵雷达、合成孔径雷达和共形天线雷达等。不论怎么分类，雷达基本上可划分为连续波和脉冲雷达两大类。

雷达技术经历了 60 多年的发展之后，目前最关键的是如何与数字计算机相结合，成为一个完整的统一体，以实现从原始回波信号中实时提取大量有用信息，并以简便、直观的方式显示给操作人员，送达到与其相配合的武器系统，使雷达系统能执行更多的任务，能自适应环境而工作。由于雷达技术与现代武器系统密不可分,随着武器系统要探测的目标种类越来越多,这就要求雷达需要解决的技术难题也很多,包括:

(1) 解决多目标识别(尤以非合作目标的识别)问题。

(2) 解决对低空、超低空目标的探测以及对低空和地面移动目标的探测问题。

(3) 解决对付隐身目标、寻的导弹、反辐射导弹的攻击。

(4) 解决一机多能及抗电子干扰问题。

(5) 解决轻重量,以满足平台升高、机载和星载应用要求。

(6) 研制不同波段的合成孔径雷达等。

3.1.1　雷达技术发展过程

雷达技术的基本概念形成于 20 世纪初[38]。20 年代的研究证明了雷达技术可发现船只,并用于测量电离层的高度。30 年代初开始研制探测飞机的脉冲雷达技术。从 30 年代中开始,军事部门利用雷达技术来测定远距离或看不见目标的方向、距离和大小之后,雷达技术得到了迅速发展。特别是在第二次世界大战(简称"二战")初期,英国利用新出现的雷达设备在邻近德国的本土海岸线上布设了一道观测敌方飞机的早期报警雷达链,使伦敦城及其周围的机场不致遭到德国入侵飞机的突袭,对保卫英国本土起到了决定性的作用,从此,雷达技术引起世界各国的关注。

在二战期间,由于作战的需要,雷达技术发展极为迅速,新的雷达器件不断出现,雷达使用频率不断扩展,作战使用效率不断提高。二战前雷达工作频率只能达到几十兆赫。二战初期,德国首先研制成大功率三、四极电子管后,雷达工作频率可达 500 MHz 以上,这不仅提高了雷达探索和引导飞机的精度,而且也提高了高炮控制雷达的性能,使高炮命中率更高。1939 年,英国发明了工作频率为 3 000 MHz 的功率磁控管,自此雷达技术开始向空中发展,地面与空中雷达投入使用,使盟军在空战和海-空作战方面取得了优势。二战后期,美国进一步把雷达技术使用的磁控管的工作频率提高到 10 GHz,实现了机载雷达小型化,并提高了测量精度。

在高炮火力控制方面,精密自动跟踪雷达技术使高炮命中率从战争初期的数千发炮弹击落一架飞机,提高到数十发击中一架飞机,命中率提高了两个数量级。随着电子技术和武器装备的发展,雷达技术不断向前推进,新的雷达体制不断涌现,并相继建立了许多防空预警雷达系统(网)。

就雷达技术和体制而言,20 世纪 40 年代后期出现了动目标显示技术,诞生了动目标显示雷达,这有利于从地杂波和云雨等杂波背景中发现目标。50 年代,雷达技术已经较广泛地采用了动目标显示、单脉冲测角和跟踪以及脉冲压缩技术,并研制出高分辨力的合成孔径雷达技术。60 年代出现了相控阵雷达、超视距雷达和三坐标雷达,并将合成孔径雷达推广到民用。70 年代固态相控阵雷达和脉冲多普勒雷达问世。从雷达技术的应用而言,随着 50 年代高速喷气式飞机的出现,60 年代低空突防飞机、部分轨道轰炸武器和中远程弹道导弹以及军用卫星的出现,人们研制出低空警戒雷达、超远程警戒和跟踪测量雷达,并建立了专门用于对付这些目标的雷达预警系统,例如,美国 50 年代为对付苏联远程轰炸机的威胁,相继建立了"松树预警线""远程预警线"和"中加拿大预警线";60 年代为对付弹道导弹威胁,建立了"北方弹道导弹预警系统";60—70 年代初建立了"潜射弹道导弹预警系统";到 70 年代和 80 年代又决定用更先进的雷达(包括固态大型相控阵雷达)对上述系统进行改进,以使这些防空预警系统现代化,并使其中的一些大型系统具备一机多能(情报搜集、预警、跟踪、对空间目标的编目监视以及攻击制定)和对付多目标的能力[39]。

目前,美国和俄罗斯的雷达无论从雷达体制的多样性、雷达技术水平的先进性、雷达预警系统的完整性以及大型雷达的数量等方面,均处于世界前列。各种体制的雷达两国都拥有。有的也只有它们建成,例如:大型后向散射超视距雷达,美国从 80 年代初到 90 年代初建造了两部;苏联从 80 年代初开始至苏联解体时为止,共建造了四部。探测距离与跟踪距离达数千千米的大型雷达及雷达网,全球也只有美国、俄罗斯两国拥有。陆(海)基先进的大型相控阵雷达系统,俄罗斯最多,达 20 多部,美国也有 9 部。这些大型雷达系统一部的建造费用少则几千万美元,多则数亿美元,如美国的后向散射超视距雷达。陆基大型相控阵雷达尽管技术上已经成熟和完善,但是冷战结束后,其发展暂处于稳定状态,近几年来美国和俄罗斯很少新建这类雷达,俄罗斯可能由于经济方面的原因,其大型相控阵雷达的数量还在减少,如 1998 年 8 月已关闭了位于拉脱维亚的雷达站。另外,由于相控阵雷达具有一机多能、波束易控以及对付多目标等优点,它在机载和舰船载应用方面仍是雷达技术发展的方向,国外仍在大力发展中,如美国、英国、法国等均在为先进战斗机及联合攻击战斗机研制固态相控阵雷达,以提高战斗机的多目标、多功能及远程攻击能力;美国和以色列等国家还在研制新的装载相控阵雷达的预警飞机。

雷达技术从军方开始利用它来测定远距离或看不见目标的方向、距离、大小等为起点,其发展已经历了 60 多年,时至今日仍方兴未艾、蓬勃发展。雷达体制从开始时单一的脉冲制,发展成今天拥有动目标显示、合成孔径、相控阵、超视距以及脉冲多普勒等多种体制。雷达功能不断扩展,当初主要是观察空中飞机,现在观测目标已拓宽到从地下到空间的多类目标,如地下工事、地下指挥所、地面和海面慢速移动目标、低空和超低空飞行目标、空中的有人驾驶和无人驾驶飞行器、固定机翼和旋转机翼飞行器、空间航天飞行器、运载火箭以及弹道导弹等;当初主要是主动、快速获取目标信息的手段,现在则为各类先进作战平台实现精确打击的必备设备,成为发展先进武器系统测试评估的手段。雷达功能的拓展要求雷达技术的发展必须满足这些要求,这就促使雷达技术向以下方向发展:多功能(搜索、检测和跟踪);多模工作方式;地面和海上雷达相互融汇;天线系统采用电扫阵列、合成孔径、工作频段宽、辐射能力强、重量轻和噪声低的器件;机动性强、可移动或易移动;采用双/多基地雷达和逆合成孔径雷达,以进一步提高抗干扰、抗摧毁和对付隐身目标的能力;采用相控阵技术发展三坐标低空补盲雷达;雷达系统信号处理的数字化和智能化等。

3.1.2　雷达基本组成与工作原理

图 3-1 为雷达基本框图[40]，示意一部雷达中常见的子系统。

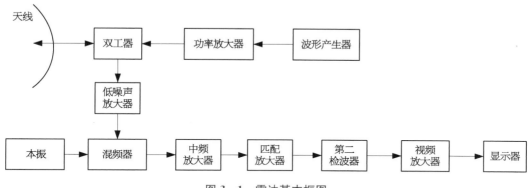

图 3-1　雷达基本框图

图中的功率放大器，为雷达执行特定任务产生合适的波形。其平均功率可能小到毫瓦级也可能大到兆瓦级（平均功率比峰值功率能更好地表明雷达性能指标）。多数雷达使用短脉冲波形，以便一部天线在时间资源分布的基础上用来发射和接收。雷达发射机不仅能够在最大距离上产生检测期望目标需要的峰值和平均功率，而且要能产生特定应用所需的合适波形和稳定性的信号。发射机可以是振荡器或放大器，但后者通常有更多优点。

双工器的功能是允许使用单个天线在发射机工作时保护敏感的接收机不被烧坏，并且引导接收的回波信号到接收机而不是发射机。

天线是把发射能量辐射到空间，然后在接收时收集回波能量的设备。天线几乎总是定向的，把能量辐射到窄波束中，以此聚集功率的同时可以判定目标方向。一个发射时产生窄定向波束的天线，在接收时通常具有大的面积，以便从目标收集微弱的回波信号。天线不仅在发射时聚集能量和在接收时收集回波能量，还可以作为一个空间滤波器，提供角度分辨和其他能力。

接收机将接收到的微弱信号放大到可检测到其存在的电平。因为噪声是雷达做出可靠检测判决并提取目标信息的最终制约，要注意保证接收机自身产生很低的内部噪声。大部分雷达工作在微波频段，影响雷达性能的噪声通常来自接收机的第一级，即图 3-1 中的低噪声放大器。许多雷达应用中对检测的限制是不需要的环境回波（称为杂波），这时接收机要有足够大的动态范围，即为接收机能以某些规定性能工作的最大和最小输入功率电平的比。信号处理器通常位于接收机的中频部分，可描述为接收机从不需要的会降低检测性能的信号中分离出需要信号的部分。信号处理包括使输出信噪比最大的匹配滤波器，也包括当杂波比噪声大时使移动目标信杂比最大的多普勒处理。多普勒处理能分离不同的动目标或从杂波中分离出动目标。检测判决在接收机输出端做出，当接收机输出超过预定的门限时就宣告存在目标。如果门限设置过低，接收机噪声会造成过多的虚警。如果门限设置过高,可能检测到的目标会漏掉。决定判决门限电平的准则是设定门限,使其产生可接收的预定的由接收机的噪声产生的平均虚警率。

在检测判决做出后,就可以确定目标的轨迹,即在一段时间上测得的目标位置轨迹。这是数据处理的一个例子。处理过的目标检测信息或轨迹可显示给操作者;或用来自动引导导弹到目标;或雷达输出可以经过进一步处理以提供目标性质的其他信息。雷达控制器保证雷达的不同部分协同工作。

3.1.3　雷达系统指标分析

在相控阵雷达研制的各个阶段,特别是在雷达立项和确定任务阶段,雷达设计师与使用方讨论交流的主要问题大部分是围绕雷达的系统指标进行的。雷达系统指标包括战术指标与技术指标,在不同工作模式控制参数条件下战术指标是不同的,由于战术指标主要由使用方提出,而技术指标则主要由雷达系统设计师进行论证,因此,必须明确战术指标与技术指标之间的关系,必须阐明在最终确定技术指标之后,战术指标所受到的限制及能达到的极限值。

讨论雷达的战术指标与技术指标是正确设计雷达系统的重要内容。本节将以相控阵雷达为例,结合相控阵雷达的特点,讨论相控阵雷达的主要战术指标、技术指标及其相互之间的关系。

3.1.3.1　雷达观察空域

雷达观察空域包括雷达作用距离、方位观察空域和仰角观察范围。由于相控阵雷达通常多用于三坐标测量,既要完成搜索任务也要完成跟踪任务,因此有时须细分为搜索观察空域与跟踪观察空域。

1)雷达作用距离

作为雷达最重要的战术指标之,雷达作用距离包括最小作用距离(R_{min})和最大作用距离(R_{max})。R_{min}对雷达信号波形设计的限制较大。对相控阵雷达特别是有源相控阵雷达来说,为充分发挥发射机特别是固态功率放大器件平均功率的潜力,大多采用较长或长的脉冲宽度信号,这时往往需要在信号波形与要求的R_{min}之间进行折中。

对雷达最大作用距离的要求在很大程度上影响相控阵雷达系统设计时的多项技术指标的选择。

由于相控阵雷达一般要完成多种功能,要观察的目标种类较多,各类目标的有效散射面积(RCS)变化很大,因而要分别对不同雷达功能、不同目标提出不同的R_{max}要求。在系统设计时,一般按雷达主要功能、主要目标的 RCS 及其他要求,如发现概率、平均虚警间隙时间等确定雷达的最大作用距离,再分别讨论在其他工作模式下,按不同观察目标的RCS 分别计算雷达的作用距离并确定相应的信号波形和安排信号能量分配。

由于相控阵雷达波束扫描的快速性和信号能量分配的灵活性,雷达作用距离可以在相当大程度上进行调整,但必须注意到,其调整范围是受雷达功率孔径积或有效雷达功率孔径积限制的,在某种工作方式下雷达作用距离提高了,在别的工作方式下则可能会降低。

2) 方位观察空域

相控阵雷达方位观察空域是指当天线阵面不动时,天线波束在方位角上的扫描范围,通常以 $\pm\varphi$ 表示。对天线波束只在仰角上进行一维相位扫描的三坐标雷达来说,方位观察范围取决于天线机械扫描的范围,通常为 $360°$,个别情况下在方位上做扇形扫描、方位观察空域较小。三坐标雷达的一个重要发展方向是采用二维相位扫描的平面相控阵天线,这时天线波束在方位与仰角上均做相位扫描,同时天线在方位上还做 $360°$ 机械转动。由于整个平面相控阵天线还可在方位上转动,因而这时在方位上的波束相位扫描范围可以适当降低,如只要求 $\pm45°$ 或低于 $\pm45°$。

对于单个平面相控阵天线来说,最大方位扫描角 φ_{max} 除与阵列中天线单元的方向图有关外,主要决定于天线单元间距 d,由相控阵天线原理可知其应满足下式:

$$d \leqslant \frac{\lambda}{1 + \sin\varphi_{max}} \tag{3-1}$$

由式(3-1)可知,方位扫描角 φ_{max} 越大,间距 d 越小,在同样线口径情况下,天线单元数目就越多。亦即,如果有两个同样口径的相控阵天线,对它们在方位上的扫描范围要求分别为 φ_{1max}、φ_{2max},则它们的天线单元数目 N_1 与 N_2 的比值

$$r_N = \frac{N_1}{N_2} = \frac{1 + |\sin\varphi_{1max}|}{1 + |\sin\varphi_{2max}|} \tag{3-2}$$

在采用平面相控阵天线的情况下,为了增大相控阵雷达的方位观测空域,可以采用多个阵面来实现,如美弹道序弹预警系统(BMEWS)中即采用两个平面阵列或三个阵面获得 $240°$ 或 $360°$ 的方位覆盖范围。

3) 仰角观察范围

仰角观察范围是指雷达天线波束在仰角上的覆盖范围或扫描范围。对不同类型的相控阵雷达,其含义有所区别。

对于在方位上做一维相位扫描的相控阵雷达来说,雷达仰角观察范围取决于该雷达天线波束在仰角上的形状,如对大多数二坐标雷达来说,其仰角波束形状多数具有余割平方形状。对在仰角上做一维相位扫描的战术相控阵三坐标雷达来说,仰角观察范围即天线波束在仰角上的相位扫描范围。有的三坐标雷达在仰角上采用多个波束或发射为余割平方宽波束、接收为多个窄波束,这时仰角观察范围决定于多波束的覆盖范围。

3.1.3.2　雷达测量参数

信号检测与目标参数测量是雷达要完成的两大任务。雷达观察空域中最大作用距离这一指标在很大程度上反映了雷达信号检测的能力,雷达的最大跟踪作用距离及测量精

度则反映了雷达的参数测量能力。下面主要讨论雷达在目标参数测量中的特点。

相控阵雷达要测量的目标参数大体上分为以下几种：

1）目标位置参数

对于相控阵三坐标雷达，目标位置参数包括在测量时间内，目标所在位置相对于雷达站位置的方位（φ）、仰角（φ）和距离（R）或经坐标变换后在新的坐标系统中的三维坐标参数。目标位置参数的描述对相控阵雷达与机械扫描雷达是一样的。目标位置参数也可以用波束控制数码（α，β）与雷达测量距离 R 来表示，即用（α，β，R）来描述目标所在位置。当然，雷达输出给上级指挥所或雷达网中其他雷达的目标数据应按约定的坐标系统来表示。

2）目标运动参数

目标运动参数即反映目标运动特性的参数，包含目标的径向速度、径向加速度、角速度、角加速度或有关目标航向、航速及其变化。测量这些参数，对维持目标的稳定跟踪、确定目标轨道有重要作用。对战术三坐标雷达来说，由于目标的机动性较高，其轨迹变化大，测量目标的速度和加速度对维持目标稳定跟踪有重要意义，但目前大多数战术三坐标雷达的目标运动参数均只是经过对目标（α，β，R）的多次测量数据处理后得出的。相控阵雷达在测量目标运动参数和维持目标的稳定跟踪上做的一个主要贡献，是利用天线波束扫描的灵活性，提高对目标进行观察的采样率，即提高数据率。

对观察外空目标的远程或超远程相控阵三坐标雷达来说，测量目标运动参数，对确定空间目标轨迹（如确定卫星目标的六个轨道参数）、确认目标变轨、对空间目标进行登录和编目，是必不可少的。

由于外空目标距离远、飞行速度高，远程/超远程相控阵雷达对定轨精度要求很高，因此，在信号波形与工作方式设计时，往往要求波形有直接测量目标回波多普勒频移及其变化率，即测量目标速度与加速度的能力。

3）其他目标特征参数

其他目标特征参数主要指相控阵雷达测量的反映目标构造、外形、姿态、状态、用途（如是否为失效载荷），要测量的这些特征参数多半是从目标回波信号的幅度、相位、频谱和极化特性及它们随时间的变化率中提取的。例如，目标回波信号的幅度起伏、频谱特性和极化特征等。这一类参数主要用于对空间目标进行分类、识别，或用于对目标事件（target event），如有关目标交会与分离（一个目标变为两个或多个目标）、目标爆炸等事件进行判断与评估。多目标精密跟踪测量雷达、空间目标监视雷达、弹道导弹防御（BMD）中的相控阵雷达等对测量这些特征参数的需求最为强烈。战术三坐标相控阵雷达也有目标分类、识别的要求，如需要区分单架飞机或机群目标、大飞机或小飞机、飞机型号等。相控阵雷达测量多种特征参数的能力，不仅能大大改善防空系统的战斗有效性，而且有利于提高雷达的工作性能，如有利于解决多批高机动目标航迹交叉时的混批问题及战斗中对友机的误伤问题。

3.1.3.3 雷达测量精度

作为战术指标提出的雷达测量精度是与在接收机噪声背景中进行测量时所能达到的最小测量误差相对应的,即它是指雷达的潜在测量精度。在存在无源杂波与有源干扰情况下,对雷达测量精度要求应另有规定。

一般战术相控阵三坐标雷达只测量方位、仰角与距离,因此,在战术指标中也只提出距离、方位和仰角的测量精度要求,或经过换算得出的距离、方位、高度三个参数的测量精度要求;其中高度精度决定于仰角和距离的测量精度。

对于可机械转动的具有二维相位扫描能力的战术三坐标雷达,相控阵天线波束扫描的快速性及波束形状的捷变能力,使其具有更多的功能及更多的工作方式,如可以对重点目标进行测速等,这时,战术指标中就应包括测速精度要求。

用于观测外空目标的空间探测相控阵雷达,其主要任务是要精确测量空间目标的轨道参数(轨道倾角、长半轴、短半轴、偏心率、近地点赤经、升交点辐角)。通过测量目标在飞行轨迹中一个弧段上不同时刻的位置参数,即可获得空间目标的 6 个轨道参数。据此可判断或区分目标属于卫星还是弹道导弹,若是弹道导弹则可预报导弹落点与发射点,因此对测量精度有很高的要求。雷达测量的目标飞行轨迹的弧段越低,在这一弧段上取样次数越多,每一次测量所获得的有关目标方位、仰角、距离数据的精度越高,对空间目标的定轨精度就越高。雷达对目标距离的测量精度决定于信号的瞬时带宽及信号噪声比。

天线波束越窄,雷达测角精度越高。从提高数据率、提高测角精度和从抗欺骗干扰能力考虑,多数战术三坐标雷达和超远程的相控阵雷达均采用单脉冲测角方法,即通过形成两个天线方向图,对它们所收到回波信号的幅度或相位进行比较,再通过内插运算来确定目标偏离中心位置的角度。不管用何种单脉冲测角方法,其角度单次测量的极限误差(决定于回波信导的信号噪声比 S/N)都可近似表示为

$$\sigma_{\Delta\varphi} = \frac{\Delta\varphi_{1/2}}{K_m (S/N)^{1/2}} \\ \sigma_{\Delta\theta} = \frac{\Delta\theta_{1/2}}{K_m (S/N)^{1/2}}$$

$$(3-3)$$

式中,K_m 为单脉冲测角时角灵敏度函数的斜率(或称误差斜率),它与天线方向图形状及天线加权函数等有关。例如,当以高斯函数逼近天线方向图主瓣,用于进行比较的两个波束的最大值间隔为波束半功率点宽度时,可推导得出 $K_m = 1.38$;在其他文献中根据实测值,取 $K_m = 1.57$ 或 $K_m = 1.6$。

如果在一个波束位置上用多个重复周期进行测量,如以 N 个脉冲信号进行测量,则这一随机误差可改善 $\sqrt{N}$ 倍。

相控阵雷达可通过在重点目标方向上增加天线波束驻留时间,即增加观测次数 N 来提高测角精度。对只在一维(仰角方向)进行相位扫描、在方位机械扫描的战术三坐标雷

达来说,观测次数 N 受到天线水平波束宽度与天线在方位上机械转动速度的限制。若天线方位转速为 Ω,雷达信号重复频率为 F_r,天线波束在方位上的半功率点宽度为 $\Delta\varphi_{1/2}$,那么就算天线波束在仰角不进行扫描,一直指向目标所在仰角方向,能达到的最大 N 值为

$$N_{\max} = \frac{\Delta\varphi_{1/2}}{\Omega} F_r \qquad (3-4)$$

由此可见,对只能做一维相位扫描的三坐标雷达通过增加波束驻留时间,即增加 N 来改善测角精度的潜力是有限的。如果采用二维相位扫描的平面相控阵天线,则可突破方位机械扫描带来的这一限制。

3.1.3.4 雷达分辨率

1) 角度分辨率

空间探测相控阵雷达一般均为二维相位扫描的相控阵雷达,战术相控阵三坐标雷达的天线波束一般在方位与仰角方向上均为针状波束,因此雷达的空间分辨率便取决于雷达天线波束在方位与仰角上的半功率点宽度 $\Delta\varphi_{1/2}$ 与 $\Delta\theta_{1/2}$。波束宽度的确定除了角度分辨率的考虑外,往往更多取决于获得更高天线增益、更高测角精度的要求。

2) 纵向距离分辨率

相控阵雷达的距离分辨率与机械扫描雷达一样,决定于所采用的信号瞬时带宽。当采用脉冲压缩信号如线性调频(LFM)脉冲压缩信号时,持续时间很宽的信号也可具有很大的信号瞬时带宽,不会因为采用宽带信号而降低雷达信号的平均功率,因而不会影响雷达的搜索和跟踪距离。若信号瞬时带宽为 B,则纵向距离分辨率 ΔR_r 为

$$\Delta R_r = \frac{c}{2B} \qquad (3-5)$$

3) 横向距离分辨率

在目前技术条件下,产生和处理具有大的瞬时带宽的雷达信号已无理论和工程上的困难。采用大的瞬时带宽信号,不仅使雷达在距离维具有高分辨能力,而且通过对运动目标的时间观察,利用逆合成孔径雷达(ISAR)成像的原理,还可对目标进行二维成像,提高雷达横向距离分辨率,为目标分类、识别提供重要的技术条件。但这在一维相位扫描的三坐标雷达中很难实现;只有在二维相位扫描情况下,由于没有机械扫描带来的对波束驻留时间的限制,观测脉冲数 N 可以很高,从而实现对重点目标的纵向与横向距离的高分辨率。

一些先进的战术三坐标雷达由于对其有目标分类、识别,拦截效果评估等要求,因而采用二维相位扫描的平面相控阵天线,同时保留在方位上可作机械转动,调整天线阵面朝向的能力。

对战区导弹防御系统/国家导弹防御系统(TMD/NMD)及空间监视系统中应用的远程、超远程相控阵雷达,必须实现目标分类、识别,故对目标的分辨率要求至关重要。在采

用瞬时宽带信号的前提下,可以利用目标自身的旋转或目标围绕雷达视线的旋转产生的目标上各散射点的多普勒频率差,获得目标的横向距离分辨率 ΔR_{cr}:

$$\Delta R_{cr} = \frac{\lambda}{2\Delta\theta} \tag{3-6}$$

式中,$\Delta\theta$ 为目标在观察时间 T_{obs} 内目标视在角的变化。若目标的角旋转速率为 ω,则

$$\Delta\theta = \omega T_{obs} \tag{3-7}$$

通常在雷达系统设计时希望目标的横向距离分辨率(ΔR_{cr})与目标的纵向距离分辨率(ΔR_r)一致,则在信号瞬时带宽 B 已确定的情况下,由式(3-5)和式(3-6),对目标的转角要求应按下式确定:

$$\Delta\theta = \lambda B/c \tag{3-8}$$

式(3-8)说明,在要求横向距离分辨率与纵向距离分辨率相等时,当纵向距离分辨率 ΔR_r 确定即信号带宽 B 确定之后,采用较短的波长(较高的信号频率)可降低对转角 $\Delta\theta$ 的要求。

4) 速度分辨率

除了上述距离分辨率外,对于空间探测相控阵雷达来说,径向速度分辨率也是一个重要指标。我们知道,目标回波的多普勒频移 f_d 取决于目标的径向速度 V_r,即

$$f_d = 2V_r/\lambda \tag{3-9}$$

由于 TMD/NMD 及空间监视系统中的相控阵雷达所要观察的目标都具有比现有飞机高得多的速度,因此其多普勒频移和多普勒频移的变化率也更为显著。

通常采用距离门-多普勒($R - f_d$)滤波方法来提取目标回波的多普勒频移,即将 N 个重复周期内同一距离单元回波的抽样进行快速傅里叶变换(FFT),亦即对长度为 N 的回波脉冲串信号进行相干处理。FFT 的 N 路输出即为该距离单元多普勒滤波器组的输出。每一个滤波器的频带宽度在不考虑为抑制副瓣而采取加权的情况下,是总观察时间 T_{obs} 的倒数,即

$$\Delta f_d = 1/T_{obs} \tag{3-10}$$

其中　　　　　　　　　　$$T_{obs} = NT_r = N/F_r \tag{3-11}$$

式中,T_r 和 F_r 分别为雷达信号的重复周期和重复频率。

与目标回波多普勒频移的分辨率相对应,目标径向速度的分辨率为

$$\Delta V_r = \lambda \Delta f_d/2 \tag{3-12}$$

3.1.3.5　处理多批目标的能力

相控阵雷达的一个特点是具有实时跟踪多个空间目标的能力。当雷达在搜索状态发

现目标、做出目标存在的报告后,必须对其进行确认、截获,然后转入跟踪状态;在对已截获的目标进行跟踪的同时,雷达继续在搜索空域内进行搜索,以期发现新的目标。

对战术相控阵三坐标雷达来说,处理多批目标的必要性不仅来自雷达要完成多种功能,需要观察监视空域中实际可能存在的多批目标,而且因为这类雷达在战时通常都会受到敌方有源干扰与无源干扰的对抗。这时,为保持一定的检测和跟踪能力,雷达要处理的虚假目标数目将显著增加。

检测过程中产生虚警之后,必须启动跟踪程序中的目标确认与截获过程。这一过程结束之后,滤除了大部分虚警(报告);未被滤除的,被当成目标,对这些虚假目标形成"跟踪启动",这时需要在随后的航迹跟踪过程中将其剔除。剔除虚假航迹可能导致相控阵雷达要处理的目标数目显著增加和雷达信号能量与时间资源的消耗。

对用于 TMD/NMD 中的远程、超远程相控阵雷达及导弹靶场远程相控阵测量雷达,多目标处理能力与真假弹头识别等有关。对于空间监视相控阵雷达来说,由于仍在工作运转的空间目标和已失效的空间目标及空间碎片的存在,空间目标数量逐年增多,所以雷达具备同时跟踪多批目标、实时处理多批目标轨迹的能力是完全必要的。

相控阵雷达处理多批目标的能力,对相控阵雷达工作方式的设计、雷达在搜索和跟踪状态下的数据率、跟踪精度等都有重要影响,因此,它是一个重要的战术指标。

空间探测相控阵雷达跟踪和处理多批目标的能力在技术上自然与雷达控制计算机和雷达数据处理计算机的能力有关,即与计算机的运算速度、存储容量等有关,但最终还是取决于雷达能提供的信号能量。被跟踪的目标数目越多,用于跟踪照射的信号能量就越多。因此,根据相控阵雷达要完成的不同特定任务,合理定出雷达要跟踪的目标数目并对跟踪目标进行分类,是雷达系统设计的一个重要内容。

3.1.3.6 数据率

数据率定义为在 1 s 内对目标进行数据采样的次数,其单位为"次/s"。在雷达中也常用数据率的倒数,即数据采样间隔时间来表述。

数据率是相控阵雷达的一个重要战术指标,它体现了相控阵雷达一些重要指标之间的相互关系,对相控阵雷达系统设计有重要影响。

由于相控阵雷达既要完成搜索,又要实现多目标跟踪,因此需要区分搜索数据率和跟踪数据率,它们分别是搜索间隔时间与跟踪间隔时间的倒数。由于相控阵雷达需要搜索的区域可以按重要性等区分为多个搜索区,如重点搜索区、非重点搜索区,因而可以在不同的搜索区分配不同的搜索时间,总的搜索时间是在各个搜索区域所花费的搜索时间之外。此外,在搜索过程中还要不断加上跟踪所需的时间,这将导致对同一空域进行搜索的间隔时间加长,因而导致搜索数据率的降低。在多目标跟踪情况下,按目标重要性或其威胁度可以有不同的跟踪采样间隔时间。这些情况使得数据率这一指标在相控阵雷达信号资源分配和工作方式安排与控制中起着十分重要的作用。

3.1.3.7　工作波段的选择

对于各种相控阵雷达,正确选择波段往往是雷达系统初步设计中的首要问题。由于影响波段选择的因素很多,因此常常需要反复比较才能最后确定。在选择雷达工作频段时需要考虑以下五种主要因素:

1) 雷达要观察的主要目标

不同目标的雷达有效散射面积(RCS)与雷达信号波形有关。对构成目标的一些基本形状的金属物体表面,雷达反射面积与波长的关系是不同的。在雷达视线上具有同样投影物理尺寸的不同目标,其 RCS 相差可能几十万倍。

由于不同形状和尺寸的目标 RCS 与雷达波长有密切关系,为了正确选定波长,针对设计中相控阵雷达要观察的主要目标,需要做目标 RCS 的电磁仿真计算,必要时还应做模型测试。

2) 雷达测量精度和分辨率要求

在同样天线口径尺寸条件下,采用较短的信号波长,可以获得更高的角度测量精度和角度分辨率。

为了提高测量精度、识别目标,要求相控阵雷达具有高的距离分辨率;而对目标进行一维或二维成像,则必须采用大的瞬时信号带宽。瞬时信号带宽越大,雷达工作频率也应越高,否则由于相对信号带宽的增加,会给雷达设计带来一些需要解决的困难。在 L 和 S 波段的相控阵雷达中,瞬时信号带宽已分别可做到 200 MHz 和 500 MHz 以上;但在 X 波段,瞬时信号带宽则可做到 1 GHz 以上。

3) 雷达的主要工作方式

如果相控阵雷达以空域监视为主,即主要工作方式为搜索工作方式时,雷达探测距离主要取决于发射天线辐射的平均功率与接收天线口径面积的乘积;而对于以跟踪方式为主的相控阵雷达,其跟踪距离与发射天线增益有关,即需要根据搜索与跟踪的不同要求,在一定程度上也影响着雷达工作波段的选择。

如果相控阵雷达以对远区目标进行搜索为主,它承担的任务是向别的具有更高测量精度的雷达如火力控制雷达、导弹制导雷达提供引导数据,则根据增大雷达作用距离要求,波长选择考虑的主要因素是大小。如果相控阵雷达主要完成跟踪任务,它可以接收其他雷达或传感器提供的引导数据,则选用较短的波长是有利的;这是因为,在同样大小天线口径条件下,提高信号频率可以提高雷达发射天线的增益,相应地可增大跟踪作用距离、提高测量精度,这也是大多数火力控制雷达、导弹制导雷达都工作在较短波长的原因。

对于以担任搜索任务为主的相控阵雷达,由于监视空域大、作用距离远、要处理的目标数量多,宜选用较低的雷达工作频率。例如,目前国际上多数空间目标监视相控阵雷达,由于其作用距离均在数千千米以上,因此多采用 UHF 波段和 L 波段,以便充分利用加大天线口径的方法来增加雷达的作用距离;同时在加大天线阵面口径后,天线单元总数还控制在允许的范围之内。已公开报道的苏联大型空间监视相控阵雷达,多采用 VHF

波段。选用更长的雷达信号波长,当相控阵天线阵面口径达到或接近 100 m×100 m 时,其天线单元总数却没有明显增加。

4) 雷达的研制成本、研制周期与技术风险

降低成本是推广相控阵雷达应用的关键。考虑到相控阵雷达比机械扫描雷达复杂,在相控阵雷达的预先设计阶段,必须充分考虑研制和生产的现实条件,而不应盲目追求个别分系统的先进指标。在这方面要考虑的一个重要问题是采用何种类型的高功率发射机及其中的关键器件。高功率微波器件的输出功率水平与雷达工作频段有密切关系;波长较长时,采用固态功率器件较容易;波长较短如低于 X 波段时,采用大功率电真空器件则较易解决雷达的高功率要求。相控阵雷达系统中的馈线分系统与雷达信号波长关系也很密切:波长较长时,在中、低功率电平上可以采用的传输线形式较多,如可以选用同轴线;而很短的波长,则必须采用波导,否则传输线损耗将给设计带来难题。

采用较长的信号波长,对于整个相控阵天线来说,各天线单元之间的幅度、相位公差易于控制和调整,因而也是降低生产成本、缩短研制周期和减少技术风险的一种措施。

5) 电波传播及其影响

与机械扫描雷达一样,波长选择时必须考虑电波传播的影响。电波传播过程中的衰减与频率密切相关,电波传播损耗和折射引起的测量误差特别是在低仰角传播时的测量误差,都与信号工作频段相关。

对用于 TMD/NMD 及空间目标监视的远程/超远程相控阵雷达来说,由于其发射和接收信号均要通过电离层,而电离层对电波的衰减与信号频率有关,因此在波长选择时也应加以考虑。

3.1.3.8　相控阵天线方案

与机械扫描雷达相比,相控阵雷达的特殊性和复杂性在很大程度上反映在相控阵天线上,因而天线形式的选择对相控阵雷达系统设计有重大影响。对雷达天线方案的选择,需要关注以下几个指标。

1) 天线扫描范围

一维相位扫描三坐标雷达一般采用窄波束,在仰角上进行相位扫描,而在方位上进行机械扫描,这时仰角相位扫描范围便是一个主要指标。如一般三坐标雷达要求仰角波束覆盖 0~30°扫描范围,可以拉大一维相位扫描平面相控阵天线中各个线阵之间的间距,这有利于降低天线重量与生产成本,并可减小天线阵面的风阻系数。

对二维相位扫描的平面相控阵雷达,要注意区分方位和仰角上扫描范围的要求,对安装在方位上可转动或方位和仰角上均能转动的平台上的相控阵天线,可以考虑降低对相位扫描范围的要求,这有利于降低相控阵雷达的成本。

对主要用作多目标跟踪的二维相位扫描雷达,如靶场多目标精密跟踪测量雷达,首先要确定是全空域相位扫描天线还是有限相位扫描天线。能用有限相位扫描天线的,便不

一定要用全空域相位扫描天线。这可降低阵面内天线单元的总数,从而大大降低这类相控阵雷达的成本。

2)馈电方式

相控阵天线有强制馈电与空间馈电两种馈电方式。

强制馈电方式采用波导、同轴线和微带线进行功率分配,将发射机产生的信号功率传送到阵面每一个天线单元上;接收时,功率相加网络将各天线单元接收到的目标回波信号传送到接收机。空间馈电方式也称光学馈电方式,这种方式实现在空间进行信号功率的分配与相加的功能,所采用光纤传输收发信号也属于强制馈电的方式。

两种馈电方式各有优缺点,根据雷达工作波段、发射机类型、天线阵承受功率、孔径大小、对天线波束副瓣电平的要求等来确定。

3)馈相方式

馈相方式主要是指采用何种移相器。实现移相器的方案很多,但主要有半导体开关二极管(PIN 管)实现的数字式移相器与铁氧体器件实现的移相器。近年来随着微电子机械(MEM)技术的发展,以各种 MEM 开关实现的移相器开始受到广泛重视,并已出现相应演示验证系统的研制项目[34]。

4)有源相控阵天线与无源相控阵天线

在相控阵天线方案的选择中,应反复考虑的一个重要问题是选择有源相控阵天线还是无源相控阵天线。

有源相控阵天线的每一个天线单元通道上均有一个发射机(功率放大器)、低噪声放大器或发射/接收(T/R)组件,它给相控阵雷达带来以下新的优点:

(1)降低相控阵天线中馈线网络即信号功率分配网络(发射时)与信号功率相加网络(接收时)的损耗。

(2)降低馈线系统承受高功率的要求。

(3)易于实现共形相控阵天线。

(4)有利于采用单片微波集成电路(MMTC)和混合微波集成电路(HMIC),可提高相控阵天线的宽带性能,有利于实现频谱共享的多功能大线阵列,为实现综合化电子信息系统(包括雷达、ESM 和通信等)提供可能条件。

(5)采用有源相控阵天线后,有利于与光纤及光电子技术相结合,实现光控相控阵天线和集成度更高的相控阵天线系统。

有源相控阵天线虽然具有许多优点,但在具体的相控阵雷达中是否被采用,要从实际需求出发,既要看雷达应完成的任务,也要分析实际条件和采用有源相控阵天线的代价,考虑技术风险及对雷达研制周期和研制生产成本的影响。

5)实现低副瓣天线的方法

相控阵天线的副瓣性能是雷达系统的一个重要指标,它在很大程度上决定了雷达战术指标中的抗干扰与抗杂波的能力,也与雷达探测性能、测量精度等有关。

相控阵雷达天线包括数千甚至上万个天线单元,在信号功率分配网络与信号相加网络中包括众多的微波器件,各天线单元之间信号的幅度与相位由于制造和安装公差、传输反射等原因难以做到一致,存在幅度与相位误差,这一幅度与相位误差还会随着相控阵天线波束的扫描而变化,给修正幅相误差带来一定困难。因此,与机械转动的天线相比,实现低副瓣/超低副瓣要求的难度更大,特别是在宽角扫描情况和宽带相控阵天线中更是如此。

在相控阵雷达系统设计中,正确选择天线照射函数的加权方案是完全必要的。可采用的加权方法有幅度加权、密度加权和相位加权,也可以采用它们的混合加权方法[35-37]。

3.1.3.9　雷达发射机的形式

相控阵雷达采用电真空器件或半导体功率器件来实现对发射功率的要求。由于相控阵雷达天线具有用多部发射机在空间实现功率合成的优点,因此在选择相控阵雷达发射机形式的问题上,有相当大的灵活性。

在相控阵雷达系统设计之初,首先考虑的往往是在雷达作用距离等战术指标得以满足的前提下,尽量选择现有的大功率器件,确保在要求的研制周期里完成任务。如果有提供固态功率器件的条件,提高雷达系统的可靠性和可维护性,降低整个雷达发射机系统要求的初级电源,可优选固态发射机;反之,如果不具备或不完全具备大批量固态功率器件及固态发射组件的生产能力,则偏向采用电真空器件实现的发射机。

有源相控阵天线主要采用固态功率放大器件,无源相控阵天线则主要采用电真空器件的发射机。采用电真空器件的发射机要设法克服的一个主要缺点是阵列中功率分配网络的损耗。这可通过采用多部发射机的方案,使每部发射机只为一个子天线阵提供信号功率,从而减少在功率分配网络中的损耗。采用多部发射机,必须保证多部发射机输出信号相位的一致性,为此要对多部发射机输出信号的相位进行监测和调整。

发射机形式的选择在很大程度上与相控阵雷达的工作频段相关。当相控阵雷达工作在 C、X 及 Ku、Ka 波段时,由于固态功率器件当前还不能提供足够高的功率,因此作用距离远(如超过 1 000 km)的相控阵雷达的成本将极高,这时就可能不得不选择具有高功率输出能力的电真空器件。

在选择相控阵雷达发射机类型时,和其他雷达发射机一样,发射机总效率、能提供的信号带宽、放大增益、相位噪声电平、调制方法、冷却方式、对初级电源的要求、工作寿命、可靠性、全寿命周期成本、体积和重量等指标,都有可能影响对发射机形式的选择。

3.1.3.10　信号波形

雷达信号波形与雷达各分系统的技术指标关系密切,发射机、接收机、信号处理、终端显示均与其有着密切关系。雷达信号波形的选择取决于许多因素,其选择原则是应在充分保证工作方式需要的前提下尽可能地减少不必要的信号波形种类,这有利于简化设计,减少不必要的软件开销,提高系统工作的可靠性。

1)影响雷达信号波形选择的主要因素

(1)多功能、多工作模式。

(2)雷达的分辨率和测量精度。

(3)测速要求。

(4)目标识别要求。

(5)电波传播修正要求。

2)相控阵雷达的抗干扰能力

大瞬时带宽信号、捷变频综提高相控阵雷达抗干扰能力的角度,希望将信号设计成具有低截获概率性能,这有利于避免被敌方电子情报侦察设备侦测与定位的距离信号、频率分集信号,对提高雷达抗干扰能力有重要意义。

3)测速要求

如果对相控阵雷达有测速要求,则脉冲多普勒信号形式、连续波信号形式、准连续波信号形式的采用是相控阵雷达系统设计中应考虑的因素。

4)发射机形式

如果采用高功率电真空发射机,除非是专门设计的高工作比发射管,其信号工作比一般较小,即信号峰值功率与平均功率之比较大;以固态器件实现的功率放大器,则更有可能获得大工作比信号,因此有利于实现长脉冲信号。

5)雷达作用距离的要求

一般来说,对近程相控阵雷达的作用距离有严格的要求,这与远程、超远程相控阵雷达有很大不同。例如,对于 BMD 系统、空间监视系统中的相控阵雷达来说,由于要求的雷达作用距离远、目标分布范围广,因此对远距离目标应该要用大时宽信号进行搜索,用大瞬时带宽信号进行跟踪,而对近距离目标则可用短脉冲信号。对 RCS 大的目标,可用脉冲宽度较窄的信号;对 RCS 小的目标,则应采用宽脉冲信号。观测目标所用信号能量的调节,除了改变脉冲宽度以外,还可通过改变重复频率、改变波束驻留时间即改变发往同一观测方向的脉冲串长度等来实现。

3.1.3.11 测角方式

相控阵雷达一般应具有多种功能,且由于作用距离远、雷达重复周期长、要观测多批目标等原因,在搜索和跟踪状态,在每个波束位置上雷达信号驻留时间很短,这对远程、超视距相控阵雷达来说更是如此。如果一维相位扫描只有两三个重复周期,甚至只有一个重复周期,则只能采用单脉冲测角方法,以保证高的测角精度。此外,对一维相位扫描的战术三坐标雷达来说,当雷达的仰角波束数目不多、不能覆盖要求的仰角空域时,在每一仰角位置上照射脉冲数目也偏低,且不能像机械扫描两坐标雷达那样,可用天线方位波束形状对回波脉冲串信号的幅度调制来测角,这时也只能采用单脉冲测角方法。

3.1.3.12　使用性能与使用环境

相控阵雷达使用性能除包括一般雷达对可维护性、可靠性等的要求外,还特别要对雷达的运输条件、转移条件、相控阵雷达天线的架设与撤收时间、雷达开关机的最小需要时间及降低操作人员数目等有关使用问题予以特别关注。

对于大型地基固定式相控阵雷达,有关使用环境的问题之一是正确选择雷达工作的地理位置即站址,如雷达所在纬度、雷达天线法线方向的朝向、雷达观察区域内在仰角上允许的遮挡角大小、雷达高功率辐射对周围区域内企业与居民的影响等。对于观测外空目标的远程、超远程相控阵雷达站址所在地区的气候条件,如年高低温度、湿度、降雨量、沙尘含量、风速等都是必须认真考虑的。为了保证雷达的测量精度,必须考虑电波传播修正问题,因而必须对雷达站址所在地区的大气折射、电离层状况进行定期的观测与监视,有必要建立相应的电离层观测站。雷达防护罩及雷达基地前是否需要建立屏蔽栅网,也常常是大型相控阵雷达使用环境要求中一项须考虑的指标[38]。

3.1.4　雷达分类

尽管有多种方式表征雷达,我们在此以可能区分不同类型雷达的主要特征来表征:

(1)脉冲雷达。这种雷达发射机重复的几乎是矩形的脉冲串。它可以称为雷达的规范形式,一般提及雷达时人们往往想到的就是脉冲雷达。

(2)高分辨率雷达。高分辨率可以在距离、角度或者多普勒速度坐标上获得,但是高分辨通常是指雷达具有高的距离分辨率。一些高距离分辨雷达的距离分辨率为几分之一米,也可能小到几厘米。

(3)脉冲压缩雷达。这种雷达使用脉内调制的长脉冲获得长脉冲的能量及短脉冲的分辨率。

(4)连续波(CW)雷达。这种雷达采用连续的正弦波。它几乎总是使用多普勒频移来检测移动目标或测量目标的相对速度。

(5)调频-连续波(FM－CW)雷达。这种连续波雷达使用波形的频率调制实现距离测量。

(6)监视雷达。这是一种检测目标存在(例如飞机或舰船)并在距离和角度上确定其位置的雷达。它也能持续观测目标一段时间以获得目标的轨迹。

(7)动目标显示雷达。这是一种脉冲雷达,它通过使用通常没有距离模糊的低脉冲重复频率在杂波中探测动目标,它在多普勒域确实是模糊的,导致所谓的盲速。

(8)脉冲多普勒雷达。有两种脉冲多普勒雷达分别采用高或中脉冲重复周期,它们都使用多普勒频移从杂波中提取动目标。高脉冲重复周期脉冲多普勒雷达在多普勒域没有模糊,但它确实有距离模糊;中脉冲重复周期脉冲多普勒雷达在距离和多普勒域都存在模糊。

(9)跟踪雷达。这种雷达提供目标轨迹或航迹。

（10）成像雷达。这种雷达产生目标或场景的二维图像，例如地表的一部分和它上面的物体。雷达通常位于移动平台上。

（11）侧视机载雷达。这种雷达提供距离上的高分辨率，并通过使用窄波束天线获得角度上的适当分辨率。

（12）合成孔径雷达。这是一种相参成像雷达，位于移动载体上，利用回波信号的相位信息获得在距离及横向距离上的高分辨场景图像。常使用脉冲压缩获得高距离分辨率。

（13）逆合成孔径雷达。这是一种相参成像雷达，利用高距离分辨率和目标的相对运动获得多普勒域的高分辨率，以在横向距离上获得分辨率。它可位于移动或静止载体上。

（14）火力控制雷达。通常指用于防空袭的单目标跟踪雷达。

（15）制导雷达。这种雷达通常位于导弹上，使导弹"寻的"，或自行引导到目标上。

（16）天气（气象）观测雷达。这种雷达探测、识别并测量降雨率、风速和风向，并观测其他有重要气象意义的气象情况。

（17）多普勒气象雷达。这是一种气象观测雷达。其利用移动的气象效应造成的多普勒频移判别风，判别出可以指示危险气象状况例如龙卷风及下爆气流的风切变（当风刮向不同方向时），以及其他气象效应。

（18）多功能雷达。如果把上述雷达视为提供某个雷达功能的，则多功能雷达设计成能提供多于一种功能，其通常在时分的基础上，在某个时间只执行一个功能。

3.2　敌我识别技术

敌我识别（identification friend or foe，IFF）系统通过发射一串射频脉冲，对装有应答机的协同目标进行"一问一答"方式来完成目标敌我属性识别[38]。它既具有雷达系统测向和定位的特点，又包含了通信系统传输信息的功能，在军事上和航空管制上起着重要的作用。

正确识别敌我的问题是历代战争取得胜利的基本要素。古代战争中人们利用战队的战旗、战士盔甲上的图案和哨兵的秘密口令识别敌我。1885 年一次雷达的发明大大加强了人们对远处目标的探测能力，特别是在二战期间，一次雷达发挥着举足轻重的作用。随着一次雷达越来越广泛的使用，如何确定一次雷达所发现目标的敌我属性便成为十分重要的问题。在二战期间研制成功了二次雷达敌我识别器，它可以识别一次雷达发现目标的敌我属性。二次雷达使用应答机协同工作，回答信号比一次雷达回波强得多，消除了雷达回波的闪烁和对雷达目标面积的依赖。由于询问频率和应答频率不同，消除了地物干扰和气象反射的影响，同时利用询问和应答信道的编码可以完成双向信息的传递。二次雷达敌我识别器在二战以来的战争中曾起过重要作用。1954 年国际民航组织（International Civil Aviation Organization）根据美国 MKX 系统制定了二次雷达的使用标准[40]。现在世界各地的民航机场都已经装备了二次雷达作为空中交通的管制设备。

在现代高科技战争中,敌我识别问题已成为国际上的研究热点[41],如果敌我识别错误,会产生非常严重的后果。最典型的例子是珍珠港事件,美军错把日军机群当作己方机群,导致美国舰队遭受了重大的损失。而认我为敌,则会发生误伤。这些敌我误判事件可以充分说明敌我识别在现代战争中的重要性,这一问题也引起世界各国的普遍关注。各种高科技设备的使用,使得敌我识别日趋复杂。现代战争要求作战各方必须快速、准确、可靠地识别战场目标,这无疑增加了敌我识别的难度,敌我识别系统的研究刻不容缓。从原理上划分,主要有协同式以及非协同式两类敌我识别系统。协同式敌我识别(IFF)系统必须依赖目标的配合才能获取到目标敌我属性信息,其本质上为二次雷达。协同式 IFF 通过询问-应答的方式进行目标的敌我识别,当发现身份不明的目标时,协同式 IFF 向该目标发射已编码的身份询问信号,己方目标携带的 IFF 系统可以对询问信号进行正确解码,然后向询问方发射一个应答信号,询问方在收到该应答信号后再进行解码,最终得到该目标的身份。反之,如果待识别的目标是非己方目标,则它不能对询问信号进行正确解码,从而不能做出正确的回应,最终被判决为非己方目标。非协同式 IFF 采用分布式多传感器(如雷达、红外搜索跟踪系统、电子支援设备等)进行综合识别,其优点在于没有询问应答信号的交互过程,不需要被识别目标的配合。它根据探测到的目标回波信息,经过特征提取、关联分析等步骤推断目标的身份。

二次雷达 IFF 系统(包括航管二次雷达)主要由天线、询问机、应答机、校准时台等组成(图 3-2)[42]。IFF 系统通过询问机发射端向装有应答机的目标发射一串经过加密的询问信号。当询问信号超过应答机的最小触发电平并与预定的密码相同时,应答机自动转发回答信号。询问机接收端接收应答信号来完成目标的属性判别,同时完成我方目标的飞行高度、飞行距离和方位等信息的测量。

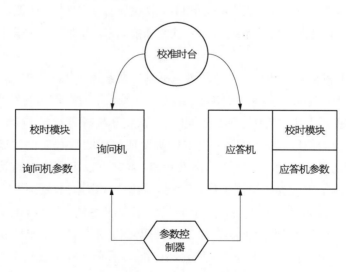

图 3-2　现代 IFF 系统的典型组成框图

询问机的功能是根据一次雷达提供的目标信息发出询问信号,接收并处理应答信号得到判别信息。询问机主要由发射机和接收机两部分组成:发射机主要用于产生、发射询问信号;接收机主要用于接收、处理目标返回的应答信号。应答机的功能是根据接收到的询问信号做出应答,同时提供一些自身的飞行信息。一次雷达控制中心的作用是向询问机提供目标的信息,同时接收询问机的判断结果。校准时台的作用是向全系统提供精确的校时信息。密码产生器的作用是根据校时信息为询问机和应答机提供密码。在实际系统中,还有一种平台叫询问应答机。它实际上由询问部分和应答部分组成,既具有询问功能又具有应答功能,平时处于应答状态,确认没有应答时可以对其他目标进行询问。

IFF 系统具有以下特点:

(1)整个系统是由多个询问机、应答机组成的通信网络。

(2)询问机与应答机的通信是非同步的,即询问机随时都可以发出询问,而应答机只有在接收到询问信号以后才能回答。

(3)所有询问机的工作频率相同,所有应答机的工作频率也相同。

(4)询问机采用"全呼叫"的工作方式,即当询问机发出询问时,在其天线范围内的所有应答机都要应答。

(5)应答机采用"全向应答"的工作方式,即在接收到询问后,应答机向所有方向发出应答信号。

3.3　行进间作战技术

在现代瞬息万变的战场环境下,机动能力、隐蔽能力、生存能力是对战场上所有武器装备提出的基本要求。特别对于获取战场空情信息的雷达而言,随时都面临着反辐射导弹的威胁,其在实际作战中生存能力尤为重要,这就要求武器装备的作战方式由静止战向机动灵活的运动战转变[43]。自行防空武器系统承担着现代野战防空中中近程防空的重要任务,行进间工作是其实际作战中独有且重要的工作方式。具备车载行进间工作方式的雷达不需要调平就能完成探测任务,能在不撤收天线的状态下快速行进,同时执行警戒引导任务。

相比固定站雷达,车载平台的搜索雷达具备更好的机动性和灵活性,在保持对空中目标探测能力的同时,可有效避免敌方的精确打击。目前,常规车载雷达工作时的车体须处于静止状态,机动性主要体现在快速架设和转移。若在车体平台运动过程中同时进行目标搜索探测,将进一步增强雷达的战场生存能力和提高雷达的作战效能。

3.3.1　行进间作战影响分析

平台运动将对雷达目标探测产生一定的影响。行进间工作模式下,车体姿态的改变会对车载雷达系统的波束指向、动目标检测和目标跟踪产生影响,下面将分析车体行驶状态下车载雷达工作受到的影响因素。

3.3.1.1　俯仰波束指向

雷达的天线俯仰波束指向角是相对雷达的天线座平面。当车体与大地平行时,俯仰波束指向相对大地坐标系水平。当车体倾斜时,雷达的天线座也处于同一个倾斜的平面,此时雷达的俯仰波束指向相对大地坐标系并将产生偏移。车体相对大地三维坐标系的角度偏移可由三个角度值表征,包括车体北相对大地北的正北偏移角 K、车体纵轴倾斜产生的纵摇偏移角 Ψ 和车体横轴倾斜产生的横滚偏移角 θ。其中,纵摇和横滚偏移角表征了天线座倾斜程度,影响俯仰波束;正北偏移角则主要影响目标的跟踪处理和方位测量。

雷达俯仰波束偏移也可由纵摇角和横滚角表征。纵摇角影响俯仰波束指向,不仅会导致雷达仰角覆盖空域变化、造成目标漏检测,同时也会使目标的仰角测量值产生偏差。横滚角影响俯仰波束的形状,在雷达威力设计时须考虑该项影响。在工程实践中,主要对俯仰波束受纵摇角影响做针对性处理。

车载搜索雷达天线在方位上进行机械旋转扫描时,俯仰波束的偏移角将随着天线方位的变化产生相应的变化。取车体平台纵摇偏移角 Ψ、横滚偏移角 θ、俯仰波束纵摇偏移角 Ψ_1、横滚偏移角 θ_1、天线方位角 β,二者在空间坐标系内的位置如图 3-3 所示, XYZ 坐标系为车体坐标系, $X_1Y_1Z_1$ 坐标系为波束坐标系。通过计算得出

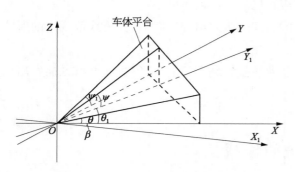

图 3-3　车体平台偏移意图

$$\Psi_1 = \arctan(\cos\beta\tan\Psi + \sin\beta\tan\theta) \qquad (3-13)$$

利用式(3-13)可得雷达俯仰波束的纵摇偏移值。

3.3.1.2　动目标检测

现代车载雷达一般采用基于相参积累的动目标检测(MTD)体制,利用运动目标和地物回波多普勒频移的区别,将目标从地物杂波中检测出来。当车体也处于运动状态时,雷达获得的目标多普勒频移将是包含车体运动特征的相对值;若直接检测,可能将杂波和目标混淆,造成误检测。

一般情况下高度信息对多普勒频移的影响较小,工程应用中可将雷达和目标等效在同一平面内。由于多普勒频移对应的是目标径向运动速度,目标所产生的多普勒频移与其所在方位有关。

取车体运动速度 v、工作频率 f_0、目标方位 β(相对车体北),则目标方位产生的多普勒频移

$$f_{d} = \frac{2v}{c} f_0 \cos \beta \tag{3-14}$$

若在车体静止情况下,接收的目标回波信号为 $s(t)$,则在车体平台运动情况下接收的目标回波信号

$$s_1 = s(t)\exp\{j2\pi f_d t\} \tag{3-15}$$

3.3.1.3　目标跟踪

车体静止状态下,雷达的数据处理分系统对目标回波进行点迹凝聚处理得到目标点迹,包含了距离、方位、仰角等信息,再将点迹进行目标航迹相关和航迹起批处理,输出连续的目标航迹。

以基于匀加速模型(CA 模型)的数据处理算法为例分析车体运动的影响,该模型的离散状态方程为

$$X(k+1) = F_{CA}(k+1,k)X(k) + \omega(k) \tag{3-16}$$

其中
$$X(k) = [x_k \ y_k \ z_k \ x_k' \ y_k' \ z_k' \ x_k'' \ y_k'' \ z_k''] \tag{3-17}$$

车体静止情况下,采用卡尔曼滤波等算法对参数估计并对目标位置进行预估,并依据目标的运动特性设定波门进行点航迹相关。在车体平台运动的情况下,目标点迹的方位值包含了车体正北偏移角信息,目标的距离包含了车体位置信息,已不能真正反映目标的位置信息。此时滤波算法的参数估计会出现相应偏差,同时波门的设定也将随之出错,同一目标的点迹可能无法相关,导致目标不能正常跟踪。

3.3.2　行进间补偿处理

3.3.2.1　补偿工作原理和工作流程

1) 工作原理

雷达行进间作战补偿工作原理框图如图 3-4 所示。其中,波束补偿是借助车体姿态与导航系统提供的车体纵摇角、横滚角、航向角和伺服分系统提供的天线方位信息,补偿波束指向角、计算收发相移。速度补偿可在信号处理分系统处用软件将地物杂波补偿回零

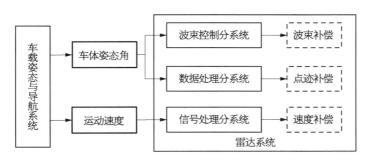

图 3-4　雷达行进间作战补偿工作原理框图

频位置。点迹补偿则是在数据处理分系统中通过姿态补偿后,去除平台运动对目标位置信息的影响,使目标位置符合运动特征分析,再进行点迹凝聚、航迹相关和航迹起批等处理,从而保证目标的正常跟踪。

2) 工作流程

雷达行进间作战补偿工作流程框图如图 3-5 所示。

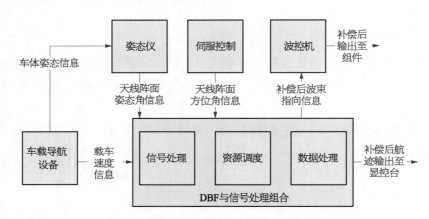

图 3-5 雷达行进间作战补偿工作流程框图

资源调度模块产生波束指向指令,结合接收到的车体纵摇角、横滚角、航向角和伺服分系统提供的天线方位信息,计算得到雷达坐标系下的波束指向信息并发送至波控分系统,波控(DBF)最后计算出发射和接收相移,提供至移相器,阵面完成配相,形成指定波束。

雷达接收到的回波信号在信号处理分系统中被补偿回零频位置,再进行动目标检测处理,有效地抑制了地物杂波,完成杂波背景下的动目标检测。

数据处理分系统接收信号处理分系统提供的目标点迹,进行预处理后,利用车体平台的位置信息(包含距离、方位、仰角等信息)变换至大地坐标系完成点迹补偿。再将点迹进行目标航迹相关和航迹起批处理,形成目标批号、目标位置参数等信息,送到雷达显控台进行显示;对需要转入跟踪波位的航迹外推数据,则回送到资源调度模块,参加下一圈扫描时的资源调度。

3.3.2.2 补偿处理方式

1) 波束补偿

相扫雷达有专门进行波束指向控制的波控分系统,其工作原理如图 3-6 所示。波控分系统接收车体姿态系统提供的车体纵摇和横滚偏移值以及伺服分系统提供的天线方位信息,得到雷达俯仰波束的纵摇偏移 Ψ_1,将该偏移值对大地坐标系下要求的波束指向角进行补偿,得到车体坐标系下的波束指向角,再结合雷达工作频率计算出发射和接收相移,提供至移相器。经过上述处理后,即使在车体倾斜的情况下,也能使波束指向角基于大地坐标系设计,既保证了雷达的空域覆盖,也保证了仰角测量的准确性。

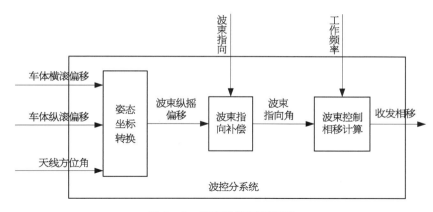

图 3 - 6　波束补偿原理框图

2）速度补偿

速度补偿可采用在频率综合器处修正相参基准信号的方式实现,该方式须增加一定的硬件资源。考虑在信号处理分系统处用软件实现该功能,节省设备量,其原理如图 3 - 7 所示。信号处理分系统的多普勒频移计算单元接收车体速度、天线方位和工作频率信息,可计算出不同方位目标的多普勒频移值。在回波信号完成脉冲压缩后,做相位补偿处理,即

$$s_2(t) = s_1(t)\exp\{-j2\pi f_\mathrm{d}t\} \tag{3-18}$$

地物杂波将被补偿回零频位置,再进行处理,将有效地进行地物杂波抑制,完成杂波背景下的动目标检测。

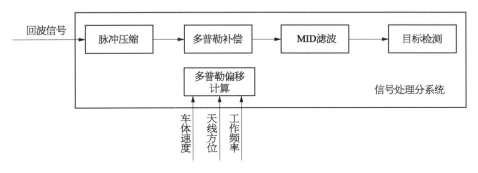

图 3 - 7　速度补偿原理框图

3）跟踪补偿

行进间状态下雷达若要稳定连续跟踪目标,须对距离和方位进行补偿处理,该工作主要在数据处理分系统完成。数据处理分系统接收信号处理分系统提供的目标回波,进行预处理后,将相对车体平台的位置信息(包含距离、方位、仰角等)送入补偿处理模块。

设数据处理分系统接收的目标回波信息为

$$X = \begin{bmatrix} \gamma & \beta & \alpha \end{bmatrix} \tag{3-19}$$

式中，γ 为目标相对车体距离；β 为目标相对车体正北方位角；α 为目标相对大地坐标系的仰角（已完成俯仰波束补偿）。车体正北偏移角 K，车体相对大地坐标系的位置信息为

$$W = \begin{bmatrix} \Delta x & \Delta y & \Delta z \end{bmatrix} \tag{3-20}$$

补偿处理按以下步骤进行：

（1）修正目标方位：$\beta_1 = \beta + x$，此时目标的球坐标位置为

$$X = \begin{bmatrix} \gamma & \beta_1 & \alpha \end{bmatrix} \tag{3-21}$$

（2）完成目标从球坐标至直角坐标系的转换，则目标位置为

$$X_1 = \begin{bmatrix} x \\ y \\ z \end{bmatrix} = \begin{bmatrix} \gamma \cos\alpha \cos\beta_1 \\ \gamma \cos\alpha \sin\beta_1 \\ \gamma \sin\alpha \end{bmatrix} \tag{3-22}$$

（3）完成目标从车体坐标系至大地坐标系的转换，则目标位置为

$$X_2 = X_1 + W = \begin{bmatrix} x + \Delta x \\ y + \Delta y \\ z + \Delta z \end{bmatrix} \tag{3-23}$$

通过方位补偿和位置补偿后，去除平台运动对目标位置信息的影响，使目标位置符合运动特征分析，再进行点迹凝聚、航迹相关和航迹起批等处理，可以保证目标的正常跟踪。

3.4　导弹制导技术

导弹制导系统是按一定引导规律，将导弹项目标、控制其质心运动和绕质心运动以及飞行时间程序、指令信号、供电、配电等的各种装置的总称（图 3-8）。适时测量导弹相对目标的位置，确定导弹的飞行轨迹，控制导弹的飞行轨迹和飞行姿态，保证弹头（作战部）准确命中目标，其中红外制导导弹是利用红外探测器捕获和跟踪目标自身辐射的能量，从而实现寻的指导的武器，是当今红外技术的重要军事应用之一，是非常有效的精确制导打击力量。红外制导技术的研究始于二战时期，而最早用于实战的红外制导导弹是美国研制的响尾蛇空空导弹。由于红外制导导弹具备制导精度高、抗干扰能力强、隐蔽性好、效率比高、结构紧凑、机动灵活等优点，经过半个多世纪的发展，其已经广泛发展为反坦克导弹、空地导弹、地空导弹、空空导弹、末制导炮弹、末制导子母弹及巡航导弹[44-45]。

制导的含义是指导弹按选定的规律对导弹或精确制导弹药进行引导和控制，调整其运动轨迹直至以允许误差命中目标[46]。制导系统主要由导引系统和控制系统两部分组成[47]。导引系统一般包括探测设备和计算机变换设备，其功能是测量导弹和制导弹药与

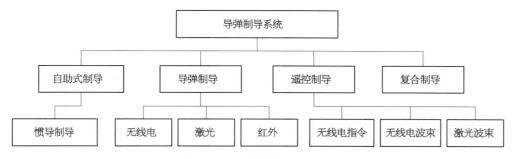

图 3-8　导弹制导系统组成

目标的相对位置和速度,计算出实际飞行弹道与理论弹道的偏差,给出消除偏差的指令。控制系统则是由敏感设备、综合设备、放大变换设备和执行机构(伺服机构)组成[48]。其功能是根据导引系统给出的制导指令和导弹、制导弹药的姿态参数形成综合控制信号,再由执行机构调整控制导弹、制导弹药的运动或姿态直至命中目标。

导弹导引律的研究从二战以来一直是各国军方关注的热点。建立在早期概念上的导引规律通常称为经典导引律,建立在现代控制理论和对策理论基础上的导引规律称为现代导引律。近年来,随着航空技术的发展,战斗机不断更新换代,机载火力控制雷达技术和光电探测技术有了很大发展,导弹的制导方式也多种多样,主要包括寻的式制导、遥控式制导、惯性制导、地形匹配和景象制导、全球定位制导和复合制导。

产生于 20 世纪中期的经典导引规律包括纯追踪法[49]、常值前置角追踪法[50]、平行接近法[51]和比例导引法[52]等。其中纯追踪法和常值前置角追踪法又可以统称为追踪法,这两种方法都存在比较严重的缺陷,即使在拦截非机动目标时,也不能保证直接命中。平行接近法是一种理想的导引方法,无论目标是否机动,该方法都能令导弹的速度指向目标瞬时弹着点,因此从理论上保证了两个质点最终能够相遇。然而,平行接近法需要精确已知目标的飞行状态,在实际当中几乎无法实现。比例导引是一种介于追踪法和平行接近法之间的制导方法,弹道性能好,脱靶量小,可以实现全向攻击且技术实现简单,易于工程实现,因此受到普遍重视,被广泛地应用于空空导弹攻击的制导。经过几十年的发展,从 20 世纪 60 年代直至今日,许多学者致力于研究比例导引律的性能并作了许多改进工作,出现了许多新的形式,如纯比例导引、真比例导引、广义比例导引、理想比例导引、变结构比例导引、变系数比例导引等,在工程实践中得到了广泛应用[53]。

20 世纪 70—80 年代是现代控制理论——状态空间法流行的时代,人们把线性二次型最优控制理论应用到导引律设计中,产生了最优导引律[54]。

这种最优导引律形式复杂,其性能依赖于对剩余飞行时间(time-to-go)的估计。因此要求以目标-导弹相对距离、相对速度,以及目标加速度等信息为状态变量,当上述信息精确已知时,制导律有很高的命中精度。然而,在实际应用当中要获得相对距离、相对速度,以及目标加速度的精确测量或估计是十分困难的。如果导弹上装有雷达等主动型目标探测器,那么相对距离和相对速度信息可以以较高精度直接测量出来。然而,目标加速度信息是无法测量的,只能靠估计得到。这样,就必须建立一个随机数学模型来描述其变化规律。在设计最优制导律时,通常假设目标加速度模型为线性的一阶或者二阶 Markov 随机过程[55],在实际当中这种模型未必能反映目标加速度的真实情况,所以目标加速度可能存在较大的估计误差。在这种情况下最优导引的性能会急剧恶化,导致脱靶量增加,甚至还不如一般的比例导引。

到了 20 世纪 90 年代之后,非线性控制理论方面的成果,如鲁棒控制[56]、微分对策[57]、模糊控制[58]、神经网络[59]等方法被用作工具来设计导引律。这些导引律也都存在着形式复杂、需要信息多、鲁棒性差等缺点。

3.5　火力控制与打击技术

火力控制是一门研究如何使武器能够准确命中目标的综合技术,也是结合诸多技术的综合技术,涉及机械、电子、光学及控制理论等诸多学科[60]。假如说,没有火力控制系统的武器系统只是一个简易的近代化武器,那么具有先进火力控制系统的武器系统则迈进了现代化行列,通过网络及信息的共享,实现多目标、多武器装备联合条件下的作战,则可以认为进入了信息化时代。信息化时代的作战将与过去机械化时代作战有着本质的区别,武器的数量将不是关键因素。火力控制系统的存在,极大地提高了武器系统的作战效率。例如,二战初期,具有和雷达一起工作的火力控制系统在舰载武器上的装备,极大地提高了炮击命中率。对诸如高炮防空武器、坦克火炮等非制导武器而言,配套火力控制系统的目标是提高瞄准、射击目标的快速性和准确性,增强对恶劣战场环境的适应性,充分发挥武器对目标的毁伤能力。火力控制与打击主要的关键技术有航路捷径计算、拦截窗口计算和射击精度技术[61]。

3.5.1　航路捷径计算

假定空袭目标飞行的航线为一条直线,航路捷径是指阵地到目标航线的垂线;航路捷径在水平面的投影,又称为水平航路捷径。首先进行水平航路捷径的计算,再根据得到的水平航路捷径结果进行航路捷径的计算。水平航路捷径计算模型如图 3 - 9 所示。

如图 3 - 9 所示,O 为部队阵地所在位置,T 为某时刻空袭目标所在位置,阵地相

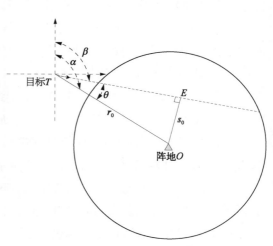

图 3 - 9　水平航路捷径计算模型

对于目标的方位角为 α，水平距离为 r_0。目标沿着航线飞行，其航向角度大小为 β。过阵地 O 作目标航线的垂线 OE，OE 的长度 s_0 即为目标相对于阵地的水平航路捷径。首先，根据方位角和航向得到 $\angle ETO$ 的大小：

$$\theta = \alpha - \beta \tag{3-24}$$

然后，在 $\triangle ETO$ 中求 OE 长度 s_0：

$$s_0 = |\, r_0 \times \sin\theta \,| \tag{3-25}$$

式(3-25)求得的 s_0 即为需要计算的水平航路捷径。

根据目标和阵地的地理坐标可以获得目标相对于阵地的高度差 h，再根据勾股定理，计算最终的航路捷径：

$$s = \sqrt{s_0^2 + h^2} \tag{3-26}$$

3.5.2　拦截窗口计算

拦截窗口是指部队可以对空袭目标实施拦截时目标所在的区域，即目标飞入该区域内时，可以发射导弹对其进行拦截[62]。为了计算出目标相对于阵地的拦截窗口，需要进行诸要素的计算，包括目标飞临时间、飞离时间、导弹最早发射时间和导弹最晚发射时间等。拦截窗口的计算模型如图 3-10 所示。

如图 3-10 所示，O 为阵地所在位置，T 为某时刻空袭目标所在位置，阵地相对于目标的方位角为 α，水平距离为 r_0。目标沿着航线飞行，其航速为 V_t，航向角为 β。阵地的最大拦截范围为 R，导弹的速度为 V_0。

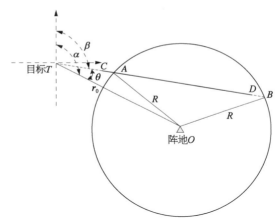

图 3-10　拦截窗口计算模型

图 3-10 中 A 表示目标刚飞入阵地火力圈时的位置，B 表示目标飞出阵地火力圈时的位置，C 表示最早发射导弹时目标所在的位置，D 表示最晚发射导弹时目标所在的位置。为方便描述，以下用 s_A、s_B、s_C、s_D 分别表示 T 到 A、B、C、D 各点的距离，以 T_A、T_B、T_C、T_D 分别表示目标飞到 A、B、C、D 各点所需的时间。线段 CD 即为所需要计算和显示的拦截窗口。

首先，根据上文计算航路捷径时用到的式(3-24)计算出角 θ 的大小。在 $\triangle TAO$ 中，设线段 T_A 长度为 x，根据三角形余弦定理可推出

$$\cos\theta = \frac{x^2 + r_0^2 - R^2}{2x_{r_0}} \tag{3-27}$$

式(3-27)可转换为一个关于 x 的一元二次方程

$$x^2 - 2r_0\cos\theta \times x + r_0^2 - R^2 = 0 \tag{3-28}$$

其中 $a=1$，$b=-2r_0\cos\theta$，$c=r_0^2-R^2$。可求得方程(3-28)的解为

$$\left.\begin{array}{l} x_2 = \dfrac{-b-\sqrt{b^2-4ac}}{2a} \\[3mm] x_2 = \dfrac{-b+\sqrt{b^2-4ac}}{2a} \end{array}\right\} \tag{3-29}$$

对解的情况分类讨论如下：

(1) 若 $b^2-4ac<0$，则方程无解，表明目标的航线与火力圈没有交点，即无法对目标实施拦截。

(2) 若 $b^2-4ac\gg0$，则方程有解，$s_A=x_1$，$s_B=x_2$。需要注意的是，如果 $b^2-4ac=0$，则目标航线与火力圈有且仅有一个交点，即目标航线与火力圈相切，导弹只能在切点处拦截目标。但这种情形过于理想化，也不易实施，因此将这种情况也视为无法拦截。

不难发现，图 3-10 中 AC 和 BD 的长度相等，它们都是导弹从发射到飞至火力圈边界这段时间内空袭目标所飞行的距离。可以计算出这段距离大小为

$$s = V_T + \frac{R}{V_0} \tag{3-30}$$

因此，$s_C=x_1-s$，$s_D=x_2-s$。

拦截窗口计算的关键在于导弹最早和最晚发射时间的计算，而最早和最晚发射时间的计算又和飞临时间及飞离时间紧密相关。求解这些时间的难点在于目标与阵地位置关系的不确定性。图 3-10 中的情形只是多种情形中的一个，也是最理想的一种情形：目标尚未飞临火力圈并且没有错过最早拦截目标的时刻。而事实上，目标可能已经在火力圈中。当然，目标也有可能虽然尚未飞临火力圈，但已经错过最早拦截时刻。因此，考虑到目标位置的这种不确定性，将分别探讨每一种情形下的最早和最晚发射时间：

(1) 若 s_C 大于0，则 s_A、s_B、s_C 均大于0。这种情形下，目标尚未飞临火力圈且没有错过最早发射时间，可以解得

$$\left.\begin{array}{l} T_A = \dfrac{s_A}{V_T} \\[3mm] T_B = \dfrac{s_B}{V_T} \\[3mm] T_C = \dfrac{s_C}{V_T} \\[3mm] T_D = \dfrac{s_D}{V_T} \end{array}\right\} \tag{3-31}$$

（2）若只有 s_C 小于 0，而 s_A、s_B、s_D 均大于 0，则表示已错过最早拦截目标的时机但目标仍未飞临火力圈，依旧可以对目标实施拦截。该种情况下，由于已错过理论上的最早发射时间，因此该时刻即为实际上的最早发射时间，也就是说 $T_C = 0$，可以解得

$$\left.\begin{array}{l} T_A = \dfrac{s_A}{V_T} \\[2mm] T_B = \dfrac{s_B}{V_T} \\[2mm] T_C = 0 \\[2mm] T_D = \dfrac{s_D}{V_T} \end{array}\right\} \qquad (3-32)$$

（3）若 s_A、s_C 小于 0 且 s_B、s_D 大于 0，则表示已经错过最早发射时间并且目标已经在火力圈中。因为目标此刻已经在火力圈中，所以也将当前时刻视为飞临时间，即 $T_A = 0$。这种情形下的解为

$$\left.\begin{array}{l} T_A = 0 \\[2mm] T_B = \dfrac{s_B}{V_T} \\[2mm] T_C = \dfrac{s_C}{V_T} \\[2mm] T_D = \dfrac{s_D}{V_T} \end{array}\right\} \qquad (3-33)$$

（4）若 s_C、s_D 小于 0 而 s_A、s_B 大于 0，则目标虽然尚未飞临火力圈，却错过了拦截目标的时刻。因此不存在最早和最晚发射时间，无法对目标实施拦截。这种情形下的解为

$$\left.\begin{array}{l} T_A = \dfrac{s_A}{V_T} \\[2mm] T_B = \dfrac{s_B}{V_T} \\[2mm] T_C \text{ 无解} \\[2mm] T_D \text{ 无解} \end{array}\right\} \qquad (3-34)$$

实际上，可能出现的情形不止上述四种，但是在其他情形中均无法对目标实施拦截，因此不对其进行描述。这些计算出来的辅助决策要素对作战指挥人员具有重要的参考意义：飞临时间的长短从一定程度上代表了目标的威胁性，越早飞临的目标威胁越大；如果导弹发射时间比较大，则代表可以进行准备的时间比较充足；如果计算出来的导弹最早和最晚发射时间的间隔很大，则表明阵地具备很好的拦截条件，有许多拦截机会供指挥人员决策。

3.5.3 射击精度技术

射击精度是评定火力控制系统效力的重要指标之一[63]。影响射击精度的因素很多，除弹药条件、环境因素外，火力单元（如导弹发射车、火炮等）制造误差与弹性变形产生的静态误差、火力单元振动造成的动态误差，成为影响射击精度的先决因素[64]。火力单元制造误差、弹性变形及火力单元的振动归根结底属于传动的误差与结构静态、动态响应问题。只有解决这些问题，才能从结构上提供和保证良好的外弹道初始条件，从而提高射击精度。研究火力单元振动对射击精度的影响，对于新型火力单元的研制、已有火力单元的改型，尤其是对于中国目前进行的火力单元的引进与研仿工作，具有重要的应用价值和指导意义。

火力单元动力学是一门理论性和工程性极强的应用学科[65]。传统的火力单元动力学分析采用经典力学方法[66]，利用替换质量、传动比和传动效率等概念来对机构进行动力学分析，这种方法可获得武器的一些宏观动力学特性。但其存在如下缺点：

（1）由于模型大量简化，武器的许多重要特性无法得到较精确的定量分析，特别是武器内部复杂机构之间的作用无法精确描述。

（2）经典力学的方程表述形式不易实现计算机自动建模，不易开发通用分析软件。

在计算机技术飞速发展的今天，科学研究的方法日趋先进，将有限元、多体系统动力学、机械振动、模态理论、优化技术及试验技术引入火力单元动力学领域，形成火力单元动力学分析的新方法。已知武器系统各部件和构件的质量、几何构造、连接关系和作用在构件上的主动力，求系统的运动诸元——位移、速度和加速度，从而获得武器的运动规律，以便研究武器系统和武器的工作性能，如武器发生响应、射击频率、可靠性和密集度等。这就是多体动力学方法在火力单元动力学方面的应用。

多体系统理论是 20 世纪 60 年代初发展起来的一种理论[67]，是研究多体系统运动规律的科学，是在经典动力学基础上发展起来的与运动生物力学、航天器控制、机器人学、车辆射击、武器设计、机械动力学等领域密切相关且起着重要作用的分支。多刚体系统动力学是古典的刚体力学、分析力学与现在的电子计算机相结合的力学分支，它的研究对象是由多个刚体组成的系统。目前，已经形成了比较系统的研究方法，其中工程中常用的方法有牛顿-欧拉法[68]、变分方法[69]、凯恩方法[70]和拉格朗日方程法[71]。

牛顿-欧拉法为矢量力学方法。这种方法要求对每个刚体列写动力学方程，由于铰约束力的存在，使得动力学方程中含有大量的、不需要的未知变量，所以采用牛顿-欧拉方法，必须制定出便于计算机识别的刚体联系情况和约束形式的程式化方法，并自动消除约束反力。德国学者 Schiehlen 在这方面做了大量工作，他将不独立的笛卡儿广义坐标变换成独立变量，对完整约束系统用 D'Alembert 原理消除约束反力，对非完整约束系统用 Jordan 原理消除约束反力，最后得到与系统自由度数目相同的动力学方程。

凯恩方法是建立一般多自由度离散系统动力学方程的一种方法。它提供了分析负载机械系统动力学性能的统一方法,其特点是以虚速度作为独立变量来描述系统的运动,所得结果是一阶微分方程组,既适合于完整系统,也适用于非完整系统。然而凯恩方法并没有给出一个适合于任意多刚体系统的普遍形式的动力学方程,广义速度的选择也需要一定的经验和技巧,但这种方法不用计算动力学函数及其导数,只需进行矢量点积、叉积等计算,节省时间。

力学中的变分方法是通过将真实运动和其他在同样条件下运动学上许可的运动进行比较,来揭示真实运动所具有的性质和规律。在经典力学中,变分方法只是对力学规律的概括,而在计算技术飞速发展的今天,变分方法已经成为可以不必建立动力学方程而借助于数值计算直接寻求运动规律的有效方法。变分方法主要用于工业机器人动力学,有利于结合控制系统的优化进行综合分析。

拉格朗日方法以系统中每个铰的一对邻接体为单元,以其中的一个体位参考物,另一个体相对该体的位形由铰的广义坐标来描述,其动力学方程的形式为

$$A_{\ddot{q}} = b$$

这种方法的优点是无冗余坐标,方程的个数最少,但方程的非线性程度很高,矩阵 A 和 b 的形式非常复杂。为了使方程具有程式化和通用性,需要引入关联矩阵、通路矩阵、内接刚体数组等来描述系统的拓扑构型。

笛卡儿坐标的方法是以系统的每个物体为单元,在其上建立固定坐标系。体的位形均相对于一个公共参考基定义,其位形坐标统一为固定系原点的笛卡儿坐标与坐标系的姿态坐标,对于刚体为 6 个。对于有 N 个刚体的系统,位形坐标阵 q 中的坐标个数为 $6N$,由于铰约束的存在,这 $6N$ 个坐标不独立,而是需要满足铰的方程。系统的动力学方程的一般形式为

$$\left.\begin{aligned} A_{\ddot{q}} + C_q^T \lambda &= b \\ C(q,\ t) &= 0 \end{aligned}\right\} \tag{3-35}$$

式中, C 为位形坐标阵 q 的约束方程; C_q 为约束方程的雅可比矩阵; λ 为拉格朗日乘子。式(3-35)是微分代数混合方程组。

多体系统动力学与传统经典力学相比有以下特点:

(1) 不受系统拓扑结构的影响,可实现动力学模型的通用化。

(2) 针对耦合建模特别是考虑柔性体的整体运动与变形运动相耦合的刚柔耦合建模,可给出一套简明而普遍使用的准则。

(3) 方程的表述形式为系统面向计算机自动建模提供了理论基础。

火力控制系统是一个复杂的多体系统,采用多体系统动力学分析方法进行火力控制动力学建模与仿真,可以较为全面地描述武器发射的全过程,预测武器发射过程中膛口的动态响应及整个系统的瞬态运动与响应情况,预测出各部件及构件的作用载荷,从而全面分析武器系统的总体性能,进行总体优化。

3.6   战术互联网通信技术

3.6.1   战术网络架构技术

在无线网络中,拓扑可变的网络可分为四种基本结构:中心式控制结构、分层中心式控制结构、完全分布式控制结构和分层分布式控制结构。

作为军事用途的战术通信网,其网络结构根据隶属关系和作战指挥需要,与一般网络有相同之处又有其特殊的地方。在网络中,上下级之间的隶属关系明显,因而在网络结构上也需要突出分级的结构。在不同的单位或不同的军兵种之间的通信量相对较少,而且一般需要上级进行转发。各子网内部成员功能结构相同,具有分布式的特点,不会因为个别成员出现故障而导致网络不可用。同时,子网成员要与其他网络成员通信,需要经过作为簇头的成员进行转发,簇头可以根据需要指定,但通常按指挥管理需要由本级最高级别的成员担任。

分层分布式的网络结构完全可以满足以上要求。其具有较好的扩展性和灵活性,能满足部队对网络进行临时性扩展或支持用户离开网络。同时,分级结构使路由信息局部化,相对完全分布式结构,大大减少了路由协议的开销。美军在战术互联网中使用近期数字化电台组网时,采用的就是双频分级结构。

3.6.2   多天线技术

多天线技术是一种可以有效提高无线网络传输性能的技术,包括固定波束天线技术、自适应天线技术和多输入多输出天线技术。根据使用技术种类,多天线可以实现功率增益、分集增益和复用增益,从而提高传输范围、降低传输功率、减少干扰、提高信道可靠性、提高系统性能等。

在自组网中,可以采用多天线技术来提高网络的吞吐量,降低干扰和时延,从而提高整体的端到端的性能。多天线技术结合自组网的多跳传输,可以大大提高系统的容量。在无线网络中,当多个节点同时与一个节点进行通信时,可以利用多个天线来实现不同接收端的信号隔离,提供多接入增益。多输入多输出链路可以在多径传输环境中通过多个空间信道来实现较高的频谱利用率,同时不会产生额外的带宽需求。

在多天线的节点中,既可以给各个天线静态地分配信道,也可以根据需要动态地进行分配。在分层网络中,簇头既是本级中的成员,同时也是上级网络中的成员;也即,簇头既要负责与本级成员通信,同时也根据需要跟上级网络通信。由于本级网络和上级网络使用不同信道,如果簇头使用单一天线,则必须在不同的信道中来回切换,同时需要相关的协调切换机制。如果采用多天线,则不同的天线可以使簇头同时工作在不同的信道,而无须对信道进行切换。

多天线技术也为媒体接入控制和路由协议提供了更大的灵活性。但为了使网络性能达到更佳状态,如何根据网络特性和需求来辅助协调各信道的调整策略,以及解决多天线技术带来的新的隐蔽终端和暴露终端的问题,也非常具有挑战性。

3.6.3　信道分配及共享技术

信道分配技术是指为不同的节点分配相应的信道,消除数据报文之间的碰撞与干扰,使尽可能多的节点可以同时进行通信,提高信道的复用率;而接入控制负责确定节点接入信道的时机、冲突的避免和解决等,其目的是实现网络容量的最大化,并尽量在各个用户之间实现网络接入的公平性。

无线自组网是一个多跳共享信道的网络。共享是指工作在一个公用的信道上所有用户都可以使用同一信道。多跳共享的无线广播信道与普通网络的共享广播信道、点对点无线信道和蜂窝移动通信网系统中由基站控制的无线信道不同。在多跳共享信道的网络中,当一个节点发送信息时,只有与它相邻的节点可以感知并接收,而与它相隔一跳之外的其他节点可能无法感知到。那些感知不到的节点也可能会在同一时刻发送信息,从而可能造成冲突。这就是无线多跳网络中会出现的隐终端问题。

信道分配的目标之一,是使网络中各节点使用相同信道,并共享同一信道进行通信,确保任意节点间连通,并尽量减少隐藏终端。信道分配的另一目标就是减少干扰,将干扰程度降至最低。因此,信道分配的目的是在减少干扰和提高网络连接性两方面取得平衡。

3.6.4　媒体接入控制技术

较为人熟悉和使用较广泛的媒体接入控制协议是带冲突避免的载波监听多址接入/冲突检测(CSMA/CA)方法[72]。其工作原理是:每个节点发送数据前先监听信道是否空闲,如果信道空闲则立即发送数据;如果信道忙,则根据不同的策略退避重发。CSMA/CA 原理比较简单,技术上易实现,但在多跳网络中,由于存在隐终端和暴露终端问题,需要引进更复杂的控制机制来解决媒体接入控制问题。

IEEE 802.11 中的分布式协调机制(DCF)是基于 CSMA/CA 的随机接入协议,并对其进行了扩展,加入 ACK 帧来实现链路层的确认[73]。DCF 保留了 CSMA/CA 的载波侦听机制,发送节点在发送数据前,先通过 RTS 帧提出接入请求,在收到接收端 CTS 帧后才发送数据帧,接收端则通过 ACK 帧确认数据帧的正确接收。利用 RTS/CTS 帧,多个节点可以以多跳的形式进行连接,形成多跳传输。分布式协调机制通过载波侦听、选择性信道预约和报文确认等机制,解决部分的隐终端的问题,但以额外的开销为代价。

增强型分布式信道接入机制(EDCA)是 IEEE 802.11s 关于信道接入的强制性标准,是对分布式协调机制的扩展,也是基于竞争的方式访问信道。但与分布式协调机制不同的是,它可以设置优先级,定义了 8 种用户优先级来进行信道接入,为不同的业务类型提供不同的业务等级。另外,它新增加了一个发送机会限制(TROP Limit)的定义,在发送机会限制的时间内,两个节点间可以进行多个帧的传输,从而提高了传输效率。

3.7　光电探测技术

面对可能的复杂战场环境,为了更好地满足对低空、超低空及隐匿飞行目标进行全方位探测需求,提升系统在复杂背景下目标探测的有效性,发展了光电探测技术。光电探测的优势包括:高分辨力可视化图像;角分辨率精度高,能够远距离分辨群目标;被动探测,隐蔽性好,不受电磁干扰影响,能适应复杂电磁环境探测等。

光电跟踪系统一般只在雷达等外部设备引导下,实现对目标的捕获与跟踪。由于采用长焦镜头和面阵探测器,通常并不具备搜索功能,或者说只能小范围实现对目标搜索。光电搜索技术弥补了光电跟踪设备对全范围目标搜索效率低下的问题,其也是雷达等有源探测手段的有效补充。

随着人工智能技术在计算机视觉领域的发展,特别是图像分类、物体检测的发展最为迅速,光电探测技术可以为传统光电跟踪系统赋能,进而实现光电目标智能识别及基于光电图像的射效智能评估。

3.7.1　光电跟踪系统

3.7.1.1　系统组成

光电跟踪系统主要由光学成像镜头、光电探测器、激光测距机、前端图像处理器、图像跟踪识别处理器、伺服系统、转台机构及系统控制等组成。

3.7.1.2　工作原理

光学成像镜头完成对来自目标、背景的光辐射的收集、汇聚、传输等,直接影响整个系统的性能。

光电探测器是光电跟踪系统的核心。根据不同探测需求和系统指标可选择不同波长的探测器,通常包括非制冷长波红外、制冷中波红外、可见光、微光、激光等。

前端图像处理器主要用于 CMOS/CCD 探测器后端,对探测器获得目标光谱信号形成微弱的电信号,进行放大、非均匀性校正、滤波、增强等图像预处理,形成系统观察和图像跟踪识别处理所需的视频信息。

图像跟踪识别处理器主要从前端图像处理器获得的视频信号中提取目标信息,自动或人工识别出一个或多个目标并解算出目标相对于视场中心的偏差量(根据不同的视场角和像素差转换得到偏差角度),送给伺服系统作为跟踪控制的输入。图像跟踪识别处理的性能直接影响伺服系统实现跟踪控制的控制稳定度和精度。

伺服系统根据系统控制命令和接收到的偏差量(脱靶量),通过伺服控制回路使得机构上光学探测器的光轴瞄准线稳定指向目标。

系统控制主要完成全系统工作流程的调度,控制各个部件的工作时序、指令解析、数据交换等。

3.7.1.3　工作模式

(1)手动搜索模式。根据操作杆控制光电跟踪系统瞄准运动,完成对目标的搜索与识别。光电跟踪系统对近距离选择宽视场,具有较高的搜索效率;对远距离则选用窄视场,具有更高的分辨能力。

(2)引导模式。光电跟踪系统随动于火力控制等上级系统,将瞄准线指向要求的角度位置。

(3)自动跟踪模式。光电跟踪系统搜索并锁定目标后,自动计算目标偏离中心的偏差量(脱靶量),稳定跟踪/伺服系统根据偏差量驱动转台机构瞄准线,始终指向被跟踪目标。

(4)自动扫描模式。光电跟踪系统按预先设定的运动方式水平方向往复扫描,实现对目标的自动搜索。

(5)撤收模式。光电跟踪系统撤收到系统初始位置(撤收状态),锁定后具备运输等功能。

(6)维护模式。系统各组件对关键模块的工作状态进行检测,具备健康管理功能。

3.7.2　光电搜索系统

3.7.2.1　系统组成

光电搜索系统由搜索跟踪转塔(含伺服平台、中波红外传感头组件、白光成像设备、多目标探测/跟踪处理器等)、显示操控组件(选配)、定向定位组件(选配)、系统电缆组成。显示操控组件用于将设备图像及有关信息在计算机显示屏上进行显示并向系统发送控制指令。定向定位组件提供本地参考坐标系原点。直流稳压电源为设备供电。当本设备配装防空武器系统时,可由总体统一进行集成和配置,根据武器系统的 CAN 通信协议,通过修改该设备内置的软件与系统实现互联互通;通过千兆以太网(光纤或网线)与武器系统显控终端实现接口互联,传输红外图像。

3.7.2.2　工作原理

光电搜索系统基于全景成像搜索技术及目标跟踪技术而设计,使用高性能制冷型中波红外热成像仪作为图像传感器,结合先进的图像处理技术构成一个完整的低空搜索预警及目标跟踪系统,选配激光测距仪后,可实现火力控制跟踪瞄准。

光电搜索系统中的 2 个光电载荷安装于转台的俯仰框架(内框)上,通过转台方位、俯仰框架的转动改变光学成像系统的视轴指向。系统工作时,综合控制计算机通过 CAN 总线向搜索跟踪转塔控制器发送工作指令,驱动光电载荷的视轴进行周视全景搜索或者引向指向指定观察区域,视轴区域内的地面及空中景物通过光电载荷的光学系统成像在红外热像仪上,生成数字图像视频信号,为用户对目标进行提取定位、跟踪监测及特征评价提供高质量图像信息。

设备工作在周视搜索模式时,由转塔控制器接收综合控制计算机传来的俯仰指向指令,控制俯仰框架运动至指定角度,然后控制方位框架以设定的搜索速度进行周视搜索,在此过程中通过高精度方位位置编码器进行零位校正和速度修正;同时依据同步时钟源同步伺服位置信息、热像仪曝光时刻和图像处理单元工作时钟,便于进行目标建航和剔除虚警处理。

设备工作在目标跟踪模式时,图像处理单元实时输出目标距离视场中心的脱靶量,转塔控制器根据该信息控制方位、俯仰驱动单元指向该目标,稳定跟踪后进行 5 Hz 低频测距获取目标径向距离参数。在此过程中,搜索跟踪转塔控制器根据双轴光纤陀螺接收到的姿态变化信息进行反向补偿,隔离姿态扰动,实现图像稳定功能。

为剔除图像中噪声,多目标处理器在完成对目标的检测后,将带有目标数据的图像输出给航迹处理板进行目标的二次筛选和航迹建立,以提高目标检测的准确率。

3.7.2.3　工作模式

运动补偿式凝视型红外搜索跟踪传感头在空间搜索上的原理可以理解为空间步进凝视成像搜索过程,其中包含两层意思:

(1)对空间的搜索过程是以单个静态二维视场逐次等间隔覆盖取样完成,形成类似于步进照相取样的机制。

(2)成像采样期间采用视线轴稳定跟随技术保持红外光学视场中心"盯"住空间被采样的视场区域,确保成像期间空间景物在探测器焦面上的相对静止。

基于运动补偿的双模式红外成像组件,其探测性能可以达到第二代凝视型前视红外热像仪所具备的高温度灵敏度特性;在采用高帧频技术后,可有效提升搜索效率;通过对像方补偿镜的控制,可方便快捷地在搜索工况和跟踪工况之间切换,实现一机多能的目的,从而提高整个光电系统的性价比。

系统利用搜索运动补偿原理,采用一个双视场的高性能凝视双模式热成像传感头对360°空域范围进行搜索跟踪交叉复用,结合先进的红外目标搜索信号处理技术,解决了远距离目标探测和大范围搜索的矛盾,目标探测、识别和跟踪由综合显示控制软件自动完成,在发现可疑目标后对重点目标进行跟踪,并完成相关目标图像信息采集。

3.7.3　光电探测关键技术

光电搜索技术按照探测器的种类,可分为线阵探搜索系统和面阵搜索系统。线列探测器搜索设备的成像质量比较差,探测距离有限,但其镜头机构的要求相对较低,不需要复杂的回扫机构,成本也较低,且其工作模式与一维相控阵雷达的工作模式较为接近。拟在雷达工作模式的基础上,先实现利用线阵相机＋方位扫描的形式,获取 360°全景图像,并对全景图像进行处理及后端处理软件开发。在此基础上,进一步发展一种面阵探测器探测技术,特别是基于回扫补偿技术的面阵搜索系统研制。

3.7.3.1　线阵搜索

线阵搜索必须借助于转动机构,在保证方位搜索扫描速度和探测器曝光触发控制时钟精确匹配的前提下完成大视场的搜索成像,特别适合于固定角速度的搜索工作模式。线阵搜索方式与一维机扫相控阵雷达的工作模式较为相近:

（1）定焦镜头＋线阵相机,相当于阵面。

（2）并口编码器最低位来控制曝光触发线阵成像。

（3）图像处理方案,全景图像处理,图像拼接。

（4）目标提取类似于雷达点迹,信号处理,图像的位置与空间方位和俯仰角的关联。

（5）航迹关联类似于雷达航迹,数据处理从雷达角度关联。

（6）上位机操作类似于雷达显控。

3.7.3.2　面阵搜索

面阵搜索相比线阵搜索,在搜索效率、能量积累等方面具有一定的优势,并且随着焦平面阵列探测器的发展,越来越多的光电搜索跟踪系统采用焦平面阵列探测器,因此面阵探测器成像系统将是未来的发展方向。基于面阵探测器的全景成像系统在成像模式上有几种不同的方案,包括分布式孔径类、连续慢速扫描类、步进凝视扫描类和反向扫描补偿类等。

系统采用制冷型红外中波面阵匀速扫描加摆镜补偿的工作方式,实现对 360°空域的覆盖。系统可自主发现目标,可接受上级引导在指定区域内搜索目标,可跟踪、锁定目标并测距,并把目标三维信息上报上级指控中心(图 3-11)。

面阵扫描型红外搜索跟踪系统由搜跟头部与显控计算机组成,其中搜跟头部内包含制冷型红外探测器组件、振镜、激光器、方位与俯仰二维伺服机构、图像处理与伺服控制板、电源、机械锁销、调平机构等;显控计算机内包含图像采集板与工控机。其主要关键技术在于:

（1）回扫补偿机构,通过快速运动补偿机构消除面阵拖尾问题。

（2）系统工作时序,系统搜索数据率,合理规划面阵探测器的控制时序、回扫补偿机构的控制时序及转台伺服控制时序。

（3）面阵图像的全景图像处理,图像拼接。

（4）目标提取类似于雷达点迹,信号处理,图像的位置与空间方位和俯仰角的关联,重点在于降低虚警率。

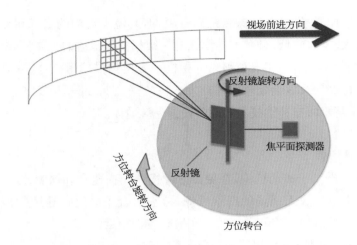

图 3 – 11　红外面阵扫描凝视补偿示意图

（5）航迹关联类似于雷达航迹，数据处理从雷达角度关联。

3.8 ┊ 车载定位导航技术

车载定位导航技术是地面装备中的重要技术之一，解决一定时间内将地面装备引导至目的地的问题[74]，其应用对人类具有划时代的意义。惯性导航系统是一种具有高可靠性、强自主的全天候导航系统，由于成本较高的原因，主要作为军用导航设备。车载定位定向系统是一种捷联惯导系统，直接与载体固联，通过坐标系建立数学平台，相比带有控制机构的导航系统来说，其具有价格居中、结构简单、维护性更好等优点。

3.8.1　基于差分 GPS 的定向方法

通常情况下，载体的姿态角包括俯仰角、滚动角及航向角。车辆在地面上行驶时，更关心车辆的航向角信息。利用连续两次定位的位移增量来计算航向，这是 GPS 定向方法中最容易实现也是最重要的一种方法。它具有动态响应快、精度高的优点，适用于车辆在中高速行驶时的 GPS 航向计算。采用连续两次 GPS 定位计算航向原理如图 3 – 12 所示，在时刻 k，真实航向为在轨迹点 $P_{(k)}$ 处的切线方向 $\theta_l(k)$，而 GPS 计算的航向为由 $P_{(k-1)}$ 指向 $P_{(k)}$ 弦的矢量方向 $\theta_g(k)$。因此，计算的航向误差主要来源于弧切线与弦的角度差 θ_{arc}。从

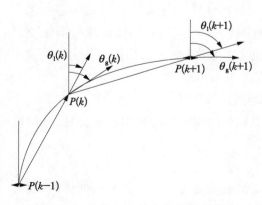

图 3 – 12　差分 GPS 的定向原理示意图

图可知由 θ_{arc} 引起的误差是有正负的，当车辆正转时，θ_{arc} 始终为正；当车辆反转时，θ_{arc} 始终为负，幅值与横摆角速率成正比。但是在多数情况下轨迹是任意的弧线，用圆弧拟合会产生拟合误差。目前采用最小二乘法进行轨迹拟合的 GPS 定向方法。

3.8.2　最小二成法多向式拟合

假设给定数据点 $(x_i, y_i)(i = 0, 1, 2, \cdots, m)$，$\Phi$ 为所有不超过 $n(n < m)$ 的多项式构成的函数类，现求 $P_n(x) = \sum\limits_{k=0}^{n} a_k x^k \in \Phi$，使得

$$I = \sum_{i=0}^{m} [P_n(x_i) - y_i]^2 = \sum_{i=0}^{m} (\sum_{k=0}^{n} a_k x_i^k - y_i)^2 = \min \qquad (3-36)$$

成为多项式拟合，满足上式的 $P_n(x)$ 称为最小二乘拟合多项式。特别地，当 $n = 1$ 时，称为线性拟合或直线拟合。显然

$$I = \sum_{i=0}^{m} (\sum_{k=0}^{n} a_k x_i^k - y_i)^2$$

为 $a_0, a_1, \cdots, a_n$ 的多元函数，因此上述问题即为求 $I = I(a_0, a_1, \cdots, a_n)$ 的极值问题。由多元函数求极值的必要条件得

$$\frac{\delta I}{\delta a_j} = 2 \sum_{i=0}^{m} (\sum_{k=0}^{n} a_k x_i^k - y_i) x_i^j = 0 \quad (j = 0, 1, \cdots, n) \qquad (3-37)$$

即

$$\sum_{k=0}^{n} (\sum_{i=0}^{m} x_i^{j+k}) a_k = \sum_{i=0}^{m} x_i^j y_i \quad (j = 0, 1, \cdots, n) \qquad (3-38)$$

上式是关于 $a_0, a_1, \cdots, a_n$ 的线性方程，用矩阵表示为

$$\begin{bmatrix} m+1 & \sum\limits_{i=0}^{m} x_i & \cdots & \sum\limits_{i=0}^{m} x_i^n \\ \sum\limits_{i=0}^{m} x_i & \sum\limits_{i=0}^{m} x_i^2 & \cdots & \sum\limits_{i=0}^{m} x_i^{n+1} \\ \vdots & \vdots & & \vdots \\ \sum\limits_{i=0}^{m} x_i^n & \sum\limits_{i=0}^{m} x_i^{n+1} & \cdots & \sum\limits_{i=0}^{m} x_i^{2n} \end{bmatrix} \begin{bmatrix} a_0 \\ a_1 \\ \vdots \\ a_n \end{bmatrix} = \begin{bmatrix} \sum\limits_{i=0}^{m} y_i \\ \sum\limits_{i=0}^{m} x_i y_i \\ \vdots \\ \sum\limits_{i=0}^{m} x_i^n y_i \end{bmatrix} \qquad (3-39)$$

上式称为正规方程组或方程组，从中解出 $a_k(k = 0, 1, 2, \cdots, n)$，从而可得多项式

$$P_n(x) = \sum_{k=0}^{n} a_k x^k \qquad (3-40)$$

$P_n(x)$ 即为所求的拟合多项式。

3.8.3 算法实现

根据车体侧向动力学模型,车辆进行低速转弯时,车辆行驶轨迹的曲率变化不大。依据地面车辆运动的这一特点,选取二次多项式 $y = a_2 x^2 + a_1 x + a_0$ 对车辆轨迹进行拟合,可满足工程需要。

车辆在道路上低速行驶时,所行驶的轨迹既有曲线也有直线。根据这一实际情况,定向算法中需要设定一个标志参数 W,当车辆沿直线行驶时,采用简单的反正切方法求取航向角;当车辆开始转弯时,切换到最小二乘法多项式拟合方法。如何判断车辆行驶的片段轨迹是直线,是本算法一个关键环节。

假定 $k-2, k-1, k$ 时刻 GPS 给出的车辆位置信息为 $(e(k-2), n(k-2), e(k-1), n(k-1)), (e(k), n(k))$。利用连续两次定位的位移增量算法可以给出两个时刻的估计航向角为

$$\theta_{\text{gp}}(k-1) = \frac{e(k-1) - e(k-2)}{n(k-1) - n(k-2)}, \quad \theta_{\text{gp}}(k) = \frac{e(k) - e(k-1)}{n(k) - n(k-1)} \tag{3-41}$$

对两个航向角进行差值计算,并取其绝对值,得到

$$\Delta\theta_{\text{gp}}(k) = \left| \frac{\Delta e(k)\Delta n(k-1) - \Delta e(k-1)\Delta n(k)}{\Delta n(k)\Delta n(k-1)} \right| \tag{3-42}$$

式中,$\Delta e(k) = e(k) - e(k-1), \Delta n(k) = n(k) - n(k-1)$。航向角的差值表达成这种形式,能够提高算法的执行效率。当 $\Delta\theta_{\text{gp}}(k) < W$ 时,可以认为车辆在进行直线行驶,取 $\theta_{\text{gp}}(k)$ 作为当前的航向角 $\theta(k)$;当 $\Delta\theta_{\text{gp}}(k) > W$ 时,则认为车辆在进行曲线行驶,这时就转换到拟合算法,利用拟合出来的曲线,求取当前时刻曲线的切线方向,从而得到当前的航向角 $\theta(k)$。

如何利用历史观测数据,是另一个关键环节。这里设计了一个具有 20 个元素的循环队列,而队列长度为 20 是利用实车数据反复实验得到的。队列中各元素所存放的数据包括位置信息和航向信息,在队列中设定两个指针 P_{s}、P_{n},其中 P_{s} 指向曲线轨迹的起始数据位置,P_{n} 指向当前时刻的数据位置,如图 3-13 所示。

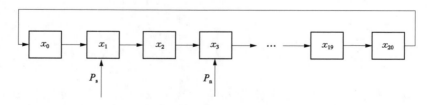

图 3-13 基于差分 GPS 定向方法的算法数据队列

当车辆沿曲线行驶时,保持 P_{s} 所指向的数据,只移动 P_{n};当车辆沿直线行驶时,P_{s} 和 P_{n} 都指向当前的数据。

以上就是基于多项式最小二乘法拟合的 GPS 定向方法,图 3 - 14 给出其框图实现形式。

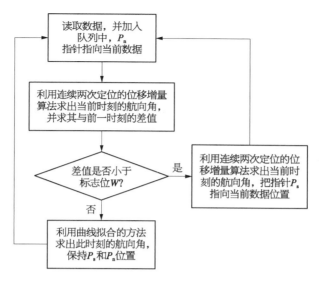

图 3 - 14　基于差分 GPS 定向方法的算法流程图

3.8.4　组合导航技术

目前,中国能够使用的卫星定位方式有 GPS 和北斗[75],中国大部分导航系统也是基于这两种系统。采用卫星定位必须将天线放置在有可视卫星的地方,这样就产生了如果单纯采用卫星来定位,就无法实现在大楼内部、地下停车场、涵洞、隧道等特殊区域的定位问题,而且卫星定位也存在跳点、低速运动定位精度偏低等问题。随着市场的不断扩大和市场需求的不断变化,越来越多的车载导航系统被研发出来。

对于车载组合导航方法及导航系统,导航步骤包括:分别获取卫星信号信息、车辆角度变化信息,通过对卫星信号进行解算得出当前车辆的位置及速度信息,通过车辆角度变化信息获得实时角速度信息;输出相应信息供车载终端使用。通过车载自动诊断系统(on-board diagnostics, OBD)获取行车电脑的车速信息,并将卫星信号解算出的速度信息与 OBD 车速信息进行比较选择;若卫星信号接收不好,输出所述 OBD 车速信息。上述导航方法可以在不提高硬件成本的基础上,较大程度地保证组合导航系统的连续性和可靠性。

GPS 和 INS 按照组合深度的不同,大体分为松组合、紧组合和超紧(深)组合类[76]。松组合方式下,GPS 和 INS 都是独立的系统,导航信息也均由各自独立解算,采用卡尔曼滤波的方法对导航信息进行融合,并估计出组合导航系统的误差状态,然后再以误差状态的最优估计值来校正组合导航系统,最后解算出载体的位置、速度和姿态信息。组合导航系统一般采用反馈控制,以减小低精度 IMU 的输出误差。在反馈控制结构中,将滤波器估计出的传感器误差反馈给 INS 解算模块以补偿 IMU 输出误差。松组合方式提高了组合导航系统的可靠性,低精度 INS 与 GPS 多采用松组合。

紧组合方式下,GPS 和 INS 也是作为两个独立的传感器进行信息融合。在到达 4 颗可见 GPS 卫星的情况下,紧组合和松组合导航精度基本相同,如果少于 4 颗星,紧组合依然可以跟踪航迹。紧组合算法的估计量为 GPS 与 INS 测量计算出的伪距与伪距率。上述两种组合模式下,均通过 GPS 测量值实现对 INS 误差漂移的控制,因此松组合与紧组合统称 GPS 辅助 INS 的组合方式。

由于松组合与紧组合并没有影响 GPS 接收机内部解算过程,因此 GPS 的一些固有缺陷并没有得到改善,为了进一步提升系统的稳定性与有效性,国外学者提出了超紧(深)组合方式。该方式同时将 INS 辅助于 GPS,将 INS 信息反馈至 GPS 接收机,提高了信号跟踪的稳定性和鲁棒性。

对车载 GPS/INS 采用松组合的方式进行设计,松组合方式最大的优点是易于工程实现,其组合结构如图 3－15 所示。

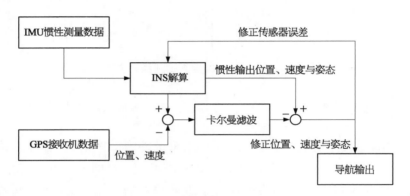

图 3－15　松组合结构图

在松组合方案中,以位置、速度、姿态及传感器误差作为卡尔曼滤波器的状态量进行估计,以 INS 与 GPS 解算的位置与速度信息作为滤波器的观测量,滤波器估计出的误差状态量用以修正 INS 的导航解算,从而输出车载组合系统的导航信息。

自适应卡尔曼滤波技术在进一步滤波的同时,利用观测数据不断地在线估计和修正模型参数、噪声统计特性以及状态增益矩阵,可降低模型误差并抑制滤波器的发散,提高滤波精度,实现对象状态的最优估计。

3.9　人机交互技术

3.9.1　人机交互定义

人机交互(human-computer interaction,HCI)是研究机器和用户间交互关系的技术,机器既指计算机的软件和操作系统,也包含日常生活中各种各样的机器[77]。从计算机诞生到现在,人机交互在几十年间所取得的成就是以往不可比拟的。人机交互技术的全面应用,推动数字生活在根本上有了更加人性化的改变,也推动了新一轮的技术革命。

人机交互是指研究出一定的开发原理及方法,让人们可以方便地使用机器系统(包括计算机、设备、工具等),人机交互关注使用者或操作者与机器系统之间的交互过程,来设计评估操作者使用机器的方便程度。人、机器、交互是人机交互的三个基本要素,它们相互联系构成一个整体[78]。其中,显示器显示操作过程的情况,操作者首先要感知显示器上指示信号的变化,然后分析和解释显示的意义并做出相应决策,再通过必要的控制方式实现对操作过程的调整。在人机系统模型中,人与机器之间存在的相互作用的面,称为人机界面,人与机器之间的信息交流和控制活动都发生在人机界面上。

人机工效学是一门关于人、对象及环境间相互关系的应用研究[79],它的目标是将人、对象、环境之间的相互关系、协调性和人性化联系起来,最终形成一个更容易获得并正确理解人机交互信息的解决方案。

高效、安全、友好的人因工程和人机工效是武器系统人机交互的重要指标之一,当人因工程和人机工效具备一致性、智能性、易理解性、防错性、便捷性机制设计,对于使用者操作舒适性、人机交互"适配性"的高契合度以及完成武器系统作战任务的效能都有着巨大的提升。

传统的人机交互依赖于终端设备和输入外设,在输入方式上,多采用键盘、鼠标或触屏方式。在人与显示终端的交互过程中,人机交互信息的传输主要是通过视觉通道获得,操作者的视线往往需要频繁地在文档和键盘之间移动。由于光线的刺激,视网膜引起兴奋并发送信息到神经系统,在这个视觉过程中,整个人体机体的兴奋程度得到提高,并且人体高级神经系统的兴奋程度也得到了提升。近年来,人工智能的发展驱动了人机交互技术的发展和变革,人机交互方式也呈现出多样化、多元化的趋势。交互技术在时代飞速发展的大环境下,已经凸显出了不可比拟的感官沉浸性以及技术的发展性,其不仅具有多样化的表现形式,还具有丰富的审美特征。观展者在交互体验中感知信息,由传统展示中的被动者变成主动参与者,由静态展示变为动态展示,交互展示已经跨越了一般展示的感官感知能力。数字化交互展示使得展示形式变得多样化、智能化、人性化,并且能够实现跨时空的三维立体化展示,极大增强了观展者的观展体验。语音识别、图像识别等人工智能技术的发展,为用声音指令、手势代替键盘、鼠标和触屏操作也提供了可行性,操作者不再需要被动地适应机器硬件配置,语音、手势、沉浸式虚拟现实等多种交互方式,使得操作者可以用更自然、便捷的方式与机器进行交互[81-82]。

3.9.2　人机交互发展历程及现状

1)发展历程

1959 年,美国学者 B. Shackel 基于对机器减轻人类生产疲劳的研究,发表了历史上

第一篇关于人机界面的文献[83]。到 1960 年，Liklider JCR 首次提出人机界面学的启蒙观点，即人机紧密共栖（human-computer close symbiosis）概念[84]。1961 年，研究人机界面的英国拉夫堡（Loughbocough）大学的 HUSAT 研究中心和美国施乐（Xerox）公司的 PaloAlto 研究中心相继成立，为人机交互的发展指明了方向[85]。1969 年，具有里程碑式意义的第一届关于人机界面的国际性大会召开。20 世纪 80 年代，人机界面方面的专著陆续出版[86-88]，为人机交互的发展提供了理论基础。20 世纪 90 年代，计算机多媒体技术的兴起与发展为人机交互研究提供了新的方向，人机交互研究的重点开始更多地放在了以人为中心的方面。到了自然用户界面时代，人们倾向于更自然的交互方式，如触摸控制、动作控制、自然语言控制等。2010 年后，以苹果 Siri、谷歌 Now、微软 Xiaoice 等为代表的人工智能语音交互，凭借其省时省力、学习成本更低的优势特征，成为人机交互领域新的需求方向和研究热点[89]。

人机交互的发展历经多个阶段，是从"以设备为主"到"以人的需求为核心"，从"人适应技术"发展为"技术适应人"且尽可能满足个体化需求的过程。人机交互的最初是简单交互，这个时期强调输入或输出机器信息的准确性，很少考虑到人在交互过程中发挥的巨大作用。然后是自然的人机交互，互联网时代和机器智能时代的来临，使得原有的人机交互方式发生巨大改变。人机交互不再受传统交互方式的束缚，转变为人机协调自然交互的时期，包括多通道交互、情感计算、自然语言理解、虚拟现实、智能用户界面等在内的自然人机交互得到越来越多的关注。

2）军事领域人机交互发展

军事领域武器系统人机交互发展和趋势分为三个阶段：第一阶段为基于命令行方式的指控系统阶段，主要采用人机交互的字符交互方式，实现指挥人员对武器装备的操纵。第二阶段为基于图形用户界面的指控系统阶段，大屏显示器、立式指挥桌等设备逐渐得到装配，实现了独立式信息系统到集中式信息系统的转变，也是目前应用最广泛的军事人机交互系统。随着智能语音、虚拟现实等第三代、第四代人机交互方式的发展，军事领域武器系统的人机交互也将进入第三阶段即基于多通道人机界面阶段。未来的人机交互操控设计，将会基于场景任务的特性，综合考虑不同交互通道的应用和配合使用。任务操控过程中，以某一交互通道为主，同时辅以其他交互通道的方案，将会是未来多通道交互设计的趋势。

人机交互本质是人机共在，主要研究人和计算机之间自然协调的信息交换。而人工智能研究的主要目标是使机器能够胜任一些通常需要人类智能才能完成的复杂工作，因而为使人类能够更加集中于高度智能的信息处理，人机交互与人工智能技术的结合势在必行。人工智能驱动了人机交互技术的发展和变革。在人类输入方式上，从五笔到拼音到语音，从键盘到鼠标到触屏，人机交互方式越来越人性化，但并未达到高度高效自然。通过语音识别、图像识别等人工智能技术，人类不用被迫去适应机器，出现语音、手势、情感等交互方式后，人类可以用更自然的方式与机器进行交互。

人工智能领域的不断发展、智能驾驶芯片的实现,则使得智能战斗机座舱的出现成为必然。触敏显示/控制技术和语音控制技术的发展,使得触敏显示/控制器逐渐取代传统的开关和按键。尤其对于战斗机的驾驶舱,因为其由大量显控部件构成,是飞行员与战斗机进行交互的主要通道,其布局方式将直接影响人机交互的程度。

合理的驾驶舱布局可以实现高水平的人机交互,确保飞行效率和飞行安全,并降低飞行失误的概率。随着现代信息化空战形式的发展,战斗机航电系统的体量和信息量呈现出爆炸式的增长,飞行员需要掌握更多的信息和承担更大的工作负荷。若驾驶舱的布局方式不合理,飞行员会更易产生疲劳、出现失误,因此合理布局战斗机驾驶舱显得尤为重要。

研制中的美国 F-35 战斗机就率先在飞机上运用了人机交互技术[90],如图 3-16、图 3-17 所示。飞行员只需触碰显示器上的相应区域,即可随意调整各种信息的显示方式与顺序,或重启显示系统。F-35 战斗机上还运用了另一种代表未来发展趋势的语音控制技术,可大幅减轻飞行员的工作负担,并大幅减少座舱内按钮与开关的数量。

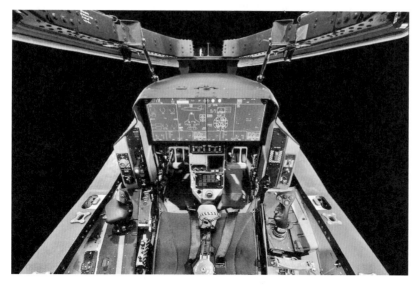

图 3-16 F-35 座舱配置图

苏-35 战斗机则采用了全新的"玻璃"座舱,座舱内的战术控制系统主要由两个大型 MFI-35 彩色多功能液晶显示器、IKSh-1M 广角平视显示器和三个小型显示器构成[91](图 3-18)。为了控制火力控制电子设备、飞机各系统和武器,苏-35 战斗机座舱内的操纵杆与油门杆上分别安装有一些按钮和开关,以及在多功能显示器周围布置有按钮,如此设计提高了飞行员的人机交互体验,对提高战斗机作战能力具有显著效果。

美军研制的科曼奇武装直升机,拥有非常出色的人机交互界面。其外观设计风格不像直升机,反而类似第五代战斗机。科曼奇直升机有两名机员,采用常见的纵列式座舱设

图 3-17   F-35 座舱人机交互界面

图 3-18   阵风座舱人机交互界面

计,如图 3-19 所示,科曼奇的前后座舱配置大致相同,正面均为两个 203 mm×152 mm的大型多功能液晶平面显示器:左边的为彩色显示器,负责显示三维数字式移动地图、战术状况等[92];左方荧幕则为单色,用以显示从微光电视摄影机或前视红外线(forward looking infra-red,FLIR)传来的影像。与现役攻击直升机相比,科曼奇的人机界面更简单、更人性化且更具效率,大大减少了操纵的开关数,所有的战术动作都编列在不到三页的选单程序内,而且大部分的战术动作只要一个按钮,大幅简化了操作难度及工作负荷。除了先进的平面显示器之外,科曼奇乘员的第二种重要的显示/控制装备就是头盔一体显示与视觉系统。这套系统视野宽广(35°×52°),可将机上 FLIR 所获得的影像以及飞行、导航、武器系统的资料数据都显示于其上。此套系统不仅让飞行员在进行观测、飞行或战斗等操作时,能专注于外界动静而不用低头看前方的仪表板与显示器,还能在夜间飞行时为飞行员提供最佳的环境状况掌握能力。这套头盔系统同时具备瞄准功能,能带动机首20 mm 机炮、EOTAS 与 NVPS 光电侦察系统旋转塔指向飞行员目视的方向。

图 3-19 科曼奇头盔一体显示与视觉系统

3) 人机交互存在不足

人机交互虽已取得重大进步,但就目前来看还是存在以下不足:

(1) 应用范围有限。目前,人机交互技术的应用范围尚有局限,手势交互、眼动追踪、生物信息识别、语音交互技术的使用率并不是特别高,大多只局限于某一方面,例如在现实生活中应用存在风险甚至安全隐患的体感交互,基本只应用于游戏领域。应用于电影制作专业领域的动作捕捉技术,虽可提升影片效果,但其交互方式的不稳定性导致只能在小众的专业领域内发挥效果[93]。

(2) 信息输入方式单调。绝大多数手机厂商利用触屏取代传统智能手机原有的按键功能,也使得人们越来越依赖触摸动作和视觉相结合的交互方式。触控的交互方式没有达到自然交互的效果,从根本上与传统的鼠标点击、屏幕显示方式没有区别,用户仍须有意识地利用虚拟键盘向交互对象输入精准的信息和需求,才能获得设备相应反馈信息。依赖单一的键盘等输入方式已无法适用于愈发智能化的应用场景,所以需要语音智能交互、动作手势交互等方式的介入。目前三维手势交互研究还只限于移动端 AR/VR 设备和特定环境,操纵方式尚不完善,应用范围十分有限。

（3）信息识别困难。目前人机交互发展的另一个不足是信息识别困难,大多数人工交互技术仍在稳定性上存在不足,无法被大规模普及。对于用户而言,很难接受在使用所谓智能产品的时候,却要干着机械操作的活,还得面对经常出故障的尴尬局面。另外,计算机虽然计算能力越来越强,但在获取人类视听觉信息时仍存在一定误差,计算机也很难理解对人而言很简单的推理、联想和夸张,还不够"智能"。因此,人机交互技术的发展也离不开人工智能。需要实现这两者的相互融合,提升设备的机器智能,真正让设备具备与人"沟通"的能力。

3.9.3　人机交互关键技术

3.9.3.1　虚拟现实技术

虚拟现实（virtual reality，VR）是一种通过模拟人的视觉、触觉、听觉等感官信息,使用户能够实时地与虚拟世界的事物进行交互的技术[94]。VR 之所以能带给人们真实的体验感,最主要的原因是三维虚拟场景。人们日常生活的环境就是一个三维（3D）立体空间,所以当人们处于一个虚拟的具有"真实场景"属性的 3D 空间时,就会产生一种仿佛置身于真实环境的错觉。VR 技术的终极目标是让使用者在虚拟场景中就如同身处现实当中一样,可以与虚拟场景进行没有约束的、实时反馈的交互行为。这也正好体现出 VR 技术的三大特点：想象性、沉浸性和交互性。被誉为"VR 之父"的 Ivan Sutherland 在 1965年发表了一篇名为《终极的显示》（*The Ultimate Display*）的文章[95],文中描述了一种通过计算机控制的虚拟场景,处于该虚拟场景中,使用者不仅可以体验计算机生成的虚拟场景,甚至可以与该场景进行互动。这就是人们现在所熟知的 VR,《终极的显示》也因此被认为是 VR 技术史上的里程碑。但是 virtual reality 一词最早是由任职于美国 VPL Research Inc.公司的 J. Lanier 于 1989 年提出的[96]。

VR 系统是一种能够让人们在虚拟场景中具有真实体验以及交互行为的系统。VR系统起源于 1962 年 Morton Heilig 设计的"全传感仿真器"[97],它是一种头戴式显示器,其只是一个 VR 视频设备,并不具有交互功能,并且其画面是二维的。Ivan Sutherland 继承并发展了这种头戴式显示器[98]。1966 年 Ivan Sutherland 通过在使用者的眼睛前绑上两个 CRT 显示器,从而让使用者可以看到 3D 立体画面,这种早期的头戴式 3D 显示器过于笨重、必须固定起来,如图 3 - 20 所示。由于其固定装置像悬在使用者头上的一柄利剑,Ivan Sutherland 因此将其取名为"达摩克利斯之剑"。使用者只能以固定的角度使用该设备,且用起来非常不舒服。这种形式却奠定了头戴式显示器的基础,后来的头戴式3D 显示器都是在这个基础上进行改进。

1975 年,美国犹他大学 James H. Clark 教授使用 Ivan Sutherland 的"达摩克利斯之剑"头戴式显示器作为 3D 显示器来查看 3D 环境,使用犹他大学开发的称为"魔杖"的机械棒作为 3D 输入设备,使用这根"魔杖"可以修改虚拟环境中物体的形状,由此而创建了一个用来进行 3D 曲面设计的交互环境[99]。受当时技术所限,该系统并没有产生广泛的

图 3‑20　Ivan Sutherland 设计的世界上第一台 VR 头戴显示器

影响,但是其开创了 3D 交互的先河,为 VR 的应用埋下了伏笔。

20 世纪 80 年代头戴式显示虚拟系统有了很大的发展,首先是带有 6 个自由度的跟踪定位头戴式显示器的出现,使得体验者可以脱离固定的头戴式显示器而进行活动[100]。1985 年,Scott Fisher 在 NASA 创建了一个可以由体验者位置、声音以及手势控制并带有广角立体显示的头戴式显示系统;同时,VPL 小组研制出了数据手套,可以测量每个手指关节的弯曲程度;1986 年,NASA 一个研究小组开发出一个 VR 的 3D 环境,体验者可以用手抓取虚拟物体并对其进行操作,该系统允许体验者使用手势与系统进行简单的交互。

20 世纪 90 年代,VR 的研究热潮从军事领域转向民用领域。1991 年,第一个拥有较完善功能的飞行员训练用的虚拟飞机座舱在巴黎国际航空展上展出;1992 年,墙式显示屏全自动声像虚拟环境 CAVA 在 Siggraph 大会上进行了展示;同年,采用 VR 技术进行设计的波音 777 飞机大获成功,其开创了大型工程虚拟化设计的先河,这不仅极大地提高了设计效率,并且极大地降低了整个设计过程的开销。1994 年,虚拟现实建模语言(virtual reality modeling language,VRML)发布,其被用来进行桌面 VR 应用的开发,可用于在互联网上构建共享的虚拟环境,这极大地促进了 VR 技术的发展[101]。

进入 21 世纪,随着科学技术的发展,智能硬件如高分辨率屏幕、陀螺仪、高精度传感器、处理器性能的提高以及小型化,减小了 VR 设备的体积,降低了开发成本,提高了开发效率和设备的性能。同时,游戏引擎的出现和发展极大地促进了 VR 的发展应用,尤其是 Unity 3D 引擎的发布。Unity 引擎具有操作简单、开发成本低、3D 效果好等优点,使得使用 Unity 3D 引擎进行 VR 开发的队伍逐渐壮大,进而极大地促进了 VR 的发展。随着近几年头戴式 3D 显示器体积的缩小,业界也有多款优秀的头戴式 3D 显示器问世,例如目前比较主流的 HTC Vive、Sony Play Station VR、Oculus Rift 和三星 Gear VR,如图 3‑21 所示。

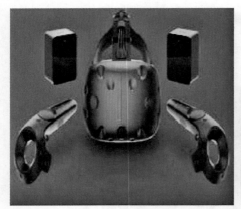

HTC Vive   Sony Play Station VR

图 3 - 21   HTC Vive 与 Sony Play Station VR

3.9.3.2   手势交互技术

手是人类身体上最灵活的部分之一,手势也是人类表现力最强的表达方式之一。随着技术的发展,近几年来基于手势的交互方式在多种交互场景中呈现出蓬勃向上的发展之势,在当前的人机交互领域,手势交互是重要的研究方向之一。

相比传统的交互方式,基于视觉的手势交互方式具有无输入设备束缚、活动范围大、侵入性低及交互方式更自然等优势。手势交互的重点是手势识别,手势识别又分为静态手势识别、动态手势识别和手势估计三个主要方向。图 3 - 22 所示为手势识别分类示意图。静态手势识别是指对固定不变的手势状态进行识别,其主要关注点是单帧图像状态下的手部姿态,如图 3 - 22a 所示。动态手势识别则是指对线性时间轴上连续变化的手势序列帧进行连续识别;与静态手势只是关注空间维度上的手部姿态不同,动态手势在关注空间维度上的手部姿态外还增加了对时间维度上手势状态的考查,如图 3 - 22b 所示。手势估计则是指对手势姿态(即手势当前各关节点的相对位置)进行实时的估计,如图 3 - 22c 所示。

(a) 静态手势   (b) 动态手势   (c) 手势估计

图 3 - 22   手势识别分类示意图

近年来,随着技术的发展,手势识别成为科研热点。手势识别在人工智能、语言学以及模式识别等领域全面开花。由于相机技术所限,最初时期的手势识别主要借助于数据手套来进行手部姿态获取。世界上第一个数据手套设备由美国 Thomas Defanti 于 1977 年发明[102],其测量精度有限;1987 年,第一个应用型数据手套诞生,由于其配备了多个传感器来增加区分不同手势的能力,其性能以及稳定性相比第一代数据手套而言提升巨大;2009 年,美国 Pranav Mistry 设计的"第六感"系统通过在手指上佩戴彩色标记环来对手指进行定位,从而达到识别手势的目的[103];2010 年,微软推出的 Kinect 传感器可以进行人体动作的捕捉(包括手势)、语音识别以及三维重建等应用[104];2013 年,法国 Leap 公司发布了一款专注于手部跟踪的传感器 Leap Motion,其可以精确检测到手指的各个关节[105];2016 年,中国的凌感科技发布了 Fingo 感知交互模组,其功能与 Leap Motion 类似,但是相较于 Leap Motion 具有更大的感知范围和更好的精确度[106]。

在应用方面,Monir Samiul 等基于 Kinect 传感器的骨骼跟踪特性,提出了一种姿态分类系统,其可以通过同时检测人体关节、体位和方位来实现姿态的恢复,从而简化了传统的基于复杂模式匹配的方法;Mohamed Atef Seif 等利用 Leap Motion 将 DICOM 格式的 CT 数据转换成三维对象的用户界面,用作医学生以及实习生的医疗培训系统;Alexei Sourin 等利用 Fingo 研究如何通过跟踪空气中的手的方位来演奏音乐,通过描述演奏特雷门琴的实现方式,来分析为什么特雷门琴被认为是最难演奏的电子乐器,以及如何借助计算机图形学来克服特雷门琴的不足。

3.9.3.3　语音识别技术

语音交互是人机交互发展中的又一革命性交互方式。随着人工智能技术的提升,语音识别和语义理解技术也逐步成熟完善,语音交互类人化成为可能。交互形式也从一问一答的机械对话进阶至更为流畅的多轮对话,甚至还能识别多国语言和地区方言,这使得语音交互在灵活度和体验感上产生了质的飞跃。

(1) 语音输入的方式。语音输入是一种很自然的输入方式,它能将不同种类的输入技术(即多通道交互)结合起来形成一种更具连贯性和自然性的界面。如果功能适当,尤其是用户的两只手都被占用的时候,语音输入将成为 VR 用户界面中很有价值的工具。语音有许多理想的特点:解放了用户的手;采用一个未被利用的输入通道;允许高效、精确地输入大量文本;属于完全自然和熟悉的方式。在 VR 用户界面中,语音输入尤其适合非图形的命令交互和系统控制,即用户通过发布语音命令来请求系统执行特定的功能、更改交互模式或者系统状态。此外,语音输入也为 VR 中的符号输入提供了一种完整的手段[107]。这主要有三种方式:单字符语音识别、非识别语音输入和完整单词语音识别。虚拟注解(virtual annotation)系统是使用非识别语音输入的一个 VR 用户界面范例。由于语音界面对于用户来说是"不可见的",用户通常不需要对语音界面可执行的功能有一个总的视图,因此为了捕捉用户的真实意图,就需要通过语义和句法过滤实现纠错(使用语义或者句法的预测方法来限制可能的解释），或者使用形式化的对话模式。问答机制由于语音技术初始化，选择和发布命令都一次完成，有时可以用其他的输入流（如按键）或者一个特殊的声音命令初始化语音系统。这消除了一个语音开始的歧义，称为"即按即说"（push-to-talk）系统。

语音交互主要有两种方式：语音识别和语音对话。系统在使用语音交互开发 VR 人机交互时，首先要考虑语音界面要执行的交互任务，交互任务将决定语音识别引擎的词汇量大小，即任务和它所运行的范围越复杂，需要越多的词汇量。对于仅有少量功能的应用，采用简单的语音识别系统可能就足够；高度复杂的应用，则需要包含语音对话系统来保证理解语音输入的全部功能。

（2）语音输入的关键。语音交互的关键是语音识别引擎，一些现有的语音识别软件包括美国微软 SpeechAPI、IBM Via Voice、Nuance 和中国科大讯飞等，它们都达到了很好的性能。如今，随着语音识别技术的逐步开放和开源，语音技术门槛逐渐降低。主要的语音开源交互平台有 CMU - Sphinx、HTK - Cambridge、Julius 和 RWTHASR 等。Google 眼镜、穿戴式设备、智能家居和车载设备的兴起，则将语音识别技术推到应用的前台。自苹果 iPhone4S 内置 Siri 以来，几乎所有的手机都开始内置语音助手类的应用。目前具有代表性的语音助手产品有智能音箱 Google Home 和语音助手 Amazon Echo。

语音识别技术采用隐藏马尔可夫（Hidden Markov Model，HMM）模型与卷积神经网络（CNN）结合长短向量机（LSTM）的网络架构进行结构构建。HMM 模型是传统语音识别中最重要的一种声学模型，该模型基于语音信号的时间序列结构建立，可以用于描述随机过程统计特性，因而在处理离散时间序列的观察数据中得到广泛应用。其一般分为连续 HMM（CHMM）、半连续 HMM（SCHMM）及离散 HMM（DHMM）。HMM 模型表明，当前状态只与前一时刻所处的状态有关。HMM 的特点是：状态隐含，观察可测。将语音部分分割成极小的时间片段，那么该片段的特性近似稳定，总过程可视为从某一相对稳定特性到另一相对稳定特性的转移。构建语音信号的 HMM，将它的语音分成上下两层：下层是不可测的、有限状态数的、马尔可夫链模拟的语音信号统计特性变化的隐含随机过程；上层引入概率统计模型，是与马尔可夫链的每一个状态相关联的观测序列的随机过程。一段完整的语音信号可以分为静音、语音、停顿、语音、静音五个部分，其中语音部分，又可以将每一个音节分成构筑其发音的最小单位——音素。多状态的 HMM 构成一个音素，多个音素的 HMM 串接构成一个字，将多个字的 HMM 串接起来，便可得到词汇的马尔可夫链。图 3 - 23 所示便是一个音素与观测序列的关系，其中 O_1，O_2，…，O_T 为观测得到的序列，若干个序列组成状态集 S_1，S_2，…，而这个状态集便对应了语音的一个音素。连续语音识别就是马尔可夫链和静音组合起来的 HMM，用概率密度函数计算语音特征参数对 HMM 模型的输出概率，通过搜索最佳状态序列，以最大后验概率为准则找到识别结果。

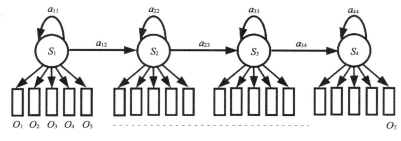

图 3 - 23 音素状态集

1）HMM 的训练

一个 HMM 可由公式 $\lambda = (\pi, A, B)$ 描述，其中 π 为初始状态概率，A 为状态转移矩阵，B 为观测概率矩阵。π 和 A 决定状态序列，B 决定观测序列。作为参数重估问题，HMM 需要解决输出概率计算问题、状态序列解码问题、模型参数的估计问题。

（1）输出概率计算问题。该问题是语音信号的建模问题。已知观测序列 $O = \{O_1, O_2, \cdots, O_T\}$ 和隐马尔科夫模型 $\lambda = (\pi, A, B)$。将所求观察序列在 HMM 下出现的条件概率分成两部分，分别利用前向算法、后向算法将求得的条件概率进行乘积，进而得到整个观察序列的输出概率，以达到降低计算复杂度的目的。

定义 HMM 的前向概率为

$$\alpha_t(i) = P\{O_1, O_2, \cdots, O_T; q_t = i \mid \lambda\} \qquad (3-43)$$

上式表示在给定 HMM 参数 λ 的前提下，观测序列为 $\{O_1, O_2, \cdots, O_T\}$ 在 t 时刻处于隐藏状态 i 的概率。前向概率 $\alpha_t(i)$ 的递推公式如下：

初始化

$$\alpha_t(i) = \pi_i b_i(O_1), \quad i \in [1, N] \qquad (3-44)$$

迭代计算

$$\alpha_{t+1}(j) = \left[\sum_{i=1}^{N} \alpha_t(i) a_{ij}\right] b_j(O_{t+1}), \quad t \in [1, T-1], \quad j \in [1, N] \qquad (3-45)$$

式中，$\alpha_t(i) a_{ij}$ 表示在时刻 t 观察到 $\{O_1, O_2, \cdots, O_T\}$ 并在 t 时刻处于状态 q_i，在 $t+1$ 时刻到达状态 q_j 的联合概率。

终止计算 $\qquad P(O \mid \lambda) = \sum_{i=1}^{N} \alpha_T(i) \qquad (3-46)$

与前向概率相对应，定义后向概率为 $\beta_t(i) = P\{O_{t+1}, O_{t+2}, \cdots, O_T; q_t = i \mid \lambda\}$，其表示在给定 HMM 参数 λ 的前提下，观测序列为 $\{O_{t+1}, O_{t+2}, \cdots, O_T\}$ 在 t 时刻处于隐藏状态 i 的概率。后向概率 $\beta_t(i)$ 的递推公式如下：

初始化

$$\beta_T(i) = 1, \, i \in [1, N] \tag{3-47}$$

迭代计算

$$\beta_t(i) = \sum_{j=1}^{N} \beta_{t+1}(j) a_{ij} b_j(O_{t+1}), \, t \in [1, T-1], \, j \in [1, N] \beta_T(i) = 1, \, i \in [1, N] \tag{3-48}$$

终止计算

$$P(O \mid \lambda) = \sum_{i=1}^{N} \pi_i b_i(O_1) \beta_1(i) \tag{3-49}$$

经过分析,可得输出概率计算公式如下:

$$P(O \mid \lambda) = \sum_{i=1}^{N} \alpha_t(i) \beta_t(i) = \sum_{i=1}^{N} \sum_{j=1}^{N} \alpha_t(i) a_{ij} b_j(O_{t+1}) \beta_{t+1}(j), \, t \in [1, T-1] \tag{3-50}$$

反复迭代,直到 HMM 参数不再发生明显变化为止。

(2) 状态序列解码问题。该问题是寻找最优匹配问题。Viterbi 算法是一种广泛用于通信领域中的动态规划算法,即用动态规划求概率最大路径,它克服了全概率公式无法找到最优状态转移路径的问题。给定观察序列和 HMM,通过 Viterbi 识别算法确定一个最优的状态转移序列,并得到该路径所对应的输出概率。

设最优路径为

$$I^* = (i_1^*, i_2^*, \cdots, i_T^*) \tag{3-51}$$

初始化公式如下所示:

$$\delta_1(i) = \pi_i b_i(O_1) \, \psi_1(i) = 0, \, i \in [1, N] \tag{3-52}$$

迭代计算公式后:

$$\left. \begin{aligned} \delta_t(j) &= \max_{1 \leqslant i \leqslant N} [\delta_{t-1}(i) a_{ij}] b_i(O_t), \, i \in [1, N], \, j \in [1, N], \, t \in [2, T] \\ \psi_t(j) &= \arg \max_{1 \leqslant i \leqslant N} [\delta_{t-1}(i) a_{ij}], \, i \in [1, N], \, j \in [1, N], \, t \in [2, T] \end{aligned} \right\} \tag{3-53}$$

最后计算如下所示:

$$p^* = \max_{1 \leqslant i \leqslant N} [\delta_T(i)], \, i \in [1, N] \, I_T^* = \arg \max_{1 \leqslant i \leqslant N} [\delta_T(i)], \, i \in [1, N] \tag{3-54}$$

路径回溯如下所示:

$$i_t^* = \psi_{t+1}(i_{t+1}^*), \, t = T-1, \, T-2, \, \cdots, \, 1 \tag{3-55}$$

式中，$\delta_t(i)$ 为 t 时刻第 i 状态的累计输出概率；$\psi_t(i)$ 为 t 时刻第 i 状态的前序状态号，为最优状态序列中 t 时刻所处的状态，即最终的输出概率。实际使用中，通常用对数形式的 Viterbi 算法，这样将避免进行大量的乘法计算，减少了计算量，同时还可以保证较高的动态范围，避免由于过多的连乘而导致溢出问题。在识别阶段，如果 HMM 模型为整词模型，就没有必要保存前续节点矩阵和状态转移路径，可以进一步减少计算量。

（3）模型参数估计问题。该问题是模型的修正问题，使 HMM 能够做到非特定人的语音识别。Baum-Welch 算法是极大似然（ML）准则的一个应用，利用该算法对初始化的 HMM 参数进行训练重估，即多个不同人对同一条命令重复多次录入，分别计算各自的特征参数序列，得到重估模型参数，使 $P(O\,|\,\lambda)$ 概率最大。

π 的重估公式如下所示：

$$\hat{\pi}_i = \gamma_1(i) = \frac{\alpha_1(i)\beta_1(i)}{\sum_{i=1}^{N}\alpha_1(i)\beta_1(i)} \tag{3-56}$$

a_{ij} 的重估公式如下所示：

$$\hat{A}_{ij} = \frac{\sum_{t=1}^{T-1}\xi_t(i,j)}{\sum_{t=1}^{T}\gamma_t(i)} = \frac{\sum_{t=1}^{T-1}\alpha_t(i)a_{ij}b_j(O_{t+1})\beta_{t+1}(j)/P(O\,|\,\lambda)}{\sum_{t=1}^{T-1}\alpha_t(i)\beta_t(i)/P(O\,|\,\lambda)} \tag{3-57}$$

$b_j(O_k)$ 的重估公式如下所示：

$$\hat{B}_j(O_k) = \frac{\sum_{t=1}^{T-1}\gamma_t(j)_{O_k=v_k}}{\sum_{t=1}^{T}\gamma_t(j)} = \frac{\sum_{t=1}^{T}\alpha_t(i)\beta_t(i)/P(O\,|\,\lambda)}{\sum_{t=1}^{T}\alpha_t(i)\beta_t(i)/P(O\,|\,\lambda)} \tag{3-58}$$

由于本系统采用从左至右、无跳转、单向结构的 HMM 模型，初始概率恒等于 $\pi_1=1$，$\pi_i=0$，$i\in[2,N]$，因此无须对它进行重估。

图 3-24 便是常用的基于 HMM 的声学模型，该模型浅层学习结构在海量数据下其性能会受到限制，因此单纯使用 HMM 进行语音识别工作也遇到了很大阻力。

在传统语音识别任务中，为解决噪声对识别造成的不利影响，往往会采用端点检测的方式，将包含待识别语音的片段从语音信号中选中，然后采用拼帧的方式将语音间隙去除，同时去除间隙的噪声，再通过降噪手段，降低噪声对语音识别的影响。

2）网络模型

本研究拟采用谱减法进行语音数据预处理。谱减法是语音增强技术中一种成熟的降噪方法，其基本思想是获取噪声段的声音特征，估计噪声成分，提取伽马通滤波器倒谱系数作为语音新特征，然后使用含噪声语音减去估计的噪声，进而得到纯净语音。

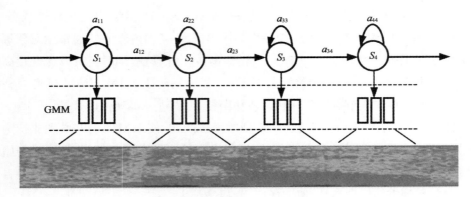

图 3 - 24　基于 HMM 的声学模型

　　图 3 - 25 是一种基于注意力机制的网络结构进行数据训练模型,网络结构共分为两部分:第一部分的卷积神经网络由 6 个卷积层构成,其输入为噪声环境中鲁棒效果较好的 GFCC 的语谱图,网络第一层卷积核的尺寸为 7×7,第二层卷积核的尺寸为 5×5,余下卷积核的尺寸均为 3×3,由于需要更多地提取语谱图的纹理差异,因此本研究采用最能保留图像纹理信息的最大池化的方式进行池化操作。在所有的卷积操作中,卷积核的移动步长为 1。采用 ReLu 函数作为激活函数,由于训练噪声环境的分类只是一个多分类问题,为防止出现过拟合,在网络中设置 50% 的 Dropout。

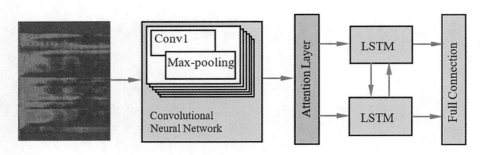

图 3 - 25　基于注意力机制的网络结构

　　第二部分为注意力模型与 LSTM 网络,一般视觉中图片所包含的为单纯的空间信息,在使用 CNN 提取不同的 Feature Map 后,实现注意力模型的方式有两种:一种是对一整张 Feature Map 使用相同的权重,不同 Feature Map 上权重不同,借此实现对重要信息的关注;另一种为对多张 Feature Map 上的同一位置使用相同的权重,借此实现对识别更具有贡献的信息的关注。本文设计的注意力模型具有两个池化层,使用最大池化将差异凸显,使用平均池化降低噪声对语谱图的影响。最后将识别结果通过一个全连接层输出。使用注意力模型得到两张尺寸为 $8\times8\times1$ 的池化后的二维 Feature,将其按通道维度叠加,获得一个通道数为 2 的 Feature Map,使用一个包含单个卷积核的隐藏层对该 Feature

Map 进行卷积操作,并使用一层标准化操作用以避免梯度消失,加快训练速度。在得到注意权重后,我们将注意权重矩阵与特征图相乘,通过 sigmoid 函数生成最终的权值。对语音特征进行建模。

3.9.3.4　手势识别技术

手势识别是一种融合先进感知技术与计算机模式识别技术的新型人机自然交互技术,计算机通过识别人类手势,让用户在无需直接接触设备的情况下,就可以使用简单的手势与设备进行交互。手势识别是人机交互的第二次革命,人们开始尝试脱离传统的键盘、鼠标和触屏,探索并搭建人机交流的其他桥梁。最初的手势交互是利用定位在手部和肘部的设备,来检测手部运动的轨迹,进而达到交互的效果。这种依靠外部设备进行交互的方法虽然准确性高,但在很大程度上阻碍了人们手势活动的自然表达,因此基于计算机视觉的手势识别和交互技术应运而生。在此基础上,人的姿态、步态、行为、面部表情识别技术也开始高速发展,由此,人机交互的设计理念开始从以"系统为核心"转变为"以用户为核心"。

非稳定环境下的实时动态手势识别一直是当前手势识别领域研究的难点,由于手势的起始与结束时机难以判别,加之手势动作识别应当保证仅识别当次生效,考虑到将来舰艇船与飞行器上应用的可能性,整个手势识别网络结构的规模对于内存与功耗也有一定的要求。

保证晃动环境中手势抓取的稳定性,本研究对手势、点选、托举等进行分类,定义各类手势所对应的手指骨节的相应弯曲角度以及阈值,并与对应的响应函数进行匹配,可以实现多种手势识别及功能(图 3 - 26)。

此外,在算法方面,采用离线 CNN 在线使用滑动窗口架构,由两部分模型构成:第一部分模型使用轻量 CNN 结构作为检测器进行手势检测;第二部分模型使用深度 CNN 进行手势分类。

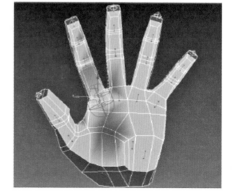

图 3 - 26　虚拟手骨骼蒙皮绑定骨骼的网络模型

由于实施的是在线实时检测,手势的起始时间与结束时间通常难以把握,设定检测器为分类器开关,当检测器检测到手势后,分类器才启动。设检测器的可检测序列长为 n,分类器的分类序列长为 m,规定 $n \ll m$,设滑动窗口大小为 s,置 s 为 1,使得模型能够学习到所有手势以获得更好的表现。

模型的表现很大程度上取决于检测器的性能优劣,通过令检测器每次处理的帧数远远小于分类器以增强检测器的鲁棒性;通过将检测器设置在分类器结构的初始位置使得检测器在检测出手势后能够立即激活分类器。同时采用基于 C3D 与 ResNext - 101 的

3DCNN 网络结构作为分类器模型。模型的具体参数见表 3-1。使用数据集 EgoGesture 与 NVIDIA 动态手势数据集进行性能测试,测试中使用 ResNeXt-101 模型作分类器,可实现深度模态的最新离线分类精度在两种数据集上分别达到 94.04% 和 83.82%。

表 3-1　ResNext-101 模型参数

层　数	输出大小	ResNeXt-101	ResNet-10
conv1	L×56×56	conv(3×7×7), stride(1,2,2)	
pool	L/2×28×28	MaxPool(3×3×3), stride(2,2,2)	
conv2_x	L/2×28×28	N: 3, F: 128	N: 1, F: 16
conv3_x	L/4×14×14	N: 24, F: 256	N: 1, F: 32
conv4_x	L/8×7×7	N: 36, F: 512	N: 1, F: 64
conv5_x	L/16×4×4	N: 3, F: 1024	N: 1, F: 128
	NumCls	*Global average pooling, fc layer with softmax*	

计算机通过多通道人机交互,识别包含指令内容的信息,分析判断出作战人员的指令动机需求,然后或通过计算机语言文字的形式做出反馈与回应。如此一来,可使人机交互不再局限于视觉信息处理,使作战人员能够更专注于高级信息处理,减少不必要的操作,提高交互频次与交互的工效。

3.9.3.5　脑机接口技术

1) 基于脑电图的人机交互技术

基于脑电图(EEG)的人机交互是指通过信号采集设备从人体头皮获取脑电信号,然后将不同的脑电特征转化为相应的控制命令来实现人机交互的一个过程。这种技术又称为脑机接口(brain-computer interface, BCI),它是直接使用人体脑电与计算机或其他外部设备进行交互的技术,过程中无需用户手脚以及其他任何肌肉动作的参与。构建 BCI 的主要动机在于它具有恢复失去的运动功能的潜力,例如为截肢者和脊髓损伤病人安装的假臂或假腿,患有肌萎缩侧索硬化症(amyotrophic lateral sclerosis, ALS)或脑卒中等闭锁综合征患者使用的鼠标和单词拼写设备等。下面简要介绍基于 EEG 的人机交互技术中常用的脑电信号模式。

P300 电位是 EEG 信号在刺激出现 300 ms 左右产生的正向偏移。对受试者而言,刺激本身必须是不常见、无法预测的,但又和受试者联系紧密(例如,突然增强所注视目标的明暗度)。如图 3-27a 所示,若受试者关注了相关刺激,则会在大脑中诱发出 P300 信号

（红色，曲线1）；反之，则不会出现 P300 信号（蓝色，曲线2）。诱发 P300 电位的特定条件设置称为 oddball 范式。该范式具有三个基本属性：① 呈现给受试者一系列的事件（即刺激），每个刺激属于两类之一；② 属于一类的事件比其他类的事件不那么频繁（即出现概率低）；③ 受试者执行一个任务，需要将每一个事件分类为一个类别。图 3 - 27b 就是一种典型的视觉 oddball 范式，36 个字符以矩阵的形式排列在图形用户界面上，矩阵的行和列以随机的顺序重复闪烁，当受试者的注意力集中于某个字符上时，该字符所在行和列的闪烁刺激会诱发受试者大脑产生明显的 P300。这一信号可以通过识别算法检测到。因此，通过持续追踪哪个闪烁的行和列引起了最明显的 P300，能够推断出受试者选择的目标字符。除了视觉刺激之外，还可以利用其他的感觉通道如触觉或听觉刺激，来设计相应的 oddball 范式，也可以实现 P300 脑机接口系统。但在各类刺激中，视觉刺激所诱发的 P300 电位最为显著，同时研究还发现，在各种不同颜色的闪烁刺激中，蓝色和绿色的视觉刺激可以得到最显著的 P300 响应。

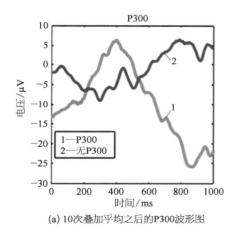

(a) 10次叠加平均之后的P300波形图　　　　(b) Oddball视觉刺激范式

图 3 - 27　P300 波形图和视觉 oddball 范式

2）基于眼电的人机交互技术

除了 EEG 信号之外，眼电（EOG）信号也是目前使用较为广泛的一种人体生物电信号。眼电信号是由角膜和视网膜之间的电势差而引起，可以用于反映眼球的运动。相比脑电信号，对眼电信号的采集较为简单方便，通常只需要少量的几个电极即可完成。如图 3 - 28 所示，可以使用 6 个电极来采集眼电信号。其中，电极 A 和电极 D 分布在眼球周围上方和下方的位置，用于采集垂直方向上的眼电信号，其主要是由于眼球的上下运动或者眨眼而产生；电极 B 和电极 C 分布在眼球周围的左侧和右侧的位置，用于采集水平方向上的眼电信号，其主要是由于眼球的左右运动而产生。人体眼球在进行各种不同种类的运动时，会产生不同特征的 EOG 信号，可以通过设计相应的算法对 EOG 信号的特征进行识别，从而将其转化为外部设备的控制命令，构建出基于 EOG 的人机交互系统。EOG 信号相对于 EEG 信号而言，通常具有更高的幅值和更稳定的波形形状，因此，对

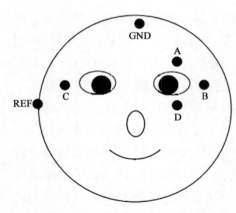

图 3-28 眼电采集电极分布图

EOG 信号的检测要更为容易。目前,基于 EOG 的人机交互系统主要采用的是上、下、左、右四个方向的眼球运动以及皱眉、眨眼所产生的眼电信号模式,已有研究表明,水平/垂直方向上的眼电信号检测准确率要明显高于倾斜方向。

目前,研究者们已经提出了多种检测眼电信号的有效算法,并在此基础上研发了各种不同类型的基于 EOG 的人机交互系统。Barea 等提出一种模板匹配算法,首先为上、下、左、右、眨眼这 5 种不同的眼球运动模式建立相应的波形模板,然后将采集的 EOG 波形与模板做相关检测得到识别结果。Ma 等提出一种阈值法,其主要原理是基于不同种类的眼球运动所产生 EOG 波形的幅度与持续时间之间的差异,通过设置相关的阈值条件完成识别。在此项工作中,该算法实现了对眨眼、皱眉、眨单只眼以及凝视这四种不同眼球动作的识别,并将其转化为机器人的控制命令。Wu 等则利用分类的方法识别 8 个方向的不同眼动,并得到平均 88.59% 的识别准确率。

3.9.3.6 多通道交互技术

因为符合人的交互模式,多通道交互(multi-modal human-computer interaction, MMHCI)被认为是更为自然的人机交互方式。相比传统的单一通道交互方式,多通道人机交互方式在移动交互和自然交互方面存在着更为广泛的应用潜力,如智能家居、智能人机对话、体感交互、教育等。近年来,人工智能技术使得单一通道认知感知技术,如语音识别、人脸识别、情感理解、手势理解、姿态分析、笔、眼动、触觉等性能得到快速提升,计算机能够比较准确理解用户的单通道行为。同时,高速发展的便携式硬件技术催生了一些价格低廉却便于随身穿戴的小巧便捷的传感器。这些传感技术和设备为准确判断用户行为提供了更多数据。

对于传统的单一通道人机交互方式,如较为广泛使用的鼠标、键盘,或者基于笔触的图形界面交互方式,因为输入设备信息精确和直观,计算机不用关注用户行为。然而在多通道移动交互和自然交互条件下,系统需要准确地判断用户"在做什么"和"要做什么",才可能对用户行为进行准确反馈。如在家庭服务机器人领域,用户指着桌上的苹果对机器人说"请帮我把苹果拿过来",则机器人首先需要根据言语内容和手势所指目标,准确理解用户的意图是拿取桌上的苹果,然后机器人凭借目标识别与路径规划技术完成相应任务。再譬如在人机对话中,如果用户对计算机的回答表示满意,然后带着高兴的表情说"不错,还以为你不会回答呢",计算机如果没能正确理解用户意图,着力于解释其回答问题的能力,反而带给用户不好的体验。因此,多通道人机交互中用户意图的准确理解是交互自然与否的关键,而如何根据不同通道信号进行有效融合并计算是意图准确理解的重要手段。

多通道人机交互是一个非常动态和广泛的研究领域,需要从面向用户意图理解的多通道信息融合角度出发,分析单通道信息处理的特点,然后介绍多通道信息融合对单通道信息理解增强的分析和实验验证;通过分析具有一定特色的多通道用户行为融合模型、方法及应用实例,讨论未来人机交互在多通道信息融合的智能计算方面可能存在的突破。

3.9.4　人机交互实际应用

3.9.4.1　遥操作机器人控制

目前关于遥操作机器人系统的控制主要集中在稳定性、透明性和鲁棒性上。几十年来的研究结果表明,时延问题与模型的不确定性对遥操作控制性能具有很大的影响。为了提高遥操作机器人的控制性能,研究人员提出了多种高性能的控制方法。目前常见的控制方法有波变量控制、自适应控制、模糊控制、阻抗控制等,这些方法也在遥操作机器人系统中得到了广泛的应用,并实现了良好的控制效果。

除了上述控制方法,一直以来,神经网络控制是解决遥操作运动学和动力学不确定性问题的有效方法之一。文献[108]将遥操作机器人系统的动力学根据时延和具有死区输入不确定性转化为主端和从端的未知输入不确定性,提出了一种基于神经网络的自适应方法来处理单主-多从遥操作系统的不确定性、外部干扰和时滞问题。文献[109]对其做了进一步的拓展,在双主-单从遥操作系统中,将通信时延看作基于马尔科夫链的随机时延。文献[110]提出了一种同步控制的方法,来解决时延和反斜线回滞问题。

模糊理论也是遥操作控制中一种有效改善时延问题的方法。文献[111]提出了一种具有 2 型 T-S 模糊的数据驱动方法,可以有效地处理由系统不确定性和时延带来的对运动和力的不同步问题。无源性方法也经常应用于空间遥操作中。文献[112]针对参数不确定、网络不可靠的远程遥操作机器人系统,提出了一种基于无源包调制的方法,用于保证系统的稳定性和位置的跟踪性能。文献[113]提出了一种具有波变量无源理论的径向基神经网络控制方法,用于补偿遥操作系统动力学的不确定性和时延带来的影响。

阻抗控制则是另外一种解决遥操作系统时延、透明性缺失问题的有效方法。文献[114]提出了具有内力控制的相对阻抗方法,用于提升系统的稳定性和透明度。文献[115]提出了一种具有高阶滑模方法的阻抗控制器,用于补偿时延给从端带来的系统动力学不确定性。为了提升系统的整体稳态透明性和刚度渲染的准确性,Rebelo 等提出了具有阻抗控制方法的四通道结构。文献[116]提出了一种基于决策模型的自适应阻抗控制方法,其可以提高系统的跟踪性能和人机交互性能。

随着传感器技术和信息融合技术的快速发展,操作者和机器人的交互信息来源越来越丰富,操作者可以根据远端的交互信息及时做出正确的决策。

文献[117]利用飞行时间摄像机在线估计基于模型遥操作系统的点云模型和目标属

性,根据从端运动更新目标的信息,点云模型可以直接产生触觉渲染,提升系统的信息感知能力。文献[118]提出了一种触觉信息和速度控制的综合框架,用于增强从端人类操作者的感知能力。为了最大化操作者对软组织宏观-微观相互作用的感知能力,文献[119]提出了一种运动感知方案,它可以利用约束条件来平衡遥操作系统的稳定性和运动性能。文献[120]提出的方法能够增强操作者和从端系统之间的感知能力。此外,遥操作系统需要充分考虑人的因素。对于人在闭环的遥操作系统中的情况,文献[121]采用了一种新型的传感技术,可以使远程机器人在工作环境中获得动态的感知能力。

为了获得良好的遥操作控制性能,遥操作机器人还必须具备感知复杂环境的能力。文献[122]提出了一种具有感知环境和操作者行为的生态学方法,其可以用来提升远端机器人的感知能力与动作控制的性能。文献[123]提出了一种基于极限学习机的触觉辨识方法,其可以评估位置目标的几何形状与刚度,同时还可以评估机器人与环境的相互作用力和轨迹在未知操作环境下的偏差。

近年来,虚拟环境技术已经广泛应用于具有时延问题的遥操作系统,因为它可以提升遥操作系统的沉浸感。文献[124]利用基于虚拟环境的方法建立了遥操作远程操控环境的几何模型与动态模型,通过在视频图像中添加图形并融合位置和力的信息来纠正模型的错误。进一步,虚拟环境技术还可以将虚拟从端映射到实际的主端设备,虚拟环境中的控制信号和反馈信号用于控制实际主端与虚拟从端。针对部分已知的非结构化遥操作工作环境,可以利用基于虚拟环境的点云模型来生成遥操作系统的局部隐式曲线信息。研究表明,虚拟环境技术是提升遥操作系统感知能力的有效途径。

增强现实也是一种可以提升遥操作机器人系统感知能力的有效方法,它可以将计算机生成的图像叠加到真实的物体图像上。增强现实可以可靠地向操作者提供准确的信息,解决遥操作远端反馈的局限性问题。文献[125]提出了一个通过估计增强现实的影响来处理感知差异的方法,其利用增强现实反馈来提升遥操作过程中引导的性能。文献[126]提出了一种基于增强现实的可视化界面,通过融合数据信息与激光雷达数据,可以增强遥操作系统三维场景的视觉效果。

3.9.4.2　力/触觉交互

相比传统的视觉交互和听觉交互,触觉交互能使用户产生更真实的沉浸感,在交互过程中有着不可替代的作用。传统人机界面中的力/触觉交互被看作界面交互中的一种特殊的输入输出方式,作为输入设备时它们用来捕捉用户动作,作为输出设备时它们为用户提供触觉体验。虚拟现实中的力/触觉交互则以自然交互为研究重点,是未来人机交互的重要发展方向。

触觉反馈相关技术主要包含两个方面:① 基于振动的触觉反馈技术以驱动器所产生的机械振动作为触觉刺激源,其主要用于可穿戴设备的相关研究中,作为警示信号或空间导航,以及分担过于复杂的视听通道信息负荷。Spelmezan 等[127]在可穿戴设备的研究中展示了一组全身触觉反馈模式的示范设计和相关实验,成功地用触觉信号代替了身体运动动作指导场景中的声音提示,并呈现出良好的指导效果。② 随着触摸屏的快速普及,面向触屏的触觉反馈技术也在近年出现了比较大的进展。Hoggan 等[128]围绕键盘触感问题的研究表明,利用触觉反馈增强手指触摸屏上的键盘触感,能够提升相应的文字输入效能。Altinsoy 等[129]研究了当屏幕上的图形按钮被触摸时,系统提供听觉、触觉以及两者组合反馈时的用户表现。关于触觉反馈的相关技术,还有 Jansen 等[130]提出的一种能在触觉桌面上提供局部或全局反馈的触觉反馈技术、Bau 等提出的一种基于电磁振动原理的触觉反馈技术等。更早的关于触觉反馈技术的研究,可以参照 Stone 的综述[131]。

目前,具有代表性的力/触觉交互技术研究有微软公司的 3D 触觉反馈触摸屏,它包含一个 LCD 平板屏幕、多个力传感器和一个可来回移动的机械臂,当用户用手触摸屏幕时,力传感器会捕获用户的施力信息,并结合其他参数由机械臂平稳地移动屏幕以生成力反馈和物体形态触觉。类似的研究还有微软公司的感光形状记忆聚合物显示屏研究以及Biet 等[132]在超声波触觉板上的压膜效应设计等。力/触觉交互技术也出现了一些代表性的商业应用,例如安卓手机的通用触觉反馈效果、Immersion 公司的 Touch Sense 触觉反馈技术、SensaAble 科技公司的 PHANTOM 系列触觉交互设备(利用机械臂提供力反馈)、Senseg 公司的 TixelTM 触觉像素技术(利用静电摩擦力提供接触表面不同的阻力触觉),Tactus 公司的微流体屏幕技术(利用流体的移动构造动态的表面凸起与平复等)。

3.9.5　人机交互技术的评估方法与发展趋势

当前,人机交互技术种类正处于不断发展、不断丰富其多样性的阶段,如何对各技术进行系统有效的评估与对比、是衡量该技术是否有利用价值的重要标准。通过对人机交互技术进行评估,则能更直观地显示出当前人机交互的发展趋势。

3.9.5.1　人机交互技术的评估方法

现场评估是一种现场直接收集相关数据的方法,主要应用的方式是对现场参与舰艇船人机交互的操作人员进行观察访谈及问卷调查等。Brüggemann 等(2009 年)就是通过现场研究的方式对 2005—2006 年间操作舰艇船的人员进行访谈,并在 2006—2008 年间在舰艇船上进行数周的系统观察,以期揭示老练的航海人员的内部认知过程。Mallam 等(2015 年)关心使用二维总体布局图纸在舰艇船设计施工过程中人因因素和工效学方面有何利弊。为此他们基于一艘真实货船展开了现场调查访谈,并收集操作者的评价数据。设计师们采用现场评估法测试可用性时,会先行确定操作者可能需要执行的前 30% 最重要或最常见的任务,然后安排 5～7 位具有代表性的操作者在真实条件下执行这些任务,并通过观察他们的任务表现完成评估。除了当前以收集主观评价为主的方式,也有研究者提出可以采用测量生理指标的方法来反映操作者们在操作过程中的状态变化。Uitterhoeve 等(2011 年)提出几项生理指标,包括心电图(测量心跳指标)、肌电图(测量肌肉的活动疲劳程度)等。研究发现,将访谈结果与心率变异性指标相结合,可以很好地估计操作者付出的努力程度。总体而言,现场评估法所得到的结果外部效度很高,适合向其他的真实操作场景中推广。不过现场评估法无法实现对实验条件的严格控制,因而研究者们无法明确获得具体某一条件的作用结论。

模拟评估的特点是通过使用计算机生成的模拟程序或相应的模拟机器来创造出与真实情形相同的情境。与现场评估法不同,模拟器可以对外部条件进行完全控制,如天气条件,同时精确定量地测量绩效结果,也能保障实验的安全性。日本国立海事研究所 Yoshimura 等(2007 年)开发出的一台用于航海风险研究的船桥模拟器就被应用在研究航行任务与生理、心理效应之间的关系上。这台船桥模拟器装备 6 个投影仪,这些投影仪可以在圆柱形屏幕上投射一个虚拟海景。Hahn 等(2013 年)的研究设计了一个基于操作员的认知模型,并利用计算机模拟平台模拟人机环境来验证该认知模型的有效性[135]。Man 等(2017年)还将这一方法应用到评估某应用程序的研究中[136]。模拟评估法可以实现对研究对象和研究场景的完全性仿真,在关系到具体问题的研究中经常会被应用到。

采用模型评估人机交互的方法主要借助计算机平台模拟创建三维模型,对现实中的人和机器进行仿真来完成。然后在已建立的模型基础上,通过操纵调整各类相关参数变量实现初步评估,作为之后成品投入阶段的基础。比如,Javaux 等(2015 年)为研究航海人员和机器设备之间的交互而使用了复杂的三维人体模型。Ginnis 等人(2015 年)的一项针对紧急情况下疏散船上人员的研究中同样应用到了建立模型的研究方法[137]。此外,国外已有不少数字化三维人体模型被应用到人机界面的视野、施力状态、伸及能力、舒适性等问题的评价之中,诸如人体骨骼结构、姿态舒适性、关节柔韧性和自由度、运动特征等因素都在被不断地结合入模型中,使得研究能够更加全面。在国内也有了许多的评价途径,灰色理论、神经网络方法及模糊理论等在评价不确定因素和主观反馈上具有自身的优势而广受青睐。可以说,当研究涉及伦理问题时,模型评估法是最合适的评估方法,因为它并不需要人类被试参与到实验中。同时,使用模型评估法可以开展的研究范围也相当广阔,但相对来说,它无法体现出人主观层面的行为表现。

3.9.5.2 人机交互技术的发展趋势

目前的人机交互主要依赖于人机交互图形界面和语音交互,在各个细分领域都有巨大的发展潜力,如侧重多媒体技术的 3D 显示器、侧重多通道技术结合的数字墨水技术等[133]。另外,基于眼睛虹膜的触觉交互技术,甚至是基于脑电波衍生出来的脑机接口交互等新技术也在被深入研究。尽管人机交互在应用层面已有了很大的进步,但发展过程中也遇到了各种现实因素的阻碍。技术应用的范围、相关社会法规和道德伦理的限制,或人机交互设备的识别功能不足等因素,都影响到人机交互技术的发展。

人机交互技术的发展对经济具有强有力的推动作用。据奥维云网(AVC)预计,在物联网的智能时代,到 21 世纪 20 年代,全球智能产品的交易总额将达到 12 000 多亿美金。

人机交互设备市场前景广阔。人机交互产业也催生了大量的研究团队和创新型公司。研究表明,人机交互设备市场呈现空前繁荣的状态,人机交互持续商业化和市场化,同时创造了巨大的经济价值。

从机械式键盘到鼠标,到图形化的人机交互界面,再到触摸传感器,智能机器帮助人们提高效率,提升社会学习,完成更高价值和高创新性的工作。人机交互不断地因人类需求的升级而发展,又反过来影响人类社会的进程。某种程度上,从人们对智能机器(如智能手机)的依赖可见人与计算机已经在一定程度上形成了一种"共生"关系,人机交互是持续向着以用户为中心、交互方式更加直观的方向发展,人机交互技术的发展推动社会趋向高效和自然和谐[134]。

未来期待人机交互在以下方面能有突破性的进展:

1) 虚拟现实人机交互基础研究

着力研究人类感知机理与基于认知的自然人机交互理论与方法,包括研究人类多感官(视、听、触、力、嗅、味)通道对虚拟现实(virtual reality,VR)、增强现实(augmented reality,AR)等生成环境的感知机理,发展新的感知装置,为 VR、AR 呈现设备与装置以及人机交互技术的研制与研究提供基础理论支持;支持 VR 环境下人类生理反应机制、认知过程和情绪机制等研究,研究多通道反馈呈现与适应性调节方法,构建生理计算理论;推动 VR 环境下人类交互行为研究和多人协同交互研究,发展符合人类固有运动技能的全身体交互技术,探究多通道交互机制,构建自然人机交互理论与方法。

2) 虚拟现实人机交互共性关键技术

加快自然人机交互核心技术研发及产品化。提升轻量级、微小型化、低功耗智能交互硬件设备的设计研发水平,研发能精确、实时快速感知人类运动行为、语音以及生理状态的智能感知设备,为智能化、网络化 VR 提供智能感知终端,实现对人的行为及状态的真实感知;突破个体手眼分离条件下的语言、手势、姿态以及眼动等多通道交互技术,实现交互意图理解,为移动开放空间中的个人 VR 类应用提供自然交互技术;研究面向有限空间范围的多人、多通道交互技术,为群体类 VR 应用提供支撑平台;研究语言、姿势、动作、表情、眼动等行为与生理变化之间的关联关系,形成 VR 临场感评测工具,为提升人在复杂环境中的工作绩效、专业技能人员培训效率以及运动、认知或精神方面受损的患者治疗与康复水平提供共性支持,也为评价 VR 系统本身的评测提供工具。

3) 多模态自然人机交互

人机交互的未来发展趋势之一是告别单一模式,发展多模态自然人机交互。多模态自然包括信息多模态交互信息输入、多模态交互信息融合和处理和多模态交互信息反馈。多模并行交互结合触控,AR 互动和语音等,辅助以体感和手势和眼球追踪等技术。多模态人机交互能把我们的五感(形、声、闻、味、触)融合起来,这样人机交互呈现出的效果,尤其是表达效率明显高于单一的感觉,表达的信息也更加丰富。从人机交互发展的历史来看,多模态自然人机交互会是目前可达到的最理想以及最自然的方式。

4）全方位感知人机交互

未来人机交互发展的另一趋势是专注于全方位感知的人机交互，例如针对环境的情景识别交互，可以分析用户所处的环境，并结合用户画像挖掘用户的深度需求。利用不同类型的传感器掌控环境实时的变化，增强现实感，针对性发展某一区域的人机交互设备。个人设备将退居幕后，取而代之的是无处不在的微小尺寸的传感器。通过情景识别和全方位感知，以提升用户体验。

5）实现万物互联的多技术融合

人机交互的另一个发展趋势是发展多技术联合与融合的人机交互，实现万物互联。这就需要考虑到多种技术才能满足巨大的市场需求，如基于生物信息的分析技术、基于用户体验的全方位感知技术等等。基于智能设备的互联，人机交互将拓展人类的感官和认知能力，产生全新的使用场景，重塑交互和发展方式，尤其是人与机器、设备间的交互和连接。

3.10　网络化作战技术

随着科学技术的发展，现代战争的作战模式已经逐渐成为信息化战争，从传统的单一平台作战演变为基于网络的、多平台协同的一体化作战。

3.10.1　网络化作战定义

网络化作战（简称"网络战"）是指在网络空间的作战，作战双方的攻防对抗焦点集中在对网络资源的争夺上。网络战是信息战的重要组成部分，是夺取并保持信息优势的重要手段。根据作战空间不同，网络战可区分为互联网空间作战与战场网络空间作战等，人们所熟悉的病毒、木马等传统攻击方式都是从互联网空间而来，目前由于网络战武器的出现，作战空间正由以互联网为主向战场网络空间位移，同时随着各国专门的网络战部队的出现，作战力量也呈现出专业化的特点。网络战又可以划分为协同作战和网络中心战。

1）协同作战

协同是指对战场上各种作战活动进行时间、空间和目的方面的安排，以便在确定的时间和地点产生最大限度的相对战斗力的过程[138]。作战协同已经从机械化战争分层次组织协同演变为基于信息网络的分布式协同。从狭义上来讲，协同指既定数目的作战资源通过数据链传输信息并基于此完成特定的作战任务，如无人机编队协同、有/无人机协同作战等；从广义上来讲，对己方所有作战资源进行统一的管理，以实现众多分布异构的作战资源间的态势共享、优化配置，实现己方作战效能的最大化，也可称为协同。

2）网络中心战

网络中心战（net centric warfare，NCW）是信息化作战的典型代表，它将战场各个作战单元作为节点接入网络,把信息优势变为作战优势,使分散配置的部队共同感知战场态势,协调行动,将作战中心由传统的平台迁移到网络,更加注重信息在作战中的作用,从而将作战效能最大化。但是在实际运用中,网络中心战仍暴露出以下两个缺陷:① 军事组织的问题。网络中心战虽然实现了各作战组织的可互连性,但由于作战组织数目的巨大,难以实现作战资源间的互相发现及互操作。② 作战资源的服务模式问题。传统作战方式为将分布于不同地理位置的作战资源集中起来完成一个作战任务,体现了"分散资源集中服务"的思想,而在信息化时代的高技术战争中,作战任务纷繁复杂,战场态势瞬息万变,且通常不局限于某一地区作战,而是在多个地理位置同时作战。

3.10.2　网络化作战发展现状

近几年来,云计算技术日益成熟,在商业界各领域获得巨大成功。云计算秉承"按需服务"的理念,狭义上指 IT 基础设施(包括硬件、平台和软件)的交付和使用模式,广义上指服务的交付和使用模式。根据提供的服务层次,云计算可以分为基础设施即服务(infrastructure as a service,IaaS)、平台即服务(platform as a service,PaaS)和软件即服务(software as a service,SaaS)三类[139]。云计算技术通过对计算、存储等资源虚拟化,来为消费者提供按需计费的云服务,它不仅是一种软硬件服务模式,更代表着一种基础设施架构管理方法,即对组织资源的虚拟化管理。云计算技术的范型已经在许多领域得到了成功运用。在制造领域,出现了一种面向服务、高效低能和基于知识的网络化制造新模式——云制造,它将异构的、地理分布的制造资源虚拟化为制造服务,并发布到云制造平台,供需求方发现和使用;在可再生能源领域,文献[140]提出未来电网的新模式——云电网,它能够接入所有可再生能源,并充分利用不同能源的时空互补性,并就地接纳各种分布式电力资源,以提高资源的利用率;文献[141]提出了一种基于云计算的机器人架构管理方法——云机器人,将大量的计算、存储等功能迁移到"云"上,并能够从"云"中获取所需信息,提高了机器人间的资源和信息共享能力。

此外,面向服务的体系架构(service oriented architecture,SOA)概念日渐完善,在各领域的应用也迅速增多。SOA 为软件发展提供了一种体系范型,系统以服务的模式进行组织。服务是为用户提供自描述、自包含功能的单位。SOA 体系由服务提供者(service provider,SP)、服务请求者(service requestor,SR)和服务代理(service broker,SB)三种角色构成[142]。SP 将自身所能提供的功能在服务代理进行注册,服务的功能性属性、非功能性属性和调用协议等使用信息由 SP 在服务代理中发布并可被潜在的 SR 发现。SR 通过服务代理查找特定类型的服务,服务代理作为 SR 和 SP 的中介,为 SR 查询相应的服务并将它们绑定。Web Service 是 SOA 应用的一个典型例子。网络服务架构(web services framework,WSF)是 SOA 在应用中的一种形式,它提供了基于 XML 等标准网络技术的 Web Service 描述语言(Web Service description language,WSDL),简单对象访问协议(simple object access protocol,SOAP)和统一描述、发现和集成协议(universal description discovery and integration，UDDI)等 SOA 基础模块[143]。不同的 Web 服务之间可以按照一定的契约(如 WSBPEL4 或 WS‐CDL)来构成一个组合云服务,为用户提供由单个服务所不能完成的复杂任务。Web 服务架构为整个企业甚至多个组织之间业务流程的集成提供了一个通用机制。

云计算、SOA 及其他技术(如物联网、网格计算等)为解决网络中心战中的上述两个缺陷提供了思路。作战资源与制造资源、Web 服务等具有相似性,即它们都是由异构、分布的实体构成的组织,实体之间需要协调配合来完成任务。作战资源需求者可以从"云"中获取所需的作战资源,而作战资源在执行任务时也可以从"云"中获取所需的信息。网络中心战的主要缺陷在于,由于作战资源的分布性和异构性,导致它们之间不能互发现和互操作。为了解决这个问题,采用面向服务的体系架构,将异构的作战资源虚拟化封装为自描述、自包含,以统一接口对外开放的服务,并将这些服务发布到云端进行统一管理,通过服务发现与优选技术,使它们为服务需求者所使用。通过对不同服务的编排,实现异构作战资源灵活、松耦合的协同。这种技术可以实现战场上作战资源基于"云"的协同,因此将其称为"云协同"。

云协同使得分布、异构的作战资源得到合理配置,作战资源需求者可以根据作战任务将服务请求发送到"云"端,云协同中心在由分布异构的作战资源虚拟化封装而成的所有云服务所构成的资源池中搜索匹配的资源,并将服务请求者和服务提供者动态绑定,因而实现了战场上作战资源的互发现能力。通过对不同的云服务进行流程上的合理编排,各云服务可以调用其他云服务所提供的接口,使得它们可以共同完成一项复杂作战任务,因而实现了作战资源间的互操作能力。实现了互发现和互操作的能力,便弥补了网络中心战的第一个缺陷。

云协同将战场上分布的所有作战资源以服务的形式进行整合,虚拟化为云服务资源池,对于来自各处的服务请求可以从资源池中动态地搜索,并为之分配最合适的云服务。云服务资源池对战场上所有的作战能力进行统一描述,形成虚拟的作战资源的服务中心,使得作战资源"形散而神聚",可以方便地为分布于不同地理位置的服务需求者提供服务,进而实现了"集中资源分散服务"的能力。

云协同在弥补网络中心战两个缺陷的同时,还将给信息化作战带来如下优势:

(1) 云协同使作战资源可从战场"大数据"中获得所需信息。云协同依托强大的存储能力,根据各作战资源执行任务时所传回的信息,构建战场"大数据",使得单个作战资源可以获得不可能通过自身获得和存储的大量信息资源,并依靠这些信息,辅助指挥作战人员进行决策。因此,云协同将大量的战场信息共享最大化。云协同数据中心还可利用数据挖掘技术,从中发现更加深层次的信息。

(2) 云协同使作战资源拥有"云"端强大的计算能力。依托云协同中的大量的计算资源,分布于战场环境中的作战资源可以将复杂计算迁入"云"端,而只需要这些作战资源与"云"端相连,便可获得云协同中心的任何计算能力。指挥人员甚至只需一台能够联网的掌上电脑,便可完成一次复杂的作战推演。一些复杂的数据计算任务如数据融合、火力控制解算等也可迁移到云端进行,这样使得本地无须拥有大量的计算能力,从而降低了作战成本。

3.10.3　网络化作战关键技术

3.10.3.1　云计算的应用

从 20 世纪 90 年代开始,美国军方、NASA 以及美国自然科学基金会相继在各自领域内开展网格研究项目,其中包括全球信息栅格(global information grid,GIG)[144]。GIG 以"服务"为中心,增加了体系结构的集成内容,利用作战视图、系统视图和技术视图集成的体系结构,可以把系统的能力与如何作战和如何开展业务关联起来,进行系统的互操作性、重复性和差距的评估。但是,美军 GIG 仍存在许多问题,如缺乏互操作性、难以适应快速的技术变化等,这些问题的根本原因在于各军种和相关部门各自为政,标准不一,不能互联互通。

为此,2011 年美国国防部针对 GIG 建设中存在的问题提出了一揽子解决方案,即联合信息环境(Joint Information Environment,JIE)概念,并于 2012 年 3 月提出 JIE 的总体发展规划与里程碑节点[145],力图从根本上改变美军现有信息集成、配置、接入、共享以及技术使用方法。除 JIE 外,美国陆军支持的以云为中心的关键项目还包括情报部门信息技术企业(ICITE)和"作战人员战术信息网"(WIN-T)战场网络,其 WIN-T 战场网络从战术角度出发,旨在为士兵拓展指挥控制视野。

美国国防情报系统机构(Defense Information Systems Agency,DISA)从 2008 年开始着手云计算在军事上的应用。DISA 为美国陆军和美国国防部开发了一系列项目,包括 Forgemil、快速访问计算环境(Rapid Access Computing Environment,RACE)和 GIG 内容交付服务(GIG Content Delivery Service,GCDS)。Forgemil 利用云计算来协同开发和使用公共资源与国防资源[146],RACE 是依靠云计算的廉价、安全、快速的解决方案,GCDS 可以为地理分散的需求者提供安全稳定的服务。

近几年来,美军 F-22、F-35 战机形成初始作战能力,而单靠第五代战机无法满足美军在下一阶段保持空中优势和掌握制空权的能力,而是需要一种全新的理念最大限度地发挥现在各类作战平台的能力。为此,美国空军提出了"作战云"的理念[147]。"作战云"核心理念是海、空、天、网络层的跨域协同,强调多域虚拟存在、高度融合与自然聚散。2014 年,美国空军将"作战云"定义为情报/侦察/监视、打击、机动、保障于一体,在灵活作战框架内实现当前、未来的海上、空中、空间和网络等能力的综合一体化。

2010 年日本防卫省技术研究院提出的 i3 五代机概念中包含了"云射击"技术。"云射击"技术类似于"云计算",其利用先进数据链系统,将己方机群形成"云",通过共享信息等方式,作为群体发动最有效的攻击,使战机的攻击范围产生飞跃性的扩大,并增加先发制人的机会,减少弹药消耗。文献[148]借鉴云计算的部署架构,将数据共享能力和应用引入军事情报融合中。文献[149]为网络化反隐身作战设计了云协同攻击系统,提出了针对反隐身作战的战术云概念。中国相关学者也对云计算在军事上的应用进行了探讨:一些学者对军事应用计算云的体系进行了研究,在不同的服务模式下进行了分析,包括 IaaS、PaaS 和 SaaS;还有一些学者针对特定的军事领域对云计算的应用进行了分析,如对大量军事数据进行管理的云存储系统和基于物联网、云计算的燃油管理系统。

3.10.3.2 服务虚拟化

虚拟化技术是一种将现有的计算机资源(CPU、内存、磁盘空间等)进行组合或分解,使其在逻辑上成为一个或多个操作环境,从而提供优于原有资源配置的访问方式的技术。根据抽象的层次,它可以分为指令级虚拟化、硬件抽象级虚拟化、操作系统级虚拟化、编程语言级虚拟化和类库级虚拟化等。虚拟化技术具有广泛的应用,如服务器整合、安全计算平台、多操作系统支持、内核调试、系统迁移(system migration)等。研究较多的系统级虚拟化核心技术之一,是在计算机硬件和操作系统之间增加虚拟机管理器(virtual machine monitor,VMM),以解除两者间的直接依赖。通过 VMM 技术,虚拟化计算系统能够实现计算资源的灵活配置与高效使用,并且能够实现运行时的容错迁移和安全隔离。

虚拟化技术起源于 20 世纪 60 年代末,但那时该技术只应用于大型机中,如 IMB/370 的虚拟计算系统。20 世纪 70—80 年代,由于微型计算机和个人电脑的出现,虚拟化技术的发展一度陷入停滞状态。直到 90 年代,基于不同硬件和操作系统个人电脑的大量出现,虚拟化技术重新被重视起来,以使原本只能运行于特定硬件和操作系统的应用可以在其他软硬件配置中进行。虚拟化技术从纯软件的虚拟化发展到硬件的虚拟化,突破了 X86 平台的虚拟化瓶颈。随着时代的发展,虚拟化技术有了更加广泛的含义。虚拟化的对象不再局限于计算、存储等计算机资源,还扩展到一些新的环境和应用中。广义的虚拟化是指以某种方法将实体的内部结构和实现隐藏起来,而将其外在的功能表现映射到虚拟空间。网络技术的发展将各种资源和信息联结起来,但是如何以统一的形式将它们发布在网上,并可与其他资源或信息进行交互,是虚拟化技术要解决的关键问题之一。虚拟化技术将各种资源间在结构和执行过程中的不同隐藏起来,将它们封装为在网络环境中可重用的服务。

在网络高速发展的今天,资源虚拟化已经成为实现企业资源共享和互操作的重要手段,异构的资源通过虚拟化技术成为同构的服务,实现了全局共享,并通过标准的接口实现了互操作。互操作的程度则反映了资源虚拟化的程度。

目前学者关于云协同中作战资源的虚拟化方法研究较少,主流研究是提出了一种基于模板的作战资源虚拟化方法,设计了作战资源适配器,将云服务的接口分为部署接口、管理接口和监听接口,所提出的作战资源云服务模板包括作战资源描述模板和作战资源实现模板。该虚拟化方法更加侧重于对作战资源属性的封装,而忽略了作战资源协同方式的封装,虽易于云协同中心管理云服务,但不易于组合云服务内各云服务间的协同作战。后也有采用资源描述框架(resource description framework, RDF)技术对作战资源进行了描述,但是它只是对作战资源的属性描述和存储提供了途径,为语义网等上层应用提供支持,并没有对作战资源的使用方式进行描述。而在云制造领域,相关学者对制造资源的虚拟化方法研究较多,提出了制造资源的虚拟化框架,并对虚拟化支持下的云制造关键技术进行了说明;也包括提出了一种基于物联网和云计算技术的服务封装和虚拟接入模型,通过对所提出的服务封装和虚拟化方法的实现,使得机器的能力可被主动获取,并且虚拟化机器可以被云制造平台以低耦合的即插即用的形式接入。

3.10.3.3　云服务功能性属性筛选

云服务发现是云协同的核心功能之一,而云服务的功能性属性筛选是云服务发现的重要技术。云服务功能性属性筛选是指根据服务请求者的云服务请求,在云服务资源池中选择能够满足其功能性属性要求的所有云服务,构成云服务候选集合,以便在非功能性属性优选阶段进行服务优选。传统云服务利用标准的可扩展标记语言(Extensible Markup Language, XML)来对服务及其操作进行描述。CORBA 是最早的云服务发现方法之一[150],它利用命名服务(naming services)和交易服务(trading services)来发现网络中的服务。命名服务是一种基于关键字的服务发现,而交易服务是基于服务类型的服务发现。UDDI 是在网络服务中最常用的服务发现方法。UDDI 架构的核心是一个服务注册中心,其功能是作为服务的目录。云服务在注册中心中以不同的角度被描述,如同电话目录中的白页、黄页和绿页。除此之外,它还用 tModels 以用户定义的分类法则对云服务进行分类。OSGi 提供了一个将应用和服务分发到网络上所有类型设备的开放服务平台,通过请求服务的名称和类型来发现服务;OSGa 将网络服务技术用于网格计算资源集成,服务将相关信息(即服务名称和类型)在注册中心进行注册,服务请求者通过获取这些信息来发现所需服务。

上述服务发现方法大多利用语法匹配的方式进行,即利用关键词或表格匹配的方法从资源池中根据服务描述搜索服务。然而,由于服务请求中的关键词可以在语义上与云服务的描述相似但语法上不同,或语法上相同但语义上不同,因而这种语法匹配方法常常导致较低的全查率和查准率。为了提高服务发现的质量,云协同中各角色对用于描述云服务的共享概念一致的理解至关重要。共享概念理解可以利用本体技术来实现。本体是共享概念模型明确的规范化说明,其目标是捕获相关领域知识,提供对该领域知识的共同理解,确定该领域内共同认可的词汇,并从不同层次的形式化模式上给出这些词汇和词汇之间相互关系的明确定义。

网络服务的本体语言(Ontology Web Language for Services, OWL-S)是利用 Web 本体语言构建的本体(Ontology Web Language, OWL),它可以用语义对服务进行描述,它将服务以输入(Inputs)、输出(Outputs)、前提条件(Preconditions)和效果(effects)的形式进行描述。CORBA 将整个世界划分为不同的应用领域,每个领域都用它自己的本体来对共享概念以及概念间的关系进行表达，称为领域本体（Domain Ontology）[151]。OntoMat 利用本体将服务请求者用到的概念与服务提供者用到的概念进行映射，以使这些概念可以进行比较并在此基础上进行推理。CBSDP 是自组织网络中的服务发现协议，它利用本体将服务执行中的数据交互进行翻译。

3.10.4　网络化作战体系

一直以来建立军事作战体系模型被作为一种辅助决策手段被运用到军事中来，随着时代发展，对军事体系的研究越来越成为军事领域的研究重点。网络化作战体系本身就具有复杂多变的特性，加之作战体系本身兼具典型网络的各种特点，使得其构成成分复杂且数量巨大，单元结构成分更是多种多样。在现代网络时代背景下，作战的交火过程多变，各实体节点、实体子系统之间信息交互、火力交互作用复杂，而且涉及因素众多，使得网络规模巨大，从而使得在真实战场中，交战双方的作战体系随着战局的迁移充满了大量的不确定性、偶然性，并且不断地产生突发情形，这就要求战略指挥者在动态的时局中具有与时俱进的战略分析能力。在交战过程中，双方的节点不断产生毁伤，信息流随着交火的加剧，不同程度的基础节点损伤从而带来，如何让作战体系可以在多数情况下正常运转，这是现代军事科学的重要研究方向。

过去，Lanchester 方程被用来定量描述自己作战过程中双方兵力的毁伤变化情况，多次的战斗结果证明了其在定量分析战局方面拥有较好的预测效果。但是，随着现代信息科学的飞速发展，网络建立使得现代战争双方对抗过程中，各实体节点之间的作用变得越来越复杂化。这种传统的兵力毁伤模型在如今的战局中已经无法很好地描述这种复杂的相互作用关系。20 世纪中期，美军提出一种全新的军事概念作战体系，网络中心战的提出，在过去伊拉克战役中对战势的把控拥有不俗的表现，初步成为被国际所公认的先进作战体系模式。该作战体系在保留原本经典对抗式作战体系的基础上加入网络化的思维元素，网络研究的引入使得战略的完备性有了显著的提升。在网络化思想作用下，研究者们从实体节点入手，将战场传感器、指挥中心及火力打击单元这样的组织形式构成的整体从任务的角度加以考虑，构成一个完整的游击作战整体，使得作战人员及各火力打击节点能够快速响应并且获得相对准确的情报，提高了交火过程中火力打击的精度以及准度，各节点在这种组织形式下能够更好地发挥各自的作战优势、提升作战效率。随着时代的发展，网络中心战势必成为信息化战争时代背景下新战争的主要作战形式。

节点抽象是网络化作战体系的主要研究手段之一，具体方式表现在通过将战场上的各个实体节点抽象为网络节点，根据属性的不同对其进行详细的划分，相同属性的实体节点与不同属性的实体节点之间都存在着信息交互、火力交互、指控关系交互等一系列错综复杂的交互关系，将这些交互关系抽象为网络中的边，从而用这样的方式表示一个作战体系，用以研究该组织形式下的作战效能，抗毁率等一系列指标，快速提出一套行之有效的组织形式，应对多任务并发环境下良好的作战方式，在军事运筹领域，越来越成为未来军事研究的重点。面向任务的组织形式强调以任务为中心,凭借自身的快速响应机制,已在商业领域获得了较好的成绩。由此引发了其在现代作战体系领域研究的发展,通过不断强化任务目的性,以任务为核心定制的作战组织形式,能有效提升作战能力,从系统建模的角度出发,结合多目标优化的遗传算法为任务分配提供解决方案,复杂网络理论运用于网络化作战体系的构建,为描述节点交互间的复杂关系提供了一种全新的研究方法。

在作战体系建模的过程中,定量把握火力节点谁战场变化的作战效能、偶然情况的发生、战略战术的得失状况以及天气,地理环境等综合因素对战斗过程推进的累加效应,定量描述作战形式的方法,从 Lanchester 最初提出的偏微分程开始,而后的研究方面便出现了各种不同流派的研究方法,总而言之可以分为以下几个大类:有以 Lanchester 方程为代表的半经验半理论的描述方法;有基于数学拟合、统计等提出的从过去战场数值中总结的实验统计方法;有基于长期经验总结而提出的经验法以及纯数学推导而提出的严格理论方法,严格理论方法虽然更尊崇科学的严谨精神,但在实际战场预测过程中,精度还有待提升。

Lanchester 最早提出了一种描述作战过程中双方毁伤的计算理论,这是一种建立在半经验半理论基础上的计算模型,该模型的提出在军事领域具有跨时代的意义,它为定量描述战场这一复杂多变的系统提供了一种定量描述的方式,表现出当时时代背景下兵力集中的指挥原则,但该模型的研究模型基于旧时代武器的作战背景下,虽然能准确描述当时的作战器件双方的作战行动以及行动的差异性,但是在信息科学的发展下,它的准确率也在不断下降,在之后的一个世纪里,许多学者在基于这个方程描述的基础上,不断提出了更多的假设以及修正,方程经历了各种各样的变形以及补充,在后来的研究中又逐步提出了间接瞄准模型和直接瞄准武器交战模型的方程描述、美军提出的兵力补充模型以及斯赖伯模型等。但是由于方程本身的特性,修正在后来的军事战争中总是不能达到一个相对满意的描述结果。

中国对作战体系的研究也是从 20 世纪 90 年代才开始逐渐开展的,一系列专家学者在作战体系的研究方面都做出了突出的贡献。规范交战模式理论的提出,对各种差异化情况下作战行动的描述,提供了一个全面而统一的描述方式,考虑实际作战过程中兵力的空间分布,武器装备的损耗耐久以及多兵种协同作战情况下的大规模战斗模拟都有一个很好的指导方向。但是该研究方式依旧没有脱离传统建模理论的局限性,使得它在工业时代的战争中具有良好的表现性,在信息化时代到来后,战场关系越来越复杂,战局随着时间的变化,随时有可能发生着翻天覆地的变化,传统模型的局限性也由此表现出来,不能很好地描述兵力之间协同作战的交互关系。内部因素在战场交火时在作战体系内部发挥的实时作用,战场的动态迁移特性,信息的同步,作战的协同,传感器的状态,这些都无法很好地反映在这一套理论体系当中。为了更好地反映这一系列错综复杂的关系,统计式的体系描述方式也应运而生,而信息化战争时代统计式的描述缺少大量的数据支撑,一直表现欠佳,同时也无法反映出实际作战过程中作战体系内部之间的相互关系,网络化的研究方式也正因如此逐渐走入人们的视野。

不同时代背景下战争都拥有不同的表现样式,从而不同的时代也会建立不同的作战体系架构,来作为研究战争、指导战争的方式与途径。网络中心战理论自从美军提出以后,随着学者们的不断研究,其本身的复杂性被日渐发现。信息时代大背景下,信息作为最主要的战场要素,传统的作战体系建模理论已经越来越表现出其弊端,对战场复杂信息流情况的描述表现出力不从心的迹象,现代战争的表现形式已经主要集中在网络中心、信息交互等一系列具有时代特色的元素上,战场双方的作战体系内部都包含着许多大大小小的动态网络,这些网络相互耦合在一起,普通的网络研究方式已无法描述这种网络之间相互嵌套的复杂表现,复杂网络理论的诞生为人们研究现代网络中心战的建模过程提供了一种新的解决途径。

3.11　组网与站点部署技术

3.11.1　组网与站点部署定义

所谓组网,就是将编队内不同体制、不同频段和不同极化方式的传感器(包括指控系统、火力控制系统、武控系统、雷达系统、红外系统等)按一定的配置方法进行部署,实现对目标的联合探测、定位与跟踪。不同的传感器可以从不同的方向上对目标进行探测和跟踪,并把各传感器站获得的目标信息实时互通,成"网状"收集和传递,由中心站综合处理、控制和管理,从而形成一个有机的整体。网内各传感器站的信息(原始视频、点迹、航迹等)汇集至中心站进行数据融合,经数据融合建立起比单部传感器质量更好的航迹,得出传感器覆盖范围内的情报信息和战场态势,甚至可利用融合数据进行制导。传感器组网示意图如图 3-29 所示。

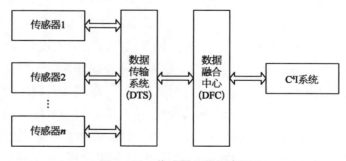

图 3-29　传感器组网示意图

3.11.2　组网与站点部署发展现状

美国将成熟的制导传感器网不断改进和完善,形成了多种形式的制导雷达网。例如,利用同类多制导雷达组网,"爱国者"导弹武器系统以营为作战单位,每一个营管辖 6 个连(火力单元),每连配有 6～8 部四联装发射架、1 部相控阵雷达及其他设备,这样全营的 6 部相控阵雷达就可组成一个同类多雷达网,采用测向交汇或时差定位方式可对空中干扰源进行加权定位。还有不同类的多制导雷达组网形成区域防空体系,如远程高空"奈基Ⅱ"、中程中低空"霍克 B"、低空近程"小槲树""红眼睛"等武器系统,提高了反低空、超低空入侵的能力,同时也解决了各制导武器之间的相互支撑,提高了生存能力。

北约 14 国的联合防空体系,原是以"奈基-Ⅱ"和"霍克"为主的 4 层结构。近年来引进美国的"爱国者"18 个连,和原来的 24 个"霍克"连组成互补网,部分改动了"爱国者"的软件,使"爱国者"的数据处理结果送至"霍克"就能作战。"爱国者"后续改进型 PAC - 3 的一个主要设计思想就是进一步增强其网络作战能力。

俄罗斯的雷达网以莫斯科防区最为典型。在以莫斯科为中心的 130～160 km 圆周范围内建立了 4 层防空网(共 64 个防空导弹阵地和最外层 6 个防空导弹阵地群),各层都有数据处理中心,并将数据送往市中心防空指挥部,实施全防区指挥作战。

美国空军和陆军有关专家普遍认为,组网是最有希望的反隐身、反高速大机动目标、抗干扰途径。美陆军已集中力量优先安排组网工作,以改进其监视和作战能力。当前美国已考虑组网作战对传统指挥方式实施变革,正在研究"即插即战"的指挥模式。国外有关专家认为,未来变革的方向是以"传感器为中心的网络"或以"网络为中心的战争"。

另外,随着航空工业的发展,各国均配备了空管雷达、新航行系统和飞行服务站。美国作为航空工业最发达的国家,在大部分机场均配备了一次、二次合装的监视雷达,达到了良好的高、中、低空覆盖。目前中国空中交通管制系统中的雷达系统、仪表着陆系统、导航台站等空管设施刚起步,还没有真正意义上的全国流量管理能力、气象服务水平和独立的卫星导航系统。随着中国大力建设空管系统的展开,马上要建成新的低空雷达监视网络。必要的时候,低空的雷达网络可以转为军用,成为中国反隐身的利器。

目前,传感器组网技术适应现代军用电子设备向系统化、一体化的发展需求,在中国得到了迅猛发展,取得了许多成果。

3.11.3　传感器组网与站点部署关键技术

传感器组网技术研究传感器组网的具体原理、方法、算法和工程实现方案。传感器组网技术又是一种战术,它包含技术和战术两个层面,需要综合考虑战术和技术因素。传感器网性能分析重点研究传感器网的威力、检测性能、效能评估、情报信息融合算法、对小目标的检测能力、多元信息提取、自适应能力分析等,另外传感器网综合设计还要考虑雷达组网设计和优化部署、传感器群网设计和优化、情报传输处理自动化系统设计开发和优化。

要将不同的传感器节点有机联系起来协调工作,每部传感器就必须在时域、频域、空域上有效协调一致工作,达到数据融合处理、资源共享、互相支援的目的。

3.11.3.1　传感器组网原则

1）空域覆盖原则

保证传感器网管辖区的全空域覆盖衔接；一部传感器的顶空盲区必须由另外至少一部传感器的威力图所覆盖；空域覆盖要有一定的冗余；不仅要考虑水平面上的覆盖，还应考虑高度上的覆盖；保证对低空、超低空目标的探测。

2）对抗原则

部署新的、功能更强的、频带更宽的传感器设备，提高其电子对抗能力。对抗方式有空域对抗、频域对抗和功率对抗等。传感器网内应尽可能采用具有以下抗干扰技术体制的传感器：

（1）高空间滤波特性，副瓣对消，副瓣消隐。

（2）自适应相控阵。

（3）高分辨力，脉冲压缩。

（4）频率分集，频率捷变。

（5）动目标选择，脉冲多普勒系统。

（6）变脉冲重复频率和积累，单脉冲体制，复杂调制波形。

（7）隐蔽接收，被动定位。

（8）新的信号检测处理技术，目标识别，极化雷达。

（9）米波雷达、毫米波雷达和超宽带高分辨率成像雷达、逆合成孔径雷达。

（10）高平均功率。

3）网络变通原则

根据作战形式的变化，传感器网的任务也会随之改变。传感器网应该具有良好的功能变通能力，以迅速适应战场形势的变化。传感器网变通分为硬变通和软变通。硬变通即在网内增加或减少传感器，或网内传感器机动转移。软变通又分为单部传感器软变通和网络软变通，传感器软变通基于传感器软件化技术，网络软变通基于通信技术和信息融合技术。

4）网络互通原则

现代高科技战争条件下，海、陆、空、天、信息五维一体化，从指挥到侦查作战一体化，部队作战中心与网络中心一体化。这就要求网络内部以及网络之间具有互通能力、互操作能力和互作用能力。为此，应该支持同步与异步传输；支撑多频段并行数据传输；支持有线、无线、卫星通信；支持不同数据链路的交链，或全局或战区链路的转轨。增强网络的互通性和兼容性，以提高其协同作战能力。

5）信息防护原则

增强信息防护能力，保证我方信息系统的安全，防护敌方对我方信息网络的利用、干扰和破坏。要特别注意计算机网络安全和空间电磁信息安全问题。

6）快速机动原则

传感器应具有快速的转移和建站的能力，这是抗干扰、避攻击、战场支援的有效手段。

机动将成为传感器未来作战的一种主要方式,这是传感器生存、情报保障、保持持续战斗力的关键。在传感器网部署时,固定传感器、机动传感器和隐蔽传感器应有机结合,根据战场环境合理布局。

7）快速反应原则

传感器网快速提供可靠、安全、大容量与高精度的信息,可以为部队提供作战的先期规划、胜出一筹的作战部署,支持部队的机动行动,确保全面优势。传感器网的快速反应能力取决于网络通信结构、信息融合技术和单部传感器信息的获取速度。

8）准确性原则

传感器网的信息准确性基于单部传感器的信息准确性。单部传感器的信息准确性取决于距离方位精度和分辨力、发现概率和虚警概率等。传感器网的信息准确性取决于传感器网信息融合技术。所谓信息融合技术,是指协同利用多源信息,对同一事物或目标的各种特征信息进行综合处理,从而更好地认识目标的技术。

9）生存威胁

传感器网的生存威胁来自反辐射导弹、计算机对抗、分布式电子干扰、定向能武器、弹道导弹、巡航导弹、隐身飞机和无人攻击机等。主要的生存威胁来自反辐射导弹和电子对抗。

传感器网的生存能力基于网内单部传感器的生存能力,同时与组网方式、通信方式、作战指挥手段、传感器网信息融合技术、机动能力等因素有关。传感器网的稳定性是体现传感器网生存能力的一个因素。传感器网的有效性很大程度上取决于其抗电子干扰的生存能力。

10）效费比原则

传感器网是一种大型的高科技电子装备,由大量传感器装备构成,其综合造价惊人。如何在保证传感器网的综合性能条件下使传感器网的综合造价最低,这是很有必要深入研究的课题。

图 3-30 为地面对空监视传感器网的体系结构,地面对空监视传感器网下辖各战区网,并在必要时直接或通过战区网调用星载预警传感器、机载预警传感器、气球载预警传感器、超视距传感器和大型相控阵雷达的情报信息,与常规地面传感器网信息进行融合。

3.11.3.2　空间同步和相位同步技术

1）空间同步技术

当发射天线转动时,发生脉冲就在空间传播,遇到目标便反射电磁波,接收站接收到回波,从中检测出目标。由于接收和发射异地,所以要利用发射波束与基线的夹角、距离以及基线距离来解空间三角形,求出目标到发射站或接收站的距离和目标到接收站与基线的夹角,这样接收站形成波束对准回波方向,并接收到目标信息,此过程称为空间同步。它可以采用脉冲追赶方式实现。发射脉冲在空间传播,接收波束对准可能有回波返回的

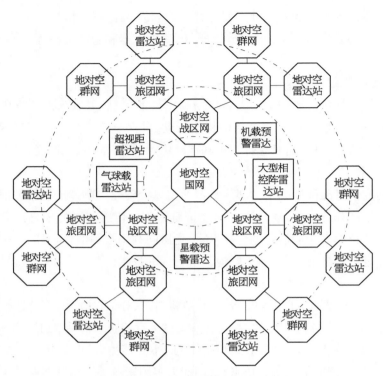

图 3-30 传感器网的体系结构

方向 1、2、3、…，称作脉冲追赶(图 3-31)。因为电磁波在空间以光速传播，所以接收波束的调整应很快，用数字方法形成波束能满足要求。

2) 相位同步技术

接收站要接收回波信号必须知道发射频率，发射站可能工作于捷变频状态，因此要将其频率码传到接收站。同时在两站各

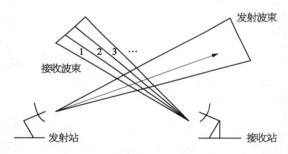

图 3-31 采用脉冲追赶方式实现空间同步

放置一台高稳定的原子钟，使两站的频率基准一致。利用原子钟和发射站的频率码使发射站与接收站的频率一致，称为相位同步。其好处是接收站可以进行信号相参处理，有利于杂波抑制。

3.11.3.3 站位标定和时间同步技术

1) 站位标定技术

站位标定是指对传感器网内各站进行精确定位和空间几何标定，标定误差将直接进入数据融合处理系统，形成目标定位的系统误差，从而影响传感器的跟踪精度。对传感器网中各单站传感器进行精确定位和空间几何标定，是各站之间通过坐标变换共享数据、对

目标进行精确定位和对测量数据进行融合处理的基础。同时,多目标环境下数据融合需要统一的采样时间。因此,站位标定和时间同步成为必须解决的重要问题之一。陆基雷达的标定可以利用卫星定位的方法获得各站的精确地理位置,其精度可以达到 3 m 以下。

GPS 是当前卫星导航定位系统应用最广泛的一种。它是美国陆海空三军共用的新一代卫星导航系统,由空间部分、地面监控部分和用户接收机三大部分组成。GPS 系统由 24 颗卫星组成,工作卫星分布在轨道高度为 20 200 km 的 6 个轨道面内,每个轨道上分布 4 颗卫星。自 1994 年整个系统投入使用以来,在地球上任何位置、任何时刻,GPS 都可为各类用户连续地提供动态的三维位置、三维速度和时间信息,可实现全球、全天候的连续实时导航、定位和授时。GPS 卫星发射的无线电信号含有两种精度不同的测距码,即 P 码(精码)和 C/A 码(粗码)。针对这两种测距码,GPS 提供两种定位服务方式,即精密定位服务(PPS)和标准定位服务(SPS)。PPS 的主要对象是美国军事部门和其特许的部门或同盟国。这类用户可利用 P 码获得较高的定位精度,单点实时定位精度可优于 10 m。SPS 的主要对象是民间用户,这类用户只能利用 C/A 码获得较低的定位精度,单点实时定位精度约为 30 m。由于 GPS 与美国国防现代化发展密切相关,为了降低其他国家使用 GPS 的导航定位精度,美国实行所谓的选择可用性(SA)政策,即人为地将 GPS 标准定位服务的精度降低到约 100 m。

美国政府对 GPS 用户实施 SA 限制政策后,引起广大民间用户特别是欧洲国家的不满。为摆脱这种限制,国际民航组织、加拿大和欧洲的一些国家都在建立区域性或全球性卫星导航定位系统,并主张发展由民间控制的全球卫星系统(CNSS)。在这种情况下,美国政府为了维持其在全球卫星定位系统中的主导地位和对该领域的控制,同时扩大美国 GPS 产业的快速发展,制定了相应的 GPS 政策,并对 GPS 系统进行了重要改进,以便实现 GPS 现代化。GPS 系统的现代化措施包括以下内容:

(1) 美国政府自 2000 年起取消了 SA 政策,这是 GPS 现代化的第一步。对全世界接受 SPS 的广大民间 GPS 用户,SA 关闭后单点实时定位精度可提高到 10 m 左右。

(2) 增加第三民用频率 L5,提高民用用户的定位精度。GPS 卫星信号分量除了包含上面提到的测距码,还包含 L 波段两种不同频率的电磁波载波,即 L1＝1 575.42 MHz 和 L2＝1 227.60 MHz 载波。经多方面的综合考虑和协调,1999 年年初美国决定增加第三民用频率 L5,该信号频率为 1 176.45 MHz。民用用户可利用新增加的第三民用频率来直接补偿电离层延迟产生的定位误差,以提高定位精度。同时,增加民用频率还将提高 GPS 信号的安全性和抗干扰能力。

(3) 更新和改进 GPS 信号结构,增强抗干扰能力。GPS 卫星发展可分为 Block Ⅰ、Block Ⅱ、Block Ⅱ A、Block Ⅱ R 和 Block Ⅱ F 五个阶段。Block Ⅰ 卫星的设计寿命为 4.5 年,Block Ⅱ 和 Block Ⅱ A 卫星为 7.5 年,Block Ⅱ R 卫星为 10 年。Block Ⅰ 试验卫星现在已到了最初的设计寿命,目前仅有 3 颗还能工作,其余的均已退役。Block Ⅱ 和 Block Ⅱ A 卫星的功能相当,它们均被 Block Ⅱ R 取代。Block Ⅱ F 预计于 2023 年发射。为使 GPS 现代化,目前美国正在改进 BlockⅡR 和 BlockⅡF 卫星信号结构,决定在 L2 上加载民用 C/A 码信号,将为救生服务设计第三频率 L5。在军用方面,将采用新的军用信号和编码结构,克服军用信号容易受干扰的缺点,主要措施是在 L1 和 L2 上加载专供军用的 M 码信号。这些改进为美国及其盟国在世界范围内的军事行动提供了更强的抗干扰能力和更好的信号安全性。

(4) 启动 GPS 第三代卫星 Block Ⅲ 计划,目标是设计一种能满足军用和民用的 GPS 结构方案,为 2010 年以后的使用发展新一代卫星。现有 GPS 信号结构的缺点是易受到干扰,Block Ⅲ 卫星将增加更高功率的 M 码和许多功能,进一步提高抗干扰能力,实现对军方安全可靠、对民用更易利用的目的。

(5) 改进接收机,采取功能模块标准化和开放式结构,并应用抗干扰模块(SAASM)提高接收机的抗干扰能力。

GLONASS 是继 GPS 之后应用较广泛的卫星导航定位系统。它是由苏联国防部独立研制和控制的军用导航定位系统,采用与 GPS 相近的 24 颗星星座结构。自 1996 年年初正式投入使用以来,GLONASS 可为各类用户连续地提供动态的三维位置、三维速度和时间信息,并一直是以 GPS/GLONASS 组合的接收机出现在实际应用中,其定位精度可达 10～15 m。GPS 精度对比见表 3 - 2。

表 3 - 2   GPS 精度对比

项　目	所属国家/地区	星座卫星数	轨道面个数	轨道高度/km	多址方式	服务区域
北斗	中国	2(3)	1	36 000	CDMA	局部
GPS	美国	24(28)	6	20 183	CDMA	全球
GLONASS	俄罗斯	24(16)	3	19 100	FDMA	全球
GALILEO	欧盟	27(30)	3	23 616	CDMA	全球

项　目	时间系统	坐标系统	定位方式	定位精度	授时精度/ns	通信功能
北斗	中国 UTC	BJZ - 54	有源	20/100 m	20/100	有
GPS	UTC	WGS - 84	无源	20 m C/A	20	无
GLONASS	UTC	SGS - E90	无源	26 mH/45 mV	20～30	无
GALILEO	UTC/TAI	GTRF/ITRS	无源	15 mH/35 mV	30	无

2) 时间同步技术

时间同步是指组成传感器网的各单站传感器在时间上必须严格一致。通常各传感器天线的扫描是完全异步的,如无统一的时标,就很难进行信息融合。目标速度越快,机动越大,对时标误差的要求就越严格。多目标环境下,数据融合需要统一的采样时间,而不同体制的传感器组网时有着不同的数据格式及采样时刻。因此,时间同步成为必须解决的重要问题之一。

所谓时间同步,是使 2 个时钟对准,或者是确切知道 2 个时钟的钟差,在后续处理中补偿这个钟差。在协同作战过程中,将现有作战系统中各种传感器获得的数据进行共享、融合,通过相关算法,进一步计算出威胁目标的相关信息,比如定位信息、各传感器获得的目标信息等,并进行相互补充,建立起一个单一、共用的敌方目标态势图,并针对敌方态势做出相应的作战及防御措施。

由于现有作战系统中各单站都有自己的本地时钟,不同站点的晶体振荡器频率存在偏差,温度和电磁波的干扰等都会造成站点之间的运行时间偏差,要将各站点中传感器获得的数据进行共享、融合,获得正确的敌方目标态势,必须即时校准各单独站点的时钟,保持各站点时间的高精度同步。下面就协同作战中的时间同步技术展开讨论,以寻找出最佳的时间同步方案。

目前解决时间同步的途径有三个:一是利用卫星定位系统的高稳定时钟,例如美国的 GPS 和中国的北斗卫星定位系统,其测时精度可达 30～40 ns,精度满足要求,但战时易受干扰。二是在各传感器站使用高稳定的铷原子钟作为同步信号,使用前进行统一时间校准,这种方法经外军采用,精度可达 20 ns,证明是可行的。三是将一个高精度的原子钟分别搬到网内各个制导站,使站上时间与钟上时间同步,已达到同步整个网的目的,其精度可达 80 ns 左右,优点是依赖性小,但是工作量大。

无线传感器网络中常见的几种时间同步算法包括 RBS 算法、TPSN 算法、Mini2Sync 及 Tiny2Sync 算法、FTSP 算法、LTS 算法和 RSP 算法等。目前常用的有 RBS 算法、TPSN 算法和 FTSP 算法,下面分别做一简介。

RBS(reference broadcast synchronization)算法是 Elson 等以"第三节点"实现同步的思想而提出的。其算法关键路径如图 3 - 32 所示。

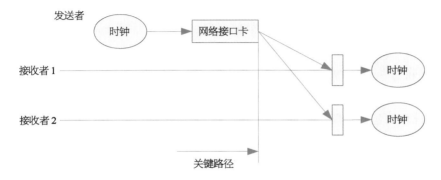

图 3 - 32　RBS 算法的关键路径示意图

其基本思想是某一节点广播参考消息给他的邻居节点,这个参考消息不包括时戳,相反,它的到达时间被节点用来作为参考对比时钟。节点广播单个脉冲给其他接收者,接收者在收到脉冲的基础上再交换记录脉冲的时间,进而估计节点间的相对相位偏移。

TPSN(timing2Sync protocol for sensor networks)算法是由加州大学网络和嵌入式系统实验室 S. Ganeriwal 等提出的基于 pair-wise 的同步算法,其时间同步交换图见图 3-33。

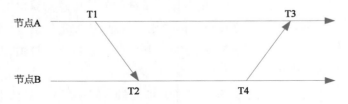

图 3-33　TPSN 算法时间同步交换图

它分为两个阶段:第一阶段为层次发现阶段,其目的是在网络中产生一个分层的拓扑结构,并使每个节点都赋予一个层次号;第二阶段为同步阶段,其基本模块就是成对节点间双向的消息交换,并假定节点间时钟偏移量在单消息交换的短时期内是不变的,双向的传输延迟也是相同的:

$$\left. \begin{array}{l} \Delta = [(T_2 - T_1) - (T_4 - T_3)]/2 \\ d = [(T_2 - T_1) + (T_4 - T_3)]/2 \end{array} \right\} \tag{3-59}$$

式中,Δ 为两个节点之时间偏差值(同一时间节点 B 的时刻减去节点 A 的时刻),为固定值;d 为两节点封包传递延迟时间。

FTSP(flooding time synchronization protocol)算法中,同步节点使用一个封包,利用广播方式,将时间同时发送给其他节点。广播消息由时间戳、根节点 ID 号和顺序号三个域组成。当接收到消息后,节点计算其全局时间与嵌入在消息中发送节点全局时间之间的偏移,更新自己的全局时间,并广播自己的全局时间到邻节点。FTSP 算法相比一般同步算法的主要改进是:根节点动态选取,任何节点如果在预设的时间间隔内没有收到时间更新消息,就宣布自己为根节点。为确保网络中仅有一个根节点,如果一个根节点听到来自节点号更低节点的时间同步消息,就放弃自己的根节点状态。

对上述传统算法进行比较可以发现,RBS 算法时间误差的主要来源是传输时间和接收时间的不确定性,当广播范围较大时,传输误差不可忽略,且同步范围不包括参考节点,则其不适合协同作战系统。TPSN 算法中在计算钟差固定值 Δ 时,假设双向传输延时相等,并通过计算将延时消除。双向传输的延时包括两个部分:电磁波空间传播的时间,发送及接收信号的处理时间。协同作战系统以三站为例,如图 3-34 所示。

信号的发送和接收由通信设备完成。一般系统中各站点之间的距离不超过 100 km,这样选择适合的硬件设施及相应的通信设备,同步过程可以在很短时间内完成,则各个站

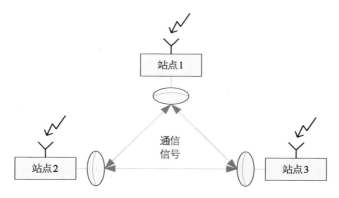

图 3 - 34　协同作战系统示意图

点可看作相对静止。计算钟差时,传输误差可以认为是相等的。这样可以达到较高的时间同步精度。但是 TPSN 算法中的拓扑结构,不太适合协同作战系统。因为当某个节点遭到破坏时,很容易连续影响若干个正常运行节点的时间。针对这点,用 FTSP 算法中的根节点动态选取来替代。这样不仅保证了同步网络的健壮性,且可以任意拓展节点数,即具有较好的伸缩性。

同步算法如下:将系统中的各站点编排节点号,使用 TPSN 中的同步封包交换方法,在发送时间封包时,都须附上发出节点号及接收节点号,且由非主站来收齐 T_1、T_2、T_3、T_4 后计算自己相对于主站的钟差 Δ,并进行修正。

3.11.3.4　数据传输技术

传感器网中,各单站传感器间靠通信系统相互联系构成一个整体,通信系统的性能对传感器组网后的性能有着决定性的影响。因此,必须建立起一套传输速率高、稳定性高、误码率低、延时短和安全性高的通信系统。传感器网常用的传输方式及其特点见表 3 - 3。

表 3 - 3　传感器网常用的传输方式及其特点

传输方式	优　点	缺　点	实　用　性
有线电缆	可靠、保密	架设工程量大、机动性差、损耗大	不适用
光纤	可靠、保密、容量大、抗干扰、损耗小	架设工程量大、机动性差	不适用
无线短波通信	简单、机动灵活	误码率高、易受干扰	超视距通信
微波通信	段宽、容量大、可靠、保密	超过 50 km 后需要设中继站	近距离通信
卫星通信	机动性好、容量大	有一定时延	大的组网系统

从稳定、高速、保密、机动性、费用等因素考虑，一般对于站间距小于 30 km 的，可以采用短波、超短波通信；对于站间距大约为 60 km 的，可以考虑用卫星通信，或者采用微波通信的方案，使用中继站进行接力。

网内传感器要协同工作，达到指火控一体化协同的目的，各个传感器站之间要传输的信息量相对较少，主要就是目标信息，可选择微波通信。

3.11.3.5 坐标转换和统一

在传感器组网系统中，各传感器上报的目标点迹是相对各自站址参照坐标系而言的。因此，在进行多站信息综合之前，要将所有外地传感器的测量值转换到统一坐标系中，然后在统一坐标系中进行相关、滤波和外推。考虑到坐标转换以后的误差相关性、状态变量和卡尔曼滤波都是高维的，通常选主站传感器（一般是三坐标目标指示雷达）的测量坐标系，即方位 A、仰角 E、斜距 R 作为统一坐标系。传感器坐标统一后，虽然原来匀速直线运动的目标航迹，在传感器测量坐标系 $A-E-R$ 中的每一维都变成了非线性，即产生了附加加速度，但是由于系统采用了 AGX 模型和卡尔曼滤波，对附加加速度同样能进行自适应跟踪，因而，采用主站传感器的测量坐标系作为航迹融合的统一坐标系，不再存在由于附加加速度引起的动态滞后或航迹精度降低的问题。卡尔曼滤波可以对方位 A、仰角 E、斜距 R 分别进行滤波，每一种滤波的状态变量是三维的。

由主站、副站传感器组成一个传感器网后，系统覆盖区域很大，由于地球曲率的影响，坐标有畸变误差，会导致目标分裂，因而在进行坐标变换时，不能将地面看作一个平面，而应将其看作一个旋转的椭球面。先将副站的传感器测量值转换到直角坐标系中，再变换到地心坐标系中，最后再从地心坐标系变换到主站传感器测量坐标系中。

3.11.3.6 系统误差校准

在传感器网中，当两部传感器在重叠覆盖域内观测到同一批目标时，经坐标转换到公共的统一坐标系后，由于存在传感器系统误差，两航迹往往发生较大分裂，严重时会影响两部传感器的交接跟踪，把一批目标误判为两批目标。为保证同一批目标在空间上的叠合，减小相关处理中的错误关联概率，提高情报综合的准确性，对坐标转换之后的各传感器数据进行系统误差校正是雷达组网数据处理中的重要内容之一。对传感器测量数据中包含的系统误差修正有两种方法：一是设备校准，二是数据校准。设备校准是指采用更精密的仪器对雷达测距、测角进行标校，使其达到更精确的目的，该校准方法具有很大的局限性。而数据校准是较通用、可实际操作的校准方法。其是指在中心坐标系中对各传感器测量数据进行修正，以达到在同一坐标内观测结果的一致性。常用的数据校准方法有实时精度控制法、最小平方配准法、相对系统误差估计法等。校正后的目标分裂程度仅为原来的 10% 左右，这就基本解决了传感器组网测量数据对不准的问题。

3.11.3.7　中心站设计

中心站是整个组网系统中的核心,它接收各个制导站送来的目标斜距、方位角、俯仰角以及测量这些参数的时间,然后利用内插、外推、滤波对这些数据进行时间对准,送交数据融合处理系统进行数据处理,得到目标的准确位置。所以,中心站软硬件系统的研制设计对整个组网系统的性能起着非常重要的作用。针对不同型号指火控组网数据融合的要求,研制实用、功能完善的中心站及数据融合处理算法,特别要考虑多目标情况下假目标的消除、数据配对,以及尽量减少计算机时间开销以满足多目标数据处理的要求。

3.11.3.8　优化布站

从着重防御上来考虑防空系统的设置,对指火控一体化系统提出优化部署方法。网内各传感器在空间位置上的配置结构,既要使传感器网能覆盖所需要的空域和监视范围,特别是要在低空、多目标探测时不能出现大的漏洞,又要考虑为了对低空观测目标达到一定的检测概率,网内传感器在监视空间要保持一定的重叠度。对传感器网布站进行优化,可以发挥组网更大的威力。优化布站主要考虑以下因素:

(1) 从探测隐身目标角度出发。为了防止指火控一体化系统出现对威胁目标漏报的情况,对系统布局时从最不利的隐身目标出发,即将检测隐身目标所需的最小的 RCS 随角度变化的曲线及该目标所能提供的 RCS 随照射角度变化的曲线画在同一坐标平面内,通过比较所需的与所能提供的 RCS 之间的差值,计算差值等于零时所对应的临界散射截面,并计算最大作用距离在地面上的投影距离,从而得到雷达对目标的可探测范围图。应用该方法的关键是绘制指火控一体化系统的可探测范围图。

(2) 从探测网连接的无缝原则出发。系统的垂直覆盖图具有这样的特点:探测目标的最大距离随目标高度升高而增加,在顶空通常存在一个张角为 $60° \sim 70°$ 的锥形盲区。因此,通过合理布站应使系统的覆盖系数大于1,对顶空盲区进行补盲,并且应以监视区域中预定目标的最低高度为基准。应用该方法的关键是要绘制出系统的垂直覆盖范围图,同时威力全域覆盖,低空、超低空性能也是应考虑的因素。

(3) 从抗干扰原则出发。在网内首先选择平均功率较大、捷变频带宽较大、天线副瓣较低的传感器;其次在系统的布局上,要把抗干扰能力较强的传感器放置在距敌干扰机较近的位置,即当来袭目标的主要方向明确时,把抗干扰能力最强的传感器布置在重点防空区域的边缘。应用该方法的关键是综合确定网内各传感器以及系统的抗干扰效能,建立抗干扰效能与传感器布站间的映射关系或数学模型。

在布站时优先考虑探测多方位、多航路的目标,然后结合无缝连接和抗干扰的原则,设计最优的布站方案。

3.12 协同探测技术

3.12.1 协同探测技术定义

协同作战是指诸军兵种参战力量在联合作战中,按照协同计划进行作战。它包括两层含义:一是作战指挥员和指挥机关对参战的诸军兵种部队的作战行动实施统一计划和协调;二是诸军兵种参战力量在作战中相互配合、密切协作。其目的是发挥诸军兵种整体作战最大威力,达到制胜目的。而整体作战威力发挥的关键是协同问题,针对协同作战的定义可以看出:首先,协同作战能够把诸军兵种参战力量有机地结合起来,形成整体合力;其次,协同作战能够把各战场的作战行动密切结合起来,形成一个作战整体;最后,协同作战能够把作战各阶段战况结合起来,确保作战行动的连续性。

协同作战主要包括以下内容:① 战场感知协同。指对诸军兵种参战力量的所有空情侦察体系的统一协同控制与管理。② 作战指挥协同。指对诸军兵种参战力量统一制定协同作战计划方案,统一协同指挥等。③ 火力打击协同。对诸军兵种参战力量人员、武器装备等进行统一协同运用。

协同探测技术是指针对监视、拦截雷达防空网以及下一代核心区域防空制导网乃至协同作战信息系统对复杂环境监视区域内低空小目标、隐身目标、高速高机动目标、多机动目标的探测与跟踪制导这一应用背景,以协同论、概率论、信息论、结构论、博弈论为理论基础,探索在资源总量有限的情况下,如何对雷达传感器资源进行合理分配,进行目标检测、跟踪的优化与协同,提高系统资源有效利用率,从而实现对目标进行高效能探测与跟踪的方法。

协同探测技术的基本原理是根据目标特性和方位关系,通过对传感器资源进行协调与分配,满足探测多类型目标和探测空间、探测环境的需求,大幅提高系统对空中目标的探测跟踪能力和整体作战水平。

使用协同探测技术,控制在不同位置上同质或异质传感器资源,按最佳时间序列对目标进行探测,达到以下目的:① 测量时机最佳;② 传感器位置分布最佳;③ 传感器-目标配对最佳;④ 传感器-传感器搭配最佳。

多传感器协同探测相比单传感器探测,具有以下优点:

(1) 拓宽了监视探测时空覆盖范围。单传感器由于工作方式、覆盖范围和辐射功率的限制,对空袭目标的探测和跟踪效果有限;协同探测技术则将区域内的多种传感器混合配置,形成远中近程、高中低空、覆盖全纵深的防空探测网,拓宽了系统覆盖范围,增强了动态适应性,达到单传感器独立工作所不能实现的整体作战能力。

(2) 提升了目标探测能力。通过发挥各传感器的优势,取长补短以提高目标识别率(特别是隐身目标、低空小目标及高速目标)、反低空突防能力和系统整体突发威胁的快速反应能力。

（3）增强了抗复杂环境和抗干扰能力。协同探测技术通过对多传感器资源的管理，可以控制电磁波在时域、频域、空域上的合理分布和能量的有效释放，减小传感器被定位和跟踪的概率，提高了抗干扰能力。

（4）使系统容错和健壮性趋于完备。由于多传感器数据融合技术具有宽阔的时空覆盖区域、很高的测量维数、较强的故障容错能力，所以系统的稳健性、抗摧毁性、容错性、系统重构能力以及目标空间分辨力均比单传感器探测大大提高。

3.12.2　协同探测发展现状

现代战争中，战争环境日趋复杂，大空域、超低空、多方向、大数量的隐身目标带来的威胁以及高速目标低空突防袭击的压力、系统抗干扰能力的需求使现代化侦察有了新的思路：从单一传感器监视及探测向多元传感器协同探测方向发展。事实上，防空防御系统能否充分发挥最大效能，网络内各传感器能否相互协同探测乃至作战，各层次的自动化能力和体系结构能否抵御越来越严峻的威胁与挑战，将关系到战争的胜负，成为生死攸关的问题。

近年来，高技术兵器尤其是精确制导武器和远程打击武器的出现，使战场范围扩大到海、陆、空、天、信息五维空间中。为了获得最佳的作战效果，新一代作战系统依靠单传感器来提供信息已经无法满足作战需求，而必须运用覆盖宽频段广的各种有源和无源探测器的多传感器集成来提供多种观测数据，通过综合优化处理，实时发现目标，获取目标状态估计、目标属性识别、敌方行为意图，进行态势评估和威胁分析、目标分配与火力控制、拦截引导解算、制导与电子对抗、作战模拟及辅助决策等作战信息。

当前，新式雷达装备和情报处理自动化手段有了质的飞跃，雷达情报收集和处理能力明显提高，信息融合技术得到了飞速发展，基于航迹融合的雷达网信息处理设备在工程上也得到了充分的验证。在雷达防空网上，运用雷达优化部署技术、协同探测技术、远程控制技术、效能评估技术等来组合区域内不同频段、不同体制的雷达协同工作，提升监视、拦截雷达防空网对小目标、隐身目标、高速高机动目标低空目标等的探测和跟踪能力，提高系统的整体抗干扰、抗摧毁能力，已成为可能。

海湾战争后，美国从技术角度总结了暴露的问题：如海军最先进的 SPY - 1 相控阵雷达在复杂环境下无法有效识别、跟踪目标等，重点加强了信息基础设施的建设（GPS 定位技术、多种战术数据链及作战系统网络技术、协同交战能力等）。从美国总结的经验来看，单个探测设备由于自身局限性难以单独解决问题，而将其与其他系统紧密集成在一起，将各自探测能力进行有效组合，利用各种通用和专用信息基础设施将各种探测设备综合集成，组成战场协同探测防御系统，能从根本上解决战场上信息的有效获取和实时共享，是解决战场信息获取能力的唯一有效手段。

在防空系统中，通过多传感器协同探测，及时获取全天候、高精度、精细化、定量化战场信息已成趋势。目前，发展多种手段的协同探测技术，建立有效的天基、空基、陆基、海基的协同探测防御网，成为世界各国竞相投入人力、物力、财力进行研究的内容之一。

美军的防空系统包括两部分："宙斯盾"系统和协同交战（CEC）系统，这体现出由平台防空反导向协同防空反导过渡的特征。"宙斯盾"系统因为装备先进的 AN/SPY-1 型雷达和垂直发射的防空导弹，具有很强的平台防空能力；以后加装的 CEC 系统则进一步增加了协同防空能力，融合预警机、警戒直升机、舰艇等多平台雷达数据，根据协同任务处理机的解算，利用不同平台的防空武器完成协同防空任务。

从协同探测的发展趋势来看，将从协同探测防御技术逐步向协同制导、协同作战信息系统转变。美陆军和空军都在研究协同作战信息系统在现有的和规划中的作战力量中的潜在应用性。例如，通过海军"羊皮盾"SPY 雷达与"爱国者"MPQ-53 型雷达的联网，"战场战术导弹防卫系统"（TBMD 系统）得到了重要的改进，其作战能力将进一步增强。将羊皮盾"S 波段雷达"与陆军的萨德战场高空防空系统的 X 波段"基于战场"雷达进行联网，使 TBMD 系统识别外层空间目标及其相邻物体的能力有很大提高。同时，美国海军还与陆军和空军合作，拟将协同作战系统与军级防空导弹系统、空军预警机、战区高空区域防御/地基雷达系统联网，从而组成海、空、地一体化的传感器网络，形成一种真正"疏而不漏"的战区反导防御体系。

从长远发展的角度看，未来的雷达网不仅包括地面的两/三坐标雷达，还将包括双/多基地雷达、机载预警雷达、气球载雷达、星载预警雷达、有源/无源雷达，从而构成地基、海基、空基、天基一体化的立体探测网络。

3.12.3 协同探测关键技术

随着科技和信息化的不断发展，单一和分立的传感器已不能满足工程应用的实际需求，多传感器网络作为新兴的信息获取手段应运而生，其中多传感器协同探测技术属于多传感器网络的一个重要分支，已经在工业、军事、环境、医疗、交通等研究领域得到了广泛的应用。协同探测旨在解决多传感器同时探测中的部署和跟踪问题，使多传感器在目标区域环境下发挥群体优势，达到合理、健全的协同机制，从而更好地实现对目标区域信息的采集、感知和处理。

3.12.3.1 协同探测的特点

1）协同关系主动匹配

在作战协同的组织过程中，各防空兵作战单元根据战场态势不断改变自我地位关系，发挥不同作战单元在不同作战条件下的不同作用，达到作战协同的最大效能。

2）协同过程存有风险

由于各防空兵作战单元分布地域广阔，必须通过信息网络把各防空作战单元连成一体，实现信息实时共享，达到紧密有效的指挥协同，但是过度依赖信息网络和通信联络存在巨大危险，网络系统一旦出现问题，指挥员就可能失去对战争的把握，导致局部战场失控、协同行动失调，各防空兵单元可能会被敌方各个击破歼灭。

3）协同规则强制约束

协同规则是通过总结以往作战经验,而对各种不同战场态势下部队如何行动以及相互间的关系所做的规定。简单地讲,协同规则就是具有通用性的上级协同指令,是不同作战力量进行协同作战时必须共同遵守的行动准则。作战指挥中,各防空单元的战斗行动都要受到协同规则的强制约束。

4）多军兵种联合作战,指挥协同复杂

现代高科技战争中,参战的军兵种多,不仅有陆、海、空三军的防空力量,他们还都在各自防区担负着不同的作战任务,指挥协同非常复杂。防空作战中,既有各军兵种之间的协同,又有各战区防空力量之间的协同。既要做好各自作战计划之间的协同,又要做好各防空兵单元内部之间的协同。防空兵由高射炮、地空导弹、雷达及电子对抗部队等组成,要形成战斗力,必须做好内部协调工作,同时还要搞好与被掩护部队、友邻防空兵部队、航空兵部队的协同,避免误伤,这使指挥协同更加复杂。

3.12.3.2　协同探测的方法

现代战争的特点是协同范围广、关系多、难度大、对抗强等,这就要求指挥员和指挥机关必须进行有效的指挥协同,使参战诸军兵种力量形成对空打击的合力,最终取得作战的胜利。协同探测有整体协同、重点协同、精确协同和灵活协同四种不同方法。

1）整体协同

整体协同是指作战指挥员和指挥机构立足于战役全局,着眼重心,依据战场态势,对诸军兵种参战力量在各个战场和方向上的行动实施全程调控,发挥参战诸军兵种整体作战最大威力,达到制胜目的。

现代战争背景条件下,防空作战是多兵种力量参与的作战行动,需要建立一套一体化防空协同作战体系与之相适应。该体系结构合理、分工明确、整体协调、功能完善。如在海湾战争中,为了协调联合部队的行动,联合部队成立了"联军协调统一与通信指挥部",保证整个作战期间通信畅通无阻。

2）重点协同

重点协同是指作战指挥员和指挥机关,着重把起主导作用的军兵种、主要战场和关键作战行动协同好:首先,确定协同重点。现代战争中战场态势瞬息万变,必须加强情报收集,及时、准确地掌握战场态势,分析影响防空作战指挥的因素,确定协同的重点。其次,拟定协同计划。协同重点是协同的核心,分析判断各种可能出现的情况,提出对应的方法,使计划贴近战场实际。对协同计划要不断进行论证修改,符合战场态势,达到整体作战意图。

3）精确协同

精确协同是指作战指挥员和指挥机关要精确细密地组织诸兵种参战力量的作战协同。从最近发生的几场局部战争来看,联合作战参战兵种多、协同关系复杂、作战节奏快、信息化武器装备大量运用,若不进行精确细密的协同,任何一个方面、任何一个环节出现问题,都可能导致协同行动的混乱,从而影响整个战局。因此,指挥员和指挥机关要对整个作战行动每个环节做周密、细致的思考决断,做到精确协调、万无一失。

精确协同是未来协同发展的方向,也是协同的一个难点。其是建立在信息技术上的一种信息协同,具有信息技术发达、自动化体系完备、对战场情况感知快速、分析决策准确等特点。

4)灵活协同

灵活协同是指作战指挥员和其指挥机构在战场上如出现意外时要灵活变通,及时将防空任务、区域、兵力配置等情况进行调整。信息化条件下,敌对双方的战场态势和作战行动瞬息万变,以前制定的计划方案,很可能不能适应不断变化的战场态势。因此,就要求防空兵部队不能深陷于原有协同预案,在没有接到上级指令的情况下,要求指挥员善于观察、分析与判断变化了的战局,根据实时情况及时主动做出自我调节,以适应战场情况变化,从而保持稳定和连续的协同。

3.12.3.3 资源管理

防空网内多传感器管理是为了利用有限的传感器资源,根据目标特性和方位关系,通过对传感器资源进行协调与分配,满足探测多类型目标和探测空间的需求,增强获取空中目标信息的能力。网内传感器资源管理涉及多个领域技术交互,包括效用论、信息论、规划论、模糊集合论、群论、人工神经网络等学科,可以最大限度地利用传感器资源,增加探测空间、时间、频率的覆盖范围,使各单传感器之间的目标交互、交接更为可靠和迅速,使合作制导、静默攻击等协同作战方式成为可能。但是,由于传感器资源管理技术起步较晚,成熟的方法并不多见,中国的研究则更少见报道。多传感器管理目前是一个前沿和难点问题。

多传感器管理的核心问题就是以满足多个目标探测和扫描空间需求为前提,以获得各个传感器具体特性的最优值,并以这个最优准则对传感器资源进行合理科学的分配。简而言之,多传感器管理就是建立以最优的方法对传感器资源进行合理分配的准则。但是,在多传感器多目标的最优分配不但约束复杂,而且实际上是一个组合爆炸的 NP 问题。

蚁群算法是意大利学者 Macro Dorigo 提出的一种解决 NP 问题的典型算法。它是具有信息正反馈性、分布式计算和启发式搜索特征的一种算法,吸收了蚂蚁的行为特性,通过其内在的搜索机制,在解决离散组合优化问题方面有着良好的性能。它具有较强的搜索能力、较好的适应性和鲁棒性。它既可用于离散的优化,也可用于连续时间系统的优化。

蚁群算法用于多传感器管理规则如下:对目标威胁度从高到低排序,然后分配给传感器,从而提高总效用。目标 i 在 t 时刻对传感器 j 的选择概率为

$$P_{ij}^{k} = \begin{cases} \dfrac{\tau_{is}^{ij}(t)\eta_{is}^{ij}(t)}{\sum\limits_{s \in allowed_i^k} \tau_{is}^{ij}(t)\eta_{is}^{ij}(t)}, & j \in allowed_i^k \\ 0, & \text{其他} \end{cases} \tag{3-60}$$

式中,$allowed_i^k$ 为目标 i 所有能分配的传感器集合;τ_{is} 为节点 i 和 s 之间的信息素强度;

η_{is} 为传感器搜索时启发式信息值。上式说明,在完成一个目标节点分配给传感器节点后,将从未分配的目标节点中随机选择下一个节点,按照上式进行分配,实现将新的目标节点分配给传感器节点。

3.12.3.4 协同探测性能评估

多传感器协同探测性能评估是对协同探测性能进行客观、系统、全面的评价,体现协同探测技术的优越性,为系统整体优化服务。

协同探测评估信息具有多层次、多粒度、多尺度、不确定性等特点,需要建立全面、有效的空间多传感器协同探测性能客观评估体系对协同性能进行综合评估。协同探测系统具有随机性、模糊性和灰色性。根据系统的灰色性特点,将整个系统的工作过程看作一个"灰盒",从"灰盒"外部的输入、输出以及已知的协同信息进行分析,抓住主要矛盾进行研究。整体思路是:研究系统构成以及可利用信息,结合协同探测的任务目标,建立合理有效的评估指标体系,利用客观、有效的评估模型得出定量的评估结果。

图 3-35 中,协同探测系统中传感器的结构、参数信息已知,而有关目标、环境的内外关系信息时部分已知、部分未知,充满着灰色性。另一方面,在对探测系统的效果评估指标体系中指标因素取值在一定范围之间的灰色数。因此,对于协同探测性能的评估可以

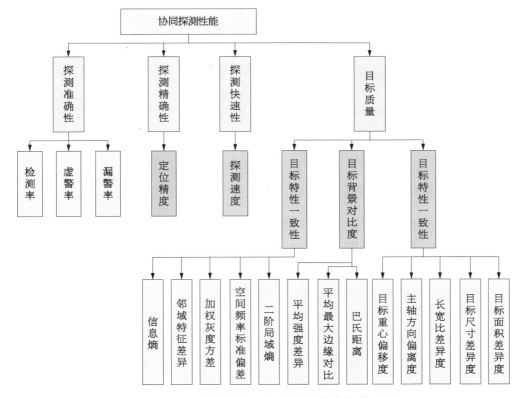

图 3-35 多传感器协同探测性能评估指标体系图

采用灰色系统理论的方法。

灰色关联分析(grey relational analysis)是灰色系统理论中的一套分析体系,结合系统论、信息论、控制论和运筹学的方法将其延伸到抽象系统,运用数学方法分析信息不完备系统。灰色关联分析的基本思路是:由样本数据确定一个最有参考序列,通过计算各种样本序列与该参考序列的关联度,对评价目标做出综合分析。在灰色关联分析中,把描述各因素对系统主行为影响程度的"量度"称为关联度。通过采用二级灰色关联分析方法,可以建立协调探测性能综合评估模型。

3.13　多源异构数据融合技术

3.13.1　多源异构数据融合定义

数据融合是用于包含多个或多类传感器或信息源的系统的一种信息处理方法。Walz将多源信息融合定义为:通过对多个传感器产生的数据或信息进行监测、组合设计、关联等多级操作,从而得到关于观测环境或目标的精确状态、身份估计以及完整、及时的态势评估的过程。多源信息融合技术就是指网内异质传感器的探测信息在控制中心汇集,为确保态势的准确完整,避免目标混乱、航迹分裂或航迹冗余现象发生,需要对探测信息进行多源信息融合。多源信息融合算法目前分为统计学和模糊数学两大方向。

3.13.2　多源异构数据融合发展现状

美国已将成熟的多源异构数据融合技术不断改进和完善,形成多种形式的制导雷达网。目前,多源异构数据融合技术适应现代军用电子设备向系统化、一体化的发展需求,在中国得到了迅猛发展,取得了许多成果。

3.13.3　多源异构数据融合关键技术

多源信息融合技术的难点在于多传感器协同探测系统中的系统误差配准和时空非均匀多站信息融合。拟采用系统误差估计的实时质量控制(RTQC)算法解决系统误差配准。实时质量控制算法是一种基于球(极)投影的配准算法。在配准前,对于不对称的观测信息先进行升维或降维抗差处理,再将不同雷达对同一目标的测量投影到同一公共坐标系中,从而对各系统误差进行精确估计。

时空非均匀信息融合具有目标信息非均匀、信息融合网络时延不确定等随机性,属于复杂信息融合。采用粒子滤波对观测信息进行非线性滤波,采用模糊数学聚类算法进行航迹关联和航迹融合。粒子滤波由于其状态函数和观测函数并没有做非线性假设,所以成为解决非高斯、非线性、高维动态系统参数估计和状态滤波的最优算法。而模糊数学区别于传统数学的统计方法,基于神经网络和图像处理领域,采用模糊隶属度函数有效解决因多传感器环境造成的样本不等样、信息混乱问题。

3.13.3.1　融合级别划分

按照数据融合系统中数据抽象的层级,融合可划分为三个级别:数据级融合、特征级融合以及决策级融合。各个级别融合处理的结构分别如图 3‑36、图 3‑37 和图 3‑38 所示。

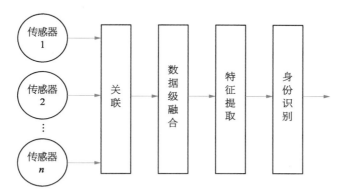

图 3‑36　数据级融合

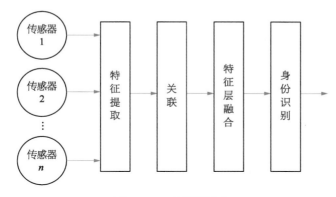

图 3‑37　特征级融合

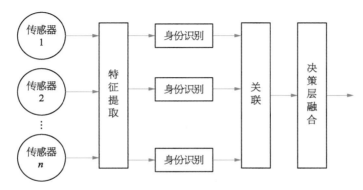

图 3‑38　决策级融合

1) 数据级融合

数据级融合是最低层次的融合,直接对传感器的观测数据进行融合处理,然后基于融合后的结果进行特征提取和判断决策。这种融合处理方法的主要优点是:只有较少数据量损失,并能提供其他融合层次所不能提供的细微信息,所以其精度最高。它的局限性包括:

(1) 所要处理的传感器数据量大,故处理代价高,处理时间长,实时性差。

(2) 这种融合在信息最底层进行,传感器信息的不确定性、不完全性和不稳定性要求在融合时有较高的纠错处理能力。

(3) 要求传感器是同类的,即提供对同一观测对象的同类观测数据。

(4) 数据通信量大,抗干扰能力差。

此级别的数据融合用于多源图像复合、图像分析和理解、同类雷达波形的直接合成等。

2) 特征级融合

特征级融合属于中间层次的融合,先由每个传感器抽象出自己的特征向量(可以是目标的边缘、方向和速度等信息),融合中心完成的是特征向量的融合处理。一般来说,提取的特征信息应是数据信息的充分表示量或充分统计量。其优点在于实现了可观的数据压缩,降低了对通信带宽的要求,有利于实时处理,但由于损失了一部分有用信息,使得融合性能有所降低。

特征级融合可划分为目标状态信息融合和目标特征信息融合两大类。其中,目标状态信息融合主要用于多传感器目标跟踪领域,融合处理首先对多传感器数据进行数据处理,以完成数据校准,然后进行数据相关和状态估计。具体数据方法包括卡尔曼滤波理论、联合概率数据关联、多假设法、交互式多模型法和序贯处理理论。目标特征信息融合实际上属于模式识别问题,常见的数学方法有参量模板法、特征压缩和聚类方法、人工神经网络、K 阶最近邻域法等。

3) 决策级融合

决策级融合是一种高层次的融合,先由每个传感器基于自己的数据做出决策,然后在融合中心完成的是局部决策的融合处理。决策级融合是三级融合的最终结果,直接针对具体决策目标,其融合结果直接影响决策水平。这种处理方法数据损失量最大,因而相对来说精度最低,但其具有通信量小、抗干扰能力强、对传感器依赖小、不要求是同质传感器、融合中心处理代价低等优点。常见算法有 Bayes 推断、专家系统、D-S 证据推理、模糊集理论等。

特征级和决策级的融合不要求多传感器是同类的。另外,由于不同融合级别的融合算法各有利弊,所以为了提高信息融合技术的速度和精度,需要开发高效的局部传感器处理策略以及优化融合中心的融合规则。

3.13.3.2 数据融合模型

关于数据融合模型,由 JDL 数据融合组织首先提出,其后几经修改,形成面向数据融合结果的模型,如图 3-39 所示。该模型正被越来越多的实际工程系统所采用。

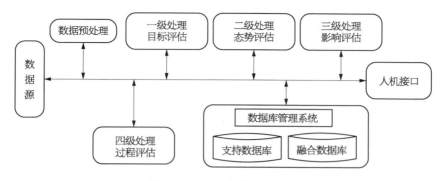

图 3－39　JDL 数据融合模型

该处理模型中,包括以下几种处理过程:

第一级处理的是目标评估(object assessment),如图 3－40 所示,其主要功能包括数据配准、数据关联、目标位置和运动学参数估计,以及属性参数估计、身份估计等,其结果为更高级别的融合过程提供辅助决策信息。

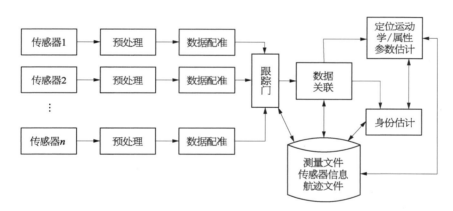

图 3－40　一级处理中的对象评估模型

第二级处理的是态势评估(situation assessment),它是对整个态势的抽象和评定。其中,态势抽象就是根据不完整的数据集构造一个综合的态势表示,从而产生实体之间一个相互联系的解释;态势评定则关系到对产生观测数据和时间态势的表示和理解。态势评定的输入包括时间检测、态势估计以及为态势评定所生成的一组假设等,态势评定的输出在理论上是所考虑的各种假设的条件概率。在军事领域,态势评估是指评价实体之间的相互关系,包括敌我双方兵力结构和使用特点,是对战场上战斗力量分配情况的评价过程。

第三级处理的是影响评估(impact assessment),它将当前态势映射到未来,对参与者设想或预测行为的影响进行评估。在军事领域指威胁估计(threat assessment),指一种多层视图处理过程,用于有效扼制敌方进攻的风险程度。威胁估计包括通过汇集技术和军事数据库数据比对,对受敌人攻击的脆弱性、作战事件出现程度和可能性进行估计,并对敌方作战企图给出指示和告警。

第四级处理的是过程评估(process assessment),它是更高级的处理阶段。通过建立一定的优化指标,对整个融合过程进行实时监控与评价,从而实现多传感器自适应信息获取和处理、资源最优分配,最终提高整个实时系统的性能。对过程评估研究的关键主要集中在如何对系统特定任务目标以及限制条件进行建模和优化,以平衡有限的系统资源。

3.13.3.3 数据融合结构

数据融合结构可以分成以下三类:

1) 集中式数据融合结构(图 3-41)

这种结构要求把各传感器节点的原始信息都传递到融合中心,然后集中进行融合处理。它具有融合精度高、系统时延小的优点,同时还具有能明显增强系统探测概率的突出优点。但是,由于数据量很大,这种结构对中心处理机的处理能力和通信带宽的要求较高。

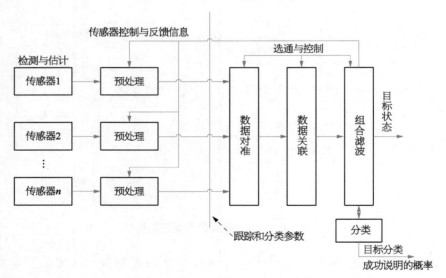

图 3-41　集中式数据融合结构

2) 分布式数据融合结构(图 3-42)

在这种结构中每个传感器独立完成目标状态的估计,其估计结果作为融合中心的输入。此种结构可明显降低对融合中心处理机能力和通信带宽的要求,但系统融合精度不高,系统时延相对较大,特别是对低 RCS 目标的探测跟踪容易产生漏情。

3) 混合式数据融合结构(图 3-43)

混合式数据融合结构是上述两种方式的组合。这种结构在对处理机性能、通信带宽、系统时延、融合精度和探测概率的要求上得到了较好的折中,比较合理,目前已普遍应用于外军 C⁴ISR 系统中,近年来中国雷达组网也开始使用这种融合结构。

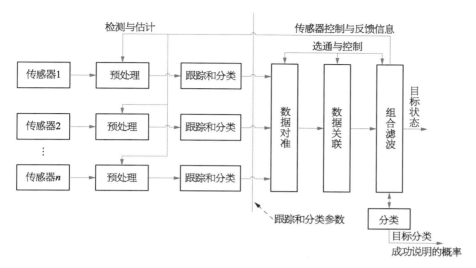

图 3‑42 分布式数据融合结构

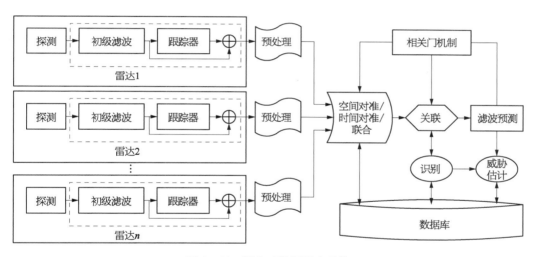

图 3‑43 混合式数据融合结构

　　混合式数据融合结构通过在雷达站进行一部分数据处理,然后发给中心处理机进行数据融合,适当减轻了通信和处理的负担。要完成对指控、火控和武控及雷达系统协同探测,得到目标的航迹信息,数据融合中一个重要的步骤就是点迹融合。在指火控一体化系统中(图 3‑44),点迹融合方式可分为两大类:点迹数据压缩合并和点迹数据串行处理。点迹数据压缩合并是指将多部雷达在同一时间对同一目标的点迹合并起来,将多个探测数据压缩成一个数据。合并之前,对于非同步采样的多雷达系统则可以采用时间校准和目标状态平移的方法,将异步数据变换成同步数据后再进行点迹压缩合并处理。点迹数据串行处理是指将多雷达数据组合成类似单雷达的探测点迹,用于点迹‑航迹的互联。

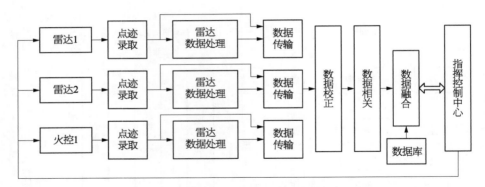

图 3-44 指火控一体化系统数据融合系统原理框图

3.13.3.4 时间校准

多传感器数据融合系统一般由多个异类传感器组成,异类多传感器较之单传感器或同类传感器,其提供的信息更具有多样性和互补性,但由于每个传感器提供的观测数据都在各自的参考框架之内,导致产生的异类数据在时间上不同步,所以,在对各传感器传输的信息进行处理之前,必须先将它们变换到同一个时间参考点框架中。

对于时间校准,一般通过外推和内插的方法进行。根据 t'、t'' 时刻的观测位置与融合时刻 t_i 的时间差,将多个传感器的异步测量数据转换为 t_i 时刻的同步数据,便于进一步数据处理。校准公式为

$$Z_i = \hat{Z}_{it'} + \frac{\hat{Z}_{it''} - \hat{Z}_{it'}}{t'' - t'} \times (kT - t') \tag{3-61}$$

式中,kT 为融合的时间基准;Z_i 为 kT 时刻的内插值;$\hat{Z}_{it'}$、$\hat{Z}_{it''}$ 分别为 t'、t'' 时刻目标的鲁棒估计值。当 t' 或 $t''=kT$ 时,取 $Z_i = \hat{Z}_{it'}$ 或 $\hat{Z}_{it''}$。Z_i 将作为多传感器信息融合的依据进行数据融合。

3.13.3.5 空间配准及滤波坐标系选择

在指火控系统中,各雷达上报的目标点迹是相对各自站址参照坐标系而言的。各雷达空间坐标系不相同以及测量维数不匹配,使得数据融合处理存在困难。因此,在进行多站数据融合之前,首先将所有组网内雷达的测量值转换到统一的坐标系中,统一坐标系原点通常选取融合中心或主雷达位置,然后在统一的坐标系进行相关、滤波、外推。在进行坐标变换时,如果系统覆盖区域很大,由于地球曲率的影响,坐标有畸变误差,会导致观测目标分裂。坐标变换对准一般将以各传感器为中心的极坐标数据转换到地理经纬度坐标系,最后统一到以融合或数据处理中心为原点的坐标系实现。下面给出由雷达测量值求经纬度的计算公式(WGS-84 模型)。

设地面上有一点 H,在两种坐标系中的坐标分别为 $(x, y, z)_H$ 和 $(\varphi, j, h)_H$,则

两坐标之间的变换关系为

$$\left.\begin{array}{l} x = (N+h)\cos\varphi\cos j \\ y = (N+h)\cos\varphi\sin j \\ z = [N(1-e^2)+h]\sin\varphi \end{array}\right\} \tag{3-62}$$

式中，$N = \dfrac{a}{W}$，$W = (1-e^2\sin^2\varphi)^{1/2}$，$e^2 = \dfrac{a^2-b^2}{a^2}$（$a$、$b$ 为地球椭球长短半轴）。

将 $(x, y, z)_H$ 转化为大地地理坐标 $(\varphi, j, h)_H$，则有

$$\left.\begin{array}{l} \varphi = \arctan\left[\tan\left(1+\dfrac{ae^2}{2}\cdot\dfrac{\sin\varphi}{W}\right)\right] \\ j = \arctan(y/x) \\ h = \dfrac{R\cos\varphi}{\cos\varphi} - N \end{array}\right\} \tag{3-63}$$

式中，$\tan\varphi = \dfrac{z}{\sqrt{x^2+y^2}}$；$R = (x^2+y^2+z^2)^{1/2}$。

3.13.3.6　数据关联及融合

由于多传感器的观测数据在空间域、时间域和粒度级别不同，需要判断来源于不同传感器的观测数据是否属于同一目标源。数据关联及融合可以定义为这样一个过程：把来自不同传感器和信息源的数据和信息加以联合、相关和组织，以获得探测目标的精确的状态和属性估计，以便对战场态势、威胁和重要程度做适时的综合评估。它主要包括两大部分：关联和融合。

数据关联是数据融合的前提，它是决定从不同传感器中哪些测量/跟踪是代表同一个目标的处理过程。数据关联可在三个层次上进行：第一层是测量-测量关联，被用来处理在单个传感器或单个系统的跟踪初始上；第二层是测量-跟踪关联，被用于跟踪维持上；第三层是跟踪-跟踪关联，被用于多传感器的数据处理中。数据关联中用得最多的方法是序贯最近邻法，该方法是选择使统计距离最小或残差概率密度最大的回波作为目标回波，计算方法较简单，缺点是在实际中容易发生误跟和丢失目标。其他方法如联合概率数据关联方法，全部考虑了跟踪门内的所有候选回波，并根据不同相关情况计算出各个概率加权系数以及所有候选回波的加权和即等效回波，然后用等效回波更新多个目标的状态。另外，多假设跟踪法也是今后要考虑的方法之一。

数据融合按融合级别划分为数据级、特征级和决策级。数据级融合是指在融合算法中，要求进行融合的传感器数据间具有精确到一个像素的匹配精度的任何抽象层次的融合；特征级融合是指从各只传感器提供的原始数据中进行特征提取，然后融合这些特征；决策级融合是指在融合之前，各传感器数据源都经过变换并获得独立的身份估计。信息

根据一定准则和决策的可信度对各自传感器的属性决策结果进行融合,最终得到整体一致的决策。

3.13.3.7 数据融合算法

多传感器数据融合涉及多方面的理论和技术,如信号处理、估计理论、不确定性理论、最优化理论、模式识别、神经网络和人工智能等。很多学者从不同角度出发提出了多种数据融合技术方案。图3-45对现有比较常用的数据融合方法进行了归纳,主要分为经典方法和现代方法两大类。

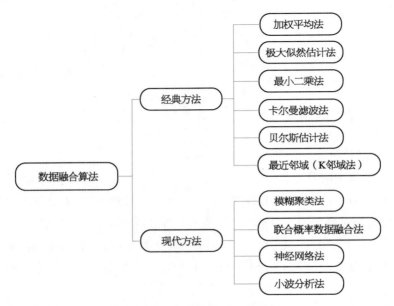

图3-45 常用的数据融合算法

对数据融合算法进行分类,也可按数据级融合、特征及融合、决策级融合不同信息层次进行,见表3-4。

表3-4 不同信息层上数据融合算法分类

类 型	所属层次	主要优点	主要缺点	典型算法	主要应用
数据级融合	最低层次	原始信息丰富,并能提供另外2个融合层次所不能提供的详细信息,精度最高	所要处理的传感器数据量巨大,处理代价高,耗时长,实时性差;原始数据易受噪声污染,须融合系统具有较好的容错能力	HIS变换、PCA变换、小波变换及加权平均等	多源图像复合、图像分析和理解

续　表

类　　型	所属层次	主要优点	主要缺点	典型算法	主要应用
特征级融合	中间层次	实现了对原始数据的压缩,减少了大量干扰数据,易实现实时处理,并具有较高的精确度	在融合前必须先对特征进行相关处理,把特征向量分类成有意义的组合	聚类分析法、联合概率数据融合法、信息熵法、加权平均法及神经网络法等	用于多传感器目标跟踪领域,融合系统主要实现参数相关和状态向量估计
决策级融合	高层次	所需要的通信量小,传输带宽低,容错能力比较强,可以应用于异质传感器	判决精度降低,误判决率升高,同时,数据处理的代价比较高	联合概率数据融合法、专家系统、神经网络法、模糊集理论、可靠性理论及逻辑模板法等	其结果可以为指挥控制与决策提供依据

下面选择几种有代表性的算法做详细描述。

1) 加权平均法

加权平均法是工程实践中常用方法之一。采用加权平均法进行航迹融合时,权值的分配对融合航迹精度的影响十分明显,分配得当,融合效果好;反之融合后的航迹精度提高不大。下面对加权平均法进行详细描述。

(1) 设定加权平均融合模型。设雷达组网系统中有 P 部二维雷达,各雷达系统对同一目标进行跟踪处理,在 t_i 时刻输出目标航迹的位置信息为 $(R_k(i), \theta_k(i))$, $k=1$, $2, \cdots P$, $i=1, 2, \cdots, N$。其中,$R_k(i)$ 为第 k 部雷达在 t_i 时刻输出的目标距离信息,$\theta_k(i)$ 为第 k 部雷达在 t_i 时刻输出的目标方位信息。

按加权平均法融合航迹的位置信息为 $(R(i), \theta(i))$,则

$$R(i) = \sum_{k=1}^{P} \alpha(k) \times R_k(i), \ \theta(i) = \sum_{k=1}^{P} \beta(k) \times \theta_k(i) \quad (i=1, 2, \cdots, N) \quad (3-64)$$

其中,$\alpha(k)$, $k=1, 2, \cdots, P$ 为距离加权平均融合时各雷达对应的权值;$\beta(k)$, $k=1$, $2, \cdots, P$ 为方位加权平均融合时各雷达对应的权值,且满足

$$\sum_{k=1}^{P} \alpha(k) = 1, \ \sum_{k=1}^{P} \beta(k) = 1 \quad (3-65)$$

(2) 最优权值分配原则。设雷达组网系统中各雷达输出航迹的距离和方位精度分别为 $\sigma_R(k)$ 和 $\sigma_\theta(k)$ $(k=1, 2, \cdots, P)$,则航迹加权平均融合的最优权值分配为

$$\alpha(k) = \frac{1/\sigma_R^2(k)}{\sum_{j=1}^{P} [1/\sigma_R^2(j)]}, \ \beta(k) = \frac{1/\sigma_R^2(k)}{\sum_{j=1}^{P} [1/\sigma_\theta^2(j)]} \quad (k=1, 2, \cdots, P) \quad (3-66)$$

按上式进行权值分配融合航迹,其融合后的航迹距离和方位精度分别为

$$\left. \begin{array}{l} \sigma_R = \sqrt{\sum_{i=k}^{P} \sigma^2(k)\sigma_R^2(k)} = 1 \bigg/ \sqrt{\sum_{k=1}^{P} \sigma_R^2(k)} \\ \sigma_\theta = \sqrt{\sum_{i=k}^{P} \beta^2(k)\sigma_\theta^2(k)} = 1 \bigg/ \sqrt{\sum_{k=1}^{P} \sigma_\theta^2(k)} \end{array} \right\} \qquad (3-67)$$

假设多部雷达的精度不相同,最低距离精度与最高距离精度分别为 $\sigma_r(\min R)$ 和 $\sigma_r(\max R)$;最低方位精度和最高方位精度分别为 $\sigma_\theta(\min\theta)$ 和 $\sigma_\theta(\max\theta)$,则可得

$$\left. \begin{array}{l} \sigma_R = \dfrac{1}{\sqrt{\dfrac{1}{\sigma_R^2(\min R)} + \dfrac{1}{\sigma_R^2(\max R)} + \sum\limits_{\substack{k=1 \\ k \neq \min R \\ k \neq \max R}}^{P} \dfrac{1}{\sigma_R^2(k)}}} \leqslant \dfrac{1}{\sqrt{\dfrac{1}{\sigma_R^2(\max R)} + \sum\limits_{\substack{k=1 \\ k \neq \min R \\ k \neq \max R}}^{P} \dfrac{1}{\sigma_R^2(k)}}} \\[4em] \sigma_\theta = \dfrac{1}{\sqrt{\dfrac{1}{\sigma_\theta^2(\min\theta)} + \dfrac{1}{\sigma_\theta^2(\max\theta)} + \sum\limits_{\substack{k=1 \\ k \neq \min\theta \\ k \neq \max\theta}}^{P} \dfrac{1}{\sigma_\varsigma^2(k)}}} \leqslant \dfrac{1}{\sqrt{\dfrac{1}{\sigma_\theta^2(\max\theta)} + \sum\limits_{\substack{k=1 \\ k \neq \min\theta \\ k \neq \max\theta}}^{P} \dfrac{1}{\sigma_\theta^2(k)}}} \end{array} \right\}$$

$$(3-68)$$

由上式可知,精度再差的雷达参与航迹融合,都有利于提高融合航迹的精度。最优权值分配与各雷达输出的航迹精度密切相关,即获得最优权值分配的前提是必须知道参与融合的各雷达输出航迹的准确精度。然而,在实际工程应用中,通常只知道各雷达探测精度的标称值,无法得到各雷达输出航迹的精度或得到的精度不准确。因此,需要实时地对各雷达输出航迹精度进行修正,以确保各雷达输出航迹精度的准确性和获得动态的权值分配。

2)联合概率数据关联算法

联合概率数据关联(JPDA)算法是指采用极大似然估计对多传感器多目标的同时/同周期的测量进行同源划分,然后对每个划分所得的源于同一目标的多测量进行融合处理,产生同一目标的联合测量值。这样就可以对该传感器测量系统应用 JPDA 算法,实现对多目标的数据融合。当存在某传感器测量精度较低甚至漏警的情况下,对源于同一目标的多测量融合能改善测量精度。

假设某测量时刻 k,有 N 个传感器对 M 个空中目标进行测量,每个传感器有 $m_n(n=1, 2, \cdots, N)$ 个测量,记 k 时刻总的测量集合为

$$Z^N = \{Z_n\}_{n=1}^{N} \qquad (3-69)$$

式中, $Z_n = \{Z_{ni}\}_{i=1}^{m_n}$, $n=1, 2, \cdots, N$ 为传感器 n 的测量集合。总测量数目为

$$m = \sum_{n=1}^{N} m_n \qquad (3-70)$$

目标的状态方程和测量方程为

$$X_k = F_k X_{k-1} + W_k \brace Z_k = H_k X_k + V_k \tag{3-71}$$

式中，X_k 为目标在 k 时刻的状态，包含有目标位置、速度、加速度等多维状态向量；Z_k 为多维测量向量；F_k 为状态转移矩阵；H_k 为测量矩阵；W_k、V_k 为相互独立的高斯白噪声，其协方差分别为 Q_k、R_k。

在一个周期内，针对同一目标，来自 N 个传感器的 N 个测量序列为：$\{Z_1(k)$，$Z_2(k)$，$\cdots$，$Z_n(k)\}$，定义这 N 个测量的等权平均残差为 $d_{pm}(k)$，则由卡尔曼滤波方程可得

$$d_{pm}(k) = \frac{1}{N} \sum_{i=1}^{N} d_i(k) = \frac{1}{N} \sum_{i=1}^{N} \left[Z_i(k) - H(k) \hat{X}_i(k) \right]$$

$$= \frac{1}{N} \sum_{i=1}^{N} H(k) \left[X_i(k) - \Phi(k+1, k) X(k-1/k-1) \right] + \frac{1}{N} \sum_{i=1}^{N} V_i(k) \tag{3-72}$$

式中，$\frac{1}{N} \sum_{i=1}^{N} V_i(k)$ 为等权平均测量噪声 $V_{pm}(k)$，其协方差矩阵为

$$R_{pm}(k) = E \left[V_{pm}(k) V_{pm}^r(k) \right] = \sum \left[\frac{1}{N^2} \sum_{i=1}^{N} \sum_{j=1}^{N} V_i(k) V_j^r(k) \right] = \frac{1}{N} R(k) \tag{3-73}$$

式中，$R(k)$ 为测量噪声 $V(k)$ 的协方差矩阵。显然等权平均残差中随机测量噪声的影响已大大减少。当传感器为不同类型（尤其存在精度相对较低的传感器）时，可以采用非等权平均，分析方法同上。

由以上分析可知，用这种包含更多目标信息而测量噪声影响更小的等权平均残差 $d_{pm}(k)$ 代替一次测量残差 $d(k)$ 来计算目标状态估值，无疑会大大提高跟踪器的估计精度。

3）模糊聚类法

由于在航迹关联判决中，航迹实际上存在着较大的模糊性，而这种模糊性可以用隶属度函数来描述两个航迹的相似程度，所以就产生了模糊数学的方法。其中，模糊聚类法是一种新近的模糊数学方法，它利用观测数据的不确定性（即模糊性）把在某一时刻 t 得到的 n 个测量数据分配给 m 个航迹。从模糊聚类的观点看，如果在某一时刻能把各传感器的测量数据进行正确的聚类，就可以知道在该时刻该观测空间出现的目标数，从而进行数据融合。下面对聚类算法关联及融合过程做一详细描述。

假设有两部不同的雷达，共同观测三条目标，如图 3-46 所示。

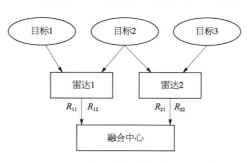

图 3-46　两部雷达探测三个目标示意图

采用 R_{ij} 表示探测目标的属性，其中，$i=1,2$；$j=1,2$。现在的问题是判断 R_{11}、R_{12}、R_{21}、R_{22} 是否有属于同一目标的航迹。将这个问题作为对两个雷达的二值假设检验问题来考虑：用 H_1 代表两条航迹是同一目标航迹，H_0 代表两条航迹是不同目标的航迹，即

$$H = \begin{cases} 1, & H_1 \\ 0, & H_0 \end{cases} \tag{3-74}$$

定义两条航迹的统计距离为

$$d_{ij} = \begin{cases} \parallel R_j - R_i \parallel^2, & i \neq j \\ \parallel \Delta_i \parallel^2, & i = j \end{cases} \tag{3-75}$$

利用模糊聚类算法确定最佳 $\{d_{ij}\}(i, j = 1, 2)$ 元素之间的相似度矩阵

$$U = \begin{bmatrix} u_{11}, & u_{12} \\ u_{21}, & u_{22} \end{bmatrix} \tag{3-76}$$

其中

$$\left. \begin{aligned} u_{11} &= \frac{(\Delta_1 \Delta_1')^{1/(1-m)}}{(\Delta_1 \Delta_1')^{1/(1-m)} + [(R_1 - R_2)'(R_1 - R_2)]^{1/(1-m)}} \\ u_{12} &= \frac{[(R_1 - R_2)'(R_1 - R_2)]^{1/(1-m)}}{(\Delta_2 \Delta_2')^{1/(1-m)} + [(R_2 - R_1)'(R_2 - R_1)]^{1/(1-m)}} \\ u_{21} &= \frac{[(R_2 - R_1)'(R_2 - R_1)]^{1/(1-m)}}{(\Delta_2 \Delta_2')^{1/(1-m)} + [(R_1 - R_2)'(R_1 - R_2)]^{1/(1-m)}} \\ u_{22} &= \frac{(\Delta_2 \Delta_2')^{1/(1-m)}}{(\Delta_2 \Delta_2')^{1/(1-m)} + [(R_2 - R_1)'(R_2 - R_1)]^{1/(1-m)}} \end{aligned} \right\} \tag{3-77}$$

式中，m 为权重因子，通常取值范围为 $1 \sim 5$。

关联决策 D_{ij} 通常根据最小精度雷达决定，即

$$D_{ij} = \begin{cases} 1, & u_{12} > u_{22} \\ 0, & u_{12} < u_{22} \end{cases} \tag{3-78}$$

式中，$D_{ij} = 1$ 表示两条航迹隶属于同一探测目标；$D_{ij} = 0$ 表示两条航迹隶属于不同目标。

对于隶属于同一目标的两条航迹，可以进行航迹融合，得到精度更高的新航迹：

$$R_f = \frac{\sum\limits_{k=k_1}^{k_s} R_{ij} u_{kk}}{\sum\limits_{k=k_1}^{k_2} u_{kk}} \tag{3-79}$$

式中，$k_{\sup} = \mathrm{Max}_k \{u_{kk}\}$，$k = k_1, k_2, \cdots, k_s$。

4）神经网络补偿法

神经网络补偿法的基本结构如图 3 - 47 所示,在融合中心首先对各个传感器的输出进行简单融合,然后引入径向基函数(RBF)神经网络辅助简单融合,来减少因交互式协方差或模型变化所引起的估计误差,这里神经网络的训练采用 4 个输入信号:2 个为局部航迹的残余误差 ($\varepsilon_m(k)$, $m=1$, 2),2 个为传感器的当前状态估计值与当前状态预测值之差 ($X_m(k) - \Phi X_m(k-1)$, $m=1$, 2)。

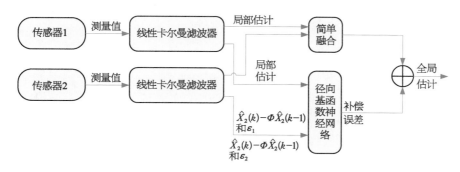

图 3 - 47　基于神经网络补偿的航迹融合系统

对神经网络输入的选择主要基于以下考虑:交互式协方差主要是同卡尔曼滤波器的增益 $K_m(k)$ 相关,$K_m(k)$ 可由滤波器的残差矩阵及 $X_m(k)$ 和 $\Phi X_m(k-1)$ 之间的差值获得,另外神经网络的输入 $K_m(k)$ 和 $X_m(k) - \Phi X_m(k-1)$ 都和过程噪声相关。因此,神经网络的优化可使用误差(真实状态和基于简单融合目标状态估计之间的差值)来训练神经网络:$E = X_{\text{true}} - X_{\text{SF}}$。

神经网络的输出为误差 E,将其作为观测值,并假定 $s(k)$ 为 n 维的状态向量,其均值为 $\hat{s}(k/k)$,方差为 $P(k/k)$,则其 $2n+1$ 个序列点为

$$
\left.\begin{aligned}
&\sigma(k/k) = \sqrt{(n+k)P(k/k)} \\
&s_0(k/k) = \hat{s}(k/k) \\
&E_0((k+1)/k) = h(s_0(k/k), x(k)) \\
&s_i(k/k) = \sigma(k/k) + \hat{s}(k/k) \\
&E_i((k+1)/k) = h(s_i(k/k)) \\
&s_{i+n}(k/k) = \hat{s}(k/k) - \sigma(k/k) \\
&E_{i+n}((k+1)/k) = h(s_{i+n}(k/k)) \\
&i = 1, 2, \cdots, n
\end{aligned}\right\} \tag{3-80}
$$

根据观测模型,计算测量值及方差为

$$E((k+1)/k) = \frac{1}{n+K}\left[KE_0((k+1)/k) + \frac{1}{2}\sum_{i=1}^{2n}E_i((k+1)/k)\right]$$

$$P_{\varepsilon\varepsilon}((k+1)/k) = \frac{1}{n+K}\left\{K[E_0((k+1)/k) - E((k+1)/k)][E_0((k+1)/k) - \right.$$

$$E((k+1)/k)]^T + \frac{1}{2}\sum_{i=1}^{2n}[E_i((k+1)/k) - E((k+1)/k)] \times$$

$$\left.[E_i((k+1)/k) - E((k+1)/k)]^T\right\} + R$$

$$(3-81)$$

协方差为

$$P_{s\varepsilon}((k+1)/k) = \frac{1}{n+\kappa}\{\kappa[s_0((k+1)/k) - \hat{s}((k+1)/k)][E_0((k+1)/k) - $$

$$E\left\{k + \frac{1}{2}\sum_{i=1}^{2n}[s_i((k+1)/k) - \hat{s}((k+1)/k)]\right\} \times$$

$$[E_i((k+1)/k) - E(k+1)/k]^T\}$$

$$(3-82)$$

无痕卡尔曼滤波的增益及状态和方差的更新方程为

$$\kappa(k+1) = P_{s\varepsilon}((k+1)/k)P_{s\varepsilon}^{-1}((k+1)/k)$$

$$\hat{s}((k+1)/(k+1)) = \hat{s}((k+1)/k) + \kappa(k+1)[E(k+1) - E((k+1)/k)]$$

$$P((k+1)/(k+1)) = P((k+1)/k)) - \kappa(k+1)P_{\varepsilon\varepsilon}((k+1)/k)\kappa^T(k+1)$$

$$(3-83)$$

3.14 辅助决策技术

3.14.1 辅助决策定义

辅助决策是人工智能科学的重要分支,是作战指挥系统建设的一个十分重要的内容。它为指挥员提供了拟制评估优选作战方案、系统模拟、军事重演、军事专家系统等辅助决策的功能[152]。

辅助决策技术是在现代决策科学理论、方法和现代计算机技术相结合的基础上发展起来的综合技术。为最有效地利用辅助决策技术,应深入分析在决策过程的各个阶段,决策者最需要而计算机又能给予的帮助,明确决策者做什么、计算机做什么,使两者有效地结合起来。目前辅助决策技术的设计原则主要有以下三种:

（1）以战术计算为核心，并利用运筹学知识和数据模型完成规定任务，即传统的运筹学方法。

（2）通过模拟军事指挥人员的决策思维过程与总结实战成功经验，建立以知识库为基础、以推理机为核心的军事专家系统来完成规定的任务，即为人工智能方法。

（3）决策者根据自己的判断和偏好，从多个备选方案中优选出一个方案。

作战辅助决策系统是以管理科学、军事运筹学、控制论和行为科学为基础，以计算机技术、仿真技术和信息技术为手段，面对半结构化或非结构化的决策问题，利用模型和数据支持决策活动的具有智能作用的人-机系统。它是信息管理的高级阶段，能为决策者提供决策所需要的数据、信息和背景资料，按照模型对各种数据信息进行不同的处理，并且反馈结果带有预测性，能帮助明确决策目标和进行问题的识别，建立或修改决策模型，提供各种被选方案，并对各种方案进行评价和优选，通过人-机对话进行分析、比较和判断，为正确的决策提供有益的帮助，从而使决策更合理、更科学。

3.14.2 辅助决策发展现状

当前，美军为了提高防空混成旅作战指挥辅助决策系统的性能，利用定性分析和定量分析相结合的方法已建立空中目标威胁度判断量化模型和火力分配模型，并设计出防空混成旅射击指挥辅助决策系统。该系统可根据给定数据计算出敌方多种统计情况，供指挥员判断分析战情；它也可及时、准确地分析判断空中目标威胁度，输出各种威胁度指标值，如空中目标的干扰强度、型号类别、规模、飞行诸元、威胁度综合值等指标值；它还可计算出每一防空武器对空中目标的射击有利度、可射击条件以及最佳分配方案。总之，该防空作战指挥辅助决策系统具有信息处理快速、准确、客观、应用范围广、经济实用等特点。

目前，虽然一些部队具有一定的指挥自动化手段，但实用的辅助决策软件和军事专家系统较少。指挥机关工作的程序化、格式化、数据化、标准化程度低，使得在组织指挥自动化建设中基础准备不足，导致现有管理信息系统和决策支持系统综合应用水平低，使用效率不高。

针对这些薄弱方面，作战辅助决策系统研究主要朝着三个方向发展：

1）问题求解智能化

随着现代武器装备技术的发展，决策问题越来越复杂，越来越多的问题无法抽象成数学模型，因而不能用传统的量化方法来求解，这就需要采用人工智能独特的问题求解技术，建立智能决策模型。此外，为提高问题处理的自动化程度，提高辅助决策的效率，也需要辅助决策系统的问题求解手段智能化。

2）系统功能集约化

未来作战辅助决策系统的系统功能将是综合集成的，是一个集多种辅助决策系统功能于一身的多功能系统，这将增强其对军事决策的支持作用，从而促进军事决策科学化。

3）系统结构网络化

包括两方面：第一，系统内部结构网络化。未来的作战辅助决策系统将由单处理机、单信道系统向多处理机、多信道系统方向发展，使系统具有多个决策终端（即决策界面），从而使决策模式朝多人合作决策方向发展。第二，系统外部结构网络化。同一军兵种内不同作战单位的作战辅助决策系统之间以及不同军兵种的作战辅助决策系统之间将实现联网通信。

随着数字化防空兵建设的推进和数字化战场的日趋完善，指挥决策技术呈现出指挥控制体系扁平化、指挥控制机构网络化、指挥控制信息精确化、指挥控制协调高效化、指挥控制方式灵活化等新的发展趋势。

3.14.3 辅助决策关键技术

1）辅助决策模型设计

地面防空指挥控制系统中最重要的一环就是建立辅助决策模型，来判定阵地是否具备拦截空袭目标的能力，以帮助作战指挥人员做出科学准确的决策，从而选择合适的阵地对指定的空袭目标实施拦截。虽然国内外已经提出了不少目标分配算法和辅助决策模型，但由于各方互相保密，许多关键技术和信息难以共享。目前中国常见的辅助决策模型有基于专家系统的辅助决策模型、基于神经网络的辅助决策模型、基于遗传算法的辅助决策模型、基于智能决策支持系统的辅助决策模型和许多基于其他策略的决策模型。然而这些模型仍然存在不少问题：一方面，部分模型的建模和求解过程相当复杂，并不适合实际的作战应用；另一方面，许多模型一味追求理论上的最优解，而在实际作战中，往往需要在短时间内做出一个合适的选择，并没有足够的时间去研究最好的选择。地面防空辅助决策模型需要根据威胁目标、部队部署、武器配置等信息计算目标相对于部队的各种要素，并需要对诸要素进行合理的组织形成最终的判定模型，即判定指定的阵地是否具备拦截目标的条件和能力。现实的战场环境中存在着大量作战要素，仅依据这些未经处理和计算的战场信息，指挥人员并不能准确、清晰地把握战场的实时动态。因此，需要有一个能在作战中应用的简单科学的决策模型，为指挥人员提取和处理战场中的关键要素，帮助其更好地把握战场态势和进行决策。

辅助决策模型主要是为作战指挥人员和作战单位提供基础信息，辅助进行作战指挥和决策（图3-48）。系统主要处理的信息包括图形信息、文字信息、图片信息和地理信息。通过标绘图形和添加文字照片，形成指挥作战图和敌我态势图等军事要图。作战人员可以将实时实地信息通过移动设备反馈到指挥中心，同时，指挥中心的操作人员根据各地收集的信息，汇总制成新的作战图或部署新的作战方案，最后根据首长的命令，把它们发布给各个作战人员。

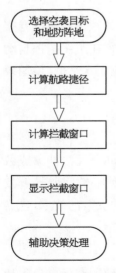

图3-48 辅助决策模型

2）专家系统设计

作战辅助决策系统的核心部分是专家系统，它利用专家的知识在计算机上进行推理，达到专家解决问题的能力，但是它更侧重于定性分析。专家系统发展面临最大的困难是知识获取，所以一个时期内专家系统的发展受到了严重束缚，直到 20 世纪 80 年代后期人工神经网络技术的发展才为专家系统中知识的获取开辟了一条新途径。通过将神经网络应用于系统中，部分解决了专家系统设计和开发中知识获取的瓶颈问题，以及求解能力差、匹配冲突、"组合爆炸"及"无穷递归"等问题，使系统更好地满足战场条件要求。目前，在作战指挥辅助决策领域内，通过大量深入的研究，逐步达到了定性和定量辅助决策相结合，使系统"智能"不断提高。

第 4 章
地面装备系统的发展趋势和展望

未来的战争趋势和形态愈加复杂多样。本章面向地面装备的未来发展趋势，提出两类核心地面装备即火力控制信息系统和指挥控制信息系统的发展趋势，并对地面装备系统建设提出建议。

4.1　火力控制信息系统发展趋势

4.1.1　未来空袭和反空袭战争

未来防空火力控制系统的作战对象，不仅局限于轰炸机、歼击机、武装直升机，还包括空中撒布器、中远程巡航导弹、精确制导炸弹、辐射制导导弹。其参战能力应 24 小时昼夜连续工作，不仅不能受气象条件、地理环境的约束，而且在强电磁干扰下也能稳定工作；不但要适应多方向、多批次、多层次、大编队、小间隔（即所谓"饱和空袭"目标攻击）的要求，而且要适应对低空或超低空高速目标的探测与跟踪。其目标探测、跟踪能力，不但要适应反射面积 2 m² 的大型目标，而且要适应反射面积 0.1 m² 的小型目标；不仅要考虑对雷达探测技术的隐身目标，而且要考虑对光电探测技术的隐身目标。未来防空火力控制系统自身的防卫能力将提升到很重要的地位，不但要求雷达具有防辐射制导导弹的能力，而且要求光电设备具有抗激光压制观瞄的能力。

4.1.2　火力控制系统冗余设计

冗余设计理论是为提高系统的使用可靠性提出来的，但它并不是最好的设计方法，只有当提高可靠性的其他方法都已用尽，冗余设计才是唯一有用的方法。

面对未来反空袭的作战对象，防空火力控制系统的参战能力、作战能力及自身防卫能力，在其各种探测技术都有优点而又有不足之处、须相互补充的情况下，在火力控制系统中采用冗余设计是必要的。在工程实践中常采用的冗余设计有：

（1）远距离目标指示信息传输，无线或有线并存。

（2）设置有搜索雷达的火力控制系统，还设置了光学目标指挥镜。

（3）目标现在点测量采用双通道配置、雷达通道和光电通道。

（4）给目标跟踪测量分系统设置有多种目标指示导引接口。

（5）在跟踪雷达天线座配置电视摄像机和激光测距机。

（6）对目标距离除实时测量外，还设有距离装定或外推。

（7）目标运动参数平滑时间，设有大、中、小观察时间。

（8）除用射击诸元控制火力系统外，还保留向量瞄具或速度瞄具等。

4.1.3　光电跟踪测量分系统集成

随着雷达隐身技术的发展，雷达作用距离缩小了 7～10 倍，相当于或低于光电探测的作用距离。电子干扰在未来空袭中越来越强，雷达的使用受到强大压制。辐射制导武器的广泛应用，使雷达受到毁灭性打击。因此，光电探测技术在未来防空火力控制系统中的地位倍增，必须改变把光电探测作为雷达探测的抗干扰辅助手段的设计思想。在火力控制系统中，光电跟踪测量分系统必须与雷达并存，成为独立的目标跟踪测量通道。

光电探测技术的测量精度、图像显示的直观性、低空或超低空的跟踪性能、组成模块式结构的方便程度，都是雷达所无法比拟的。红外热成像与电视摄像在视频信号以后的兼容工作，使光电探测的参战能力等同于雷达。海湾战争、科索沃战争后，光电探测技术的发展将更加引起各国军界的重视。

缩短火力控制系统反应时间，不仅是近程反导的要求，而且是"饱和空袭"防空作战的要求。把火力控制系统反应时间定为 4 s，从目前技术水平状态看，目标跟踪探测分系统单通道工作，是难以实现的。众所周知，火控计算机求取诸元的最短时间为 2～3 s，火力随动系统从目标现在点协调到射击诸元的时间为 0.5～1 s，给目标跟踪测量分系统从截获目标到平稳跟踪目标的时间仅为 0.5～1 s，除非在极特殊情况下，一般情况下很难实现。

4.1.4　"机动防空"火力控制系统

提高防空部队自身的生存力将成为防空作战必须关注的问题。越南战争以前，防空部队的生存率大约在 80% 左右，而近 10 年来，由于防空部队日益成为敌方空袭或远程打击的重点目标，其生存率大为降低。因此，现代防空作战，提高防空部队自身的生存力再也不是作战保障问题，而是重要的作战内容。迄今为止，最好的防卫是机动。"机动防空"就是不过早地被敌发现或在敌侦察时给予错误的迷惑，是未来反空袭作战的主要战术手段。追踪世界主要军事装备研制国家的发展动态，之所以在研制、装备履带式车载野战自行防空武器的同时，变型研制、装备轮式车载自行防空武器，其目的就是建立城市重点设施、交通枢纽、海港、机场的"机动防空"。

4.1.5　弹、炮结合型防空反导火力控制系统

进入 20 世纪 90 年代后,陆用近程防空反导火力控制系统也发展起来,如俄罗斯的"通古斯卡"、瑞士的"空中盾牌 35"。2000 年以来,美、英、法等西方国家,陆续研制出舰载防空反导火力控制系统,如"密集阵""海火神""萨莫斯""海上卫士"等近程防空反导火力控制系统。可见,弹、炮结合型防空反导火力控制系统是当今防空火力控制系统发展方向。其可覆盖高度 4 000 m 以下、距离 10 000～12 000 m 以内的空域。这种结合提高了防空武器系统的作战效能,使导弹、火炮在同一火力控制系统的控制下,火力实现了合理的分配与衔接,也提高了防空火力控制系统自身的生存力。

4.2　指挥控制信息系统发展趋势

进入 21 世纪,随着国际战略形势的变化、战争要素信息化程度的提高,战争形态发生了巨大的改变,并逐步向信息化方向发展。高技术条件下的局部战争是现代战争的缩影,包括了复杂和多维度的空间战场,需要进行高级别的指挥控制。网络中心战是信息化战争发展的必然趋势,指挥控制系统是指挥信息系统的核心,是网络中心战中的重要组成部分,是战略部署必备的信息化指挥手段,是打赢信息化条件下局部战争的前提[153]。指挥控制系统的核心作用和关键因素主要是能有效提高战斗效率和未来战争中网络环境下的收益。指挥控制系统要结合全面集中指挥和局部分散指挥的需要,在新形势下的战场上,系统相互之间要实现可互通、无障碍操作。指挥控制系统能够处理极为庞大和繁杂的战术信息,实现信息获取和信息传输全方位,信息处理智能化,信息显示清晰直观,指挥决策快速便捷。指挥控制系统为武器系统作战提供实时、可靠的作战指挥决策,在军事战斗中使部队和武器装备能力得到最大的展示和发挥。

4.2.1　基于信息网络分布协同

基于信息网络分布协同是指以指挥信息系统为支撑,在指挥员及指挥机关统一协调下,组织分布于多维战场空间中的各作战力量开展协同。主要包括以下内容:

(1)组建分布信息网络。随着信息系统基础网络不断优化拓展,合成部队网络节点、数据链路的分配逐渐成为新的作战协同内容。信息化战场环境中,多类型、多层次作战单元和要素实现了广域战场空间的异地部署,态势分布高度分散。基于信息网络实施分布协同,其基础是分布交互的信息网络链接,各级决策指挥机构可在其支撑下,通过通用作战态势等信息共享,分布式协同作战物质流和能量流传递和交互,使力量要素在运行模式上"广域融合",在组织结构上"形散神聚",实现先期和后续作战行动无缝衔接,同一作战区域内各力量随机协同的时效一体。

（2）组织协同信息交互。协同信息实时交互，拉近了分散在广域战场上的各作战力量，使协同结果和作战决心不再分为"前后台""上下场"，而是"同台"展示。凭借指挥机构的统筹协同，信息系统链路和接口等新制资源得到合理分配，从而可以更加分散地部署作战力量。指挥员可以在相对独立的环境中判断和决策，依托辅助决策系统来组织协同，并借助信息的实时交互完成协同交流，将各作战力量单点间协同转变为人机结合、多点选择协同。在这种模式下，广域分散的决策意见更容易快速达成共识。协同组织主要采用"网上交互"的新型协同方式，将协同信息交互从集中一隅向广域分散转变，进一步拓展协同范围（图 4 - 1）。从而能够强化突然行动与全局态势的快递衔接与融合，把连续决策转化为连续战术行动，促使整体态势变化更清晰、体系力量更集中、协同行动更有效。

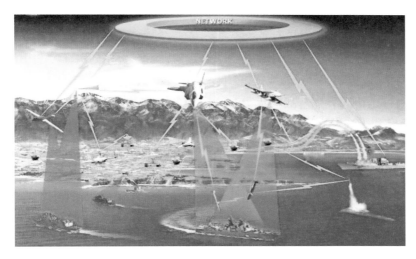

图 4 - 1　协同作战图

（3）实时网上协同会商。战场信息的开放共享，大大增加了作战中协同实体透明度，打破了以往作战中成建制、单兵种的兵力运用模式和逐层分级、上下一体的指挥模式。协同是把作战力量由形态集中转变为聚力一体的"黏合剂"，指挥员要立足系统论观点，把握"层次清晰、力量持续、重点突出"的协同原则，关注协同过程和效果，确保形成顺畅协同链路。协同方式由集中逐级协同转变为异地同步并行协同。针对具体作战任务，可由相关作战力量互派协同员，在信息网络上开展"协同会商"，而不是汇聚于某特定物理空间，从而实现异地同步融入协同进程。"管理员"由指挥中心专职协同指挥员担任，负责召集各作战力量相关参谋人员，组织开展高效的"虚拟协同"，拟制并执行协同作战计划。这种方式既能保护指挥机构安全，减少协同信息流转环节，增强协同稳定性；又能有效控制协同信息的辐射范围，提高协同灵活性，有利于重要作战行动突然性的达成。

4.2.2　基于效能集成精确协同

基于效能集成精确协同，是指各作战力量围绕局部与整体要害关节和重点目标，把侦察、通信、指挥、打击和保障等战斗要素通过信息系统进行有机融合，实现协同信息流的实时联通，提高协同精确度，促进基于信息系统的体系作战能量"实时生，适时聚，精准释"。主要包括以下内容：

（1）兵力部署协同。明代何汝斌在《兵录》中提到，"兵之胜负，不在众寡，而在分和。夫有分则有条理，有合则有联络"。信息化战场更加关注体系对抗中综合效能的发挥，必须精确协同兵力部署空间、时机等，才能实现能量的交叉互补与并行汇聚，如通信兵干扰与电子对抗的协同、装甲兵发起突击与炮兵火力转移的协同等。随着武器平台信息化程度的提高，各作战力量的信息力、机动力、打击力不断提升，已经具备了精确协同基础。利用实时战场态势，可以实现兵力、火力、信息等各作战要素综合效能的动态集成。新型作战手段在基于信息系统的体系作战中备受重视，实时调集力量、追求集成效能优势已经成为协同的根本目的。信息化作战中的兵力部署必须要"着眼全局、多维分散、动态聚能、灵敏精确"，必须改变以时间和计划为轴线的预先、静态、线式的传统部署理念，要充分利用战场空间，在信息系统支持下，以流动、全域、非线式、多维一体部署为主要样式，提升兵力部署灵活性。

（2）火力打击协同。随着战斗火力打击手段不断增多，打击过程中更容易出现火力重叠交织、多域丛生的混乱情况。精确火力协同可以合理有序地规范打击行动，使"精确火力战"成为信息化作战火力打击常态（图4-2）。首先，要进行精确集成的火力编组。对于涵盖的火力打击要素，打破固有建制，进行基于任务的优化重组，按照"高、中、低垂直兼顾，远、中、近全程覆盖，快、中、慢无缝衔接"的原则，实施广域分散的统筹部署打击，精确控制火力释放；其次，要精确汇总火力打击效果。统一指挥各类装备，注重指挥内部协调，实施持续打击，密切衔接毁伤效能。各打击要素要注意收集友邻火力毁伤效果、敌目标实时情报等指标，动态评估打击效果，精确调整打击范围，优化火力体系，形成对敌作战重心目标的持续毁伤，尽快达成破敌制胜目标。

（3）指挥控制协同。信息化时代的战斗组成要素繁多，这首先要求指挥机构必须能

图4-2　火力打击图

够精确协同控制。协同控制行动融合于态势感知、火力打击和综合保障等活动中,各类作战目标要在智能决策模型辅助下,基于对目标、行动、过程、结果的控制,实时掌握动态更新的战场目标态势图,精确落实指挥控制的协同指令;其次,要创新协同信息流转模式。借助信息流上下等级式交互、自主响应式交互,确保指挥实体间的协同联动。可按照功能区分来模块化组建指挥机构,突出专业素养,"备份"指挥能力,保证指挥信息流的稳定性。增强信息流的安全防护,对海量信息进行去伪存真的筛选,对关键环节协同进行专线连、重要协同活动点对点的措施,防止协同过程中的"信息污染"。

(4)综合保障协同。在多维一体的信息化战场空间中,保障行动就如一部解密机器的运转,各个部件必须要进行"精确"协调。在大联勤、大保障背景下,军民融合保障机制建设持续推进,保障体系不断拓展,促使精确协同成为解决保障内容匹配、保障要素兼容的有效途径。首先,要适应体系对抗对综合保障的精确化需求,研究精确保障协同力量组成、组织架构和方法手段等,建立健全保障机制。要客观分析保障要素间协同关系脉络,梳理协同重点,实现"粗放计划协同"转变为"精确自主响应协同"。其次,要立足效能集成,优化保障资源分配,实现供需之间协同精确化。实时收集动态保障需求,进行精确分析与评估。依据汇总的保障需求,拓宽保障渠道,通过主动按需保障、空间超越保障、多维协调保障、弹性聚合保障等方式,集成综合保障效能,精确匹配供需双方。

4.2.3 基于任务目标自主协同

基于任务目标自主协同,是指在合同指挥机构作战意图框架内,虽未接到上级命令或友邻请求,但为完成突发、紧急、重要的作战任务,两个及以上无相互隶属关系的作战单元根据具体战场态势和自身特点,主动进行沟通协同,通过策应、配合、支援等行动,自发调整作战行动,共同完成作战任务。具体内容主要包括:

(1)基于目标全面分析战场态势。信息化战场中作战力量隐真示假、伪装佯动更加隐蔽,只有快速准确地甄别出有用信息,才能识别出对敌作战体系中关键要害目标,进一步实现破敌制胜的目的。但战场上假目标只有随战斗不断深入才会逐步剥离,且作战攻防转换频繁,网络化链接不再严格依靠自上而下的指令控制,战场中的目标节点价值显现和转化更加迅疾莫测,这极大地增加了对敌重要目标和关键节点的判断难度。指挥员要按照"体系作战—力量要素—具体目标"的层次,统筹分析战场态势,把敌情态势转化成目标态势。首先,根据获取的各类目标信息,借助辅助决策系统,对比信息数据库,标注出已确定目标,推理出可能出现的目标,汇总出整体目标清单;然后,根据目标位置、地位、性质等进行价值分析,由大到小区分为核心、一类、二类及三类目标。随着战斗展开,及时补充添加新发现的目标,刷新目标态势图(图4-3)。

(2)自主选择与匹配打击对象。在协同过程中,合同作战指挥机构由以往赋予任务转变为赋予目标,使协同层次、程序内容更加清晰。首先,指挥员要明确各目标的打击力量、方法手段和衔接内容等,依托网络系统,具体组织各力量的分布协同。其次,在通用数

图 4 - 3 目标态势图

据库支撑下,情报处理部门生成新目标态势,通过网络以选择性广播方式,向已明确打击力量进行连续发布和动态修正。各打击力量围绕"破敌体系",遵循"匹配目标任务、适应打击方式"原则,依据打击目的、目标威胁度等,自主生成火力计划。如在基于目标进行分布协同时,参照某战场基本目标态势图,通常先由火箭军常规导弹力量和空军航空兵选择打击目标,再由陆军航空兵、装甲兵、炮兵、机械化步兵等选择打击目标。

(3) 统筹打击目标的区分补充。完成自主选择打击目标后,最终选择结果由合成部队指挥员统筹协调,针对选择中的遗漏、重叠和不当情况,在尊重自主选择基础上,进行调整完善。指挥员要更加关注在作战体系内,各作战力量与打击时机和方法结合后产生的打击效果,以及不同类别和区域打击效果的"衔接效应"。各作战力量要主动了解其他打击力量的作战性能和特点,提高融合打击效果意识。在没有上级统筹指挥情况下,各作战力量要以平等主体地位,深刻领会整体作战意图,以自主协同方式化被动为主动;坚决服从系统调控机制,自觉弥合作战进程中可能出现的"目标缝隙";以上级统筹协调的目标打击分配为依据,严格依照协同规范,采取主动打击与召唤引导相结合、分布协同与自主协同相结合的方式,提高协同效率。

4.3 对地面装备系统的展望

4.3.1 对地面装备建设的建议

坚持作战需求的根本牵引,建立健全具有陆军特色的作战需求生成机制,增强武器发展的科学性、针对性和前瞻性,是陆军武器系统建设须首要解决的问题。牵引武器系统发展和体系构建的需求包括战略需求、作战需求与武器需求三个层次。随着战争制胜由多武器平台间的协同对抗上升至海、陆、空、天、信息全维度体系对抗,需求牵引的内涵更加广泛,包括作战思想的创新引领、作战机理的变革引导、体系转型的顶层建构、信息网络的拓展要求、武器系统的融合规范等。

从武器层面来讲,为了满足打赢来自海上方向信息化局部战争的迫切需求,需要大力提升侦察、指控等信息作战武器的联合作战能力;需要大力发展陆航空中突击武器、智能化直瞄打击武器、陆军超视距精确打击武器,实现陆军在整个战场空间和多个维度具备同步和持续开展作战行动的能力;需要大力发展陆基轻型武器平台和机动突击平台,实现陆军快速部署和特种作战力量的快速反应、及时存在和即时威慑,拓展多维陆战空间和持续战场生存时间。

要将"信息主导、体系支撑、精兵作战、联合制胜"的观念切实落实到武器功能层面。要科学筹划,确实研究深、研究实、研究出成果,集中人力、物力、财力,开发需求迫切、紧跟世界军事前沿的项目;要统一标准,对武器信息的获取、处理、传输、存储、反馈等方面进行规范化、系统化的梳理规划,构建优化的业务模型、系统功能和数据模型,建立武器信息资源管理标准,实现信息资源的共享,为信息资源的整合、流程的优化、数据环境的重塑打下基础。

人工智能最主要的优点是快速反应、超大容量、无时空和体力限制。应用于军事领域的人工智能技术主要有无人技术、武器故障的自动诊断与排除、智能化辅助指挥决策和人工智能武器等。这些人工智能技术的核心是计算机编程,所有的作战任务都可以通过程序来实现。由于人工智能具有与神经网络相似的学习功能,通过数据挖掘和深度学习,计算机足以形成超越人类指挥经验的智慧,并且可以在相当大程度上消除人在指挥中的认知偏差。可以想象,未来的作战系统如果应用人工智能技术,对武器发展建设甚至对战争的战略战术都将产生革命性的影响。

4.3.2　地面装备系统发展目标

遵循弱人工智能(ANI)、强人工智能(AGI)和超人工智能(ASI)发展阶段,2035 年前陆军武器装备智能化建设,主体定位在弱人工智能条件下,局部优势领域发展至强人工智能,重点完成由以"网络为中心"向以"认知为中心"建设模式转变。在智能科技创新体系支撑下,着力发展智能化的网络通信、侦察情报、指挥控制、火力打击、无人作战平台、网电认知对抗、综合保障和单兵作战系统等新一代陆军武器装备,构建智能化网络信息体系,形成智能化陆战核心能力,带动智能化陆战理论、力量编成、人才建设等全方位智能化转型建设。

2025 年前,筑基布势、智能介入。在信息化建设基础上,陆战领域智能化核心应用技术取得突破,技术成果能够快速向武器型号转化。通过将人工智能技术植入通信、情报、指控、协同、控制等作战系统，填补智能化无人化武器建设空白，武器体系呈现出智能化特征，初步形成由信息化作战向智能化作战的基本手段。

2030年前，赋能增效、智能牵引。依托海量战场数据及持续优化智能算法，武器智能化水平有较大提升，实现人工智能技术在作战系统中的深度应用。智能化武器能够有效融入武器体系，并由个体智能向群体智能发展，具备显著的以智赋能能力，有效支撑人机协同作战。

2035年前，整体释能、智能主导。类脑智能技术实现较大突破，智能化水平取得重大进展。智能化武器体系基本建立，并由群体智能向体系智能发展，智能化武器成规模编配，在作战体系中发挥主导作用，具备自主认知、无人协同、人机融合的体系能力，支撑智能化无人化力量建设。

防空系统是现代战争中反空袭作战的重要组成部分，其依托各传感器平台提供战场实时态势信息，具有打击各种空袭目标和电子对抗的能力，从而全面掌握战场态势，赢得战争的主动权。防空系统一共需要三类信息，包括预警信息、战术指挥信息和制导控制信息[154]。其中预警信息由各种预警系统获取，来袭目标的预警信息经过统一处理后成为空情态势图，再传至防空指挥中。预警信息也是防空系统最重要的信息之一。战术指挥信息是防空指控中心和火力单元指控中心进行目标识别和火力分配所必需的信息，目标指示雷达组网可形成战术指挥控制信息网。制导控制信息描述空中目标的坐标信息和相对运动参数，制导控制信息的准确性直接影响防空系统对空中目标拦截的成败。

针对不同类型的威胁目标，各国建立了多种不同规模的防空系统。发达国家得益于先进的技术和巨大的资金支持，在防空系统的研究方面已经走在了世界前列。目前，以美国、俄罗斯为代表的军事强国已经建成比较完备的现代化防空系统，并在努力构建更大的防空体系。美国的防空系统由末段防御、中段防御和助推段防御三部分组成，各种武器在"指挥、控制、战斗管理和通信系统（C2BMC）"的支持下分别负责各段的防御，构成一体化、多层级的防空系统。俄罗斯的陆基防空导弹系统包括国防空导弹系统、野战防空导弹系统和便携式防空导弹系统，具有反应时间和再装填时间短、抗干扰能力强的特点，并能够同时拦截数个目标，是世界上最先进的防空导弹系统之一。日本的预警与指挥控制系统被称为巴其（BADGE）系统，该系统由多部雷达和各种指挥控制设备构成，具有较强的目标探测能力、抗干扰能力和目标识别能力，可以为防空拦截武器系统提供预警信息以及为各级防空指挥机构提供情报信息。

缩略词及中英文对照

缩略词	英文全称	中文全称
ACN	air communication node	空中通信节点
ACS	abstract cloud service	抽象云服务
AR	attack resource	攻击资源
BPEL4WS	business process execution language for web services	网络服务业务流程执行语言
C⁴ISR	command, control, communication, computer, intelligence, surveillance, reconnaissance	指挥、控制、通信、计算机、情报、监视和侦察
CCC	cloud cooperation center	云协同中心
CCpr	cloud cooperation	云协同
COP	common operational picture	共用作战图
CCR	command and control resource	指挥控制资源
CCS	composite cloud service	组合云服务
CCST	composite cloud service template	组合云服务模板
CNN	convolutional neural networks	卷积神经网络
DBF	digital beam forming	数字波束形成
DAIS	digital aviation information system	数字航空信息系统
DISA	defense information systems agency	国防情报系统机构
DPSO	discrete particle swarm optimization	离散粒子群优化算法
EDA	event driven architecture	事件驱动架构
ER	evaluation resource	评估资源
ESB	enterprise service bus	企业服务总线
GCDS	GIG content delivery service	GIG 内容交付服务
GIG	global information grid	全球信息栅格
HUD/WAS	head-up display/weapon aiming system	平视显示/武器瞄准火控系统
HLIF	high-level information fusion	高级信息融合
IaaS	infrastructure as a service	基础设施即服务
IOPE	inputs, outputs, preconditions, effects	输入、输出、前提、效果
JIE	joint information environment	联合信息环境
LLIF	low-level information fusion	低级信息融合
LR	logistical resource	后勤保障资源

ISN	integrated subscriber node	综合用户节点
WAN	wide area node	广域网节点
MTBF	mean time between failure	平均故障间隔时间
MTTR	mean time to restoration	平均恢复时间
MTI	moving target indicator	动目标显示
NCW	net centric warfare	网络中心战
NOOCC	networked operational organization cloud cooperation	网络化作战组织云协同
OWL	ontology web language	网络本体语言
OWL-S	ontology web language for service	网络服务本体语言
PaaS	platform as a service	平台即服务
PDA	personal digital assistant	个人数字助理
PSO	particle swarm optimization	粒子群优化算法
RACE	rapid access computing environment	快速访问计算环境
RASI	remote access subscriber interface	远程接入用户接口
RDF	resource description framework	资源描述框架
RFID	radio frequency identification	无线射频识别
SaaS	software as a service	软件即服务
SABKS	situation awareness background knowledge service	战场态势背景知识服务
SB	service broker	服务代理
SC	service consumer	服务消费者
SLA	service-level agreement	服务品质等级协议
SN	subscriber node	用户节点
SOA	service oriented architecture	面向服务的体系架构
SOAP	simple object access protocol	简单对象访问协议
SOSS	service optimal-selection system	服务优选系统
SP	service provider	服务提供者
SR	sense resource	感知资源
SReq	service requestor	服务请求者
SSN	shelterized subscriber node	掩蔽节点
TMD	theatre missile defence	导弹威胁防御
TWT	travelling wave tube	行波管
UDDI	universal description discovery and integration	统一描述、发现和集成协议
VMM	virtual machine monitor	虚拟管理器
W3C	world wide web consortium	万维网联盟
WKDTNNS	weighted KD-tree nearest neighbor search	加权 KD 树近邻搜索
WSF	web services framework	网络服务架构
WSDL	web service description language	网络服务描述语言
XML	extendible markup language	可扩展标记语言

参 考 文 献

［1］邓宏,薛惠锋.试论信息概念的分类定义[J].西安电子科技大学学报(社会科学版),2002(1),84－88.

［2］张凌浩.符号学产品设计方法[M].北京:中国建筑工业出版社,2011.

［3］周涉.UI进化论移动设备人机交互界面设计[M].北京:清华大学出版社,2010.

［4］王效杰,占炜.工业设计趋势与策略[M].北京:中国轻工业出版社,2009.

［5］严怡民.现代情报学理论[M].武汉:武汉大学出版社,1996.

［6］弗兰克·韦伯斯特.信息社会理论[M].曹晋,等译.北京:北京大学出版社,2011.

［7］Koskinen, Mattelmaki, Battarbee.移情设计——产品设计中的用户体验[M].北京:中国建筑工业出版社,2011.

［8］Robert Spence.信息可视化:交互设计[M].北京:机械工业出版社,2012.

［9］凯文·凯利.科技想要什么[M].熊祥,译.北京:中信出版社,2011.

［10］王宇航,李鹏.舰载火控原理[M].北京:国防工业出版社,2006.

［11］于宏毅.无线移动自组织网[M].北京:人民邮电出版社,2005.

［12］曹旭,许锦洲.数字化战场指挥控制系统的发展[J].情报指挥控制系统与仿真技术,2005(5):29－33.

［13］陈引川.战场态势信息系统的研究与实现[D].郑州:解放军信息工程大学,2006.

［14］陈建宁.网络中心战指挥控制系统及其效能评估[D].长沙:国防科技大学,2007.

［15］周美珍,谭绍杰.美军全球指挥控制系统发展现状[J].现代电子工程,2003(3):13－19.

［16］倪天友.指挥信息系统教程[M].北京:军事科学出版社,2013.

［17］赵伟,庞思伟.智能化指挥控制系统问题[J].四川兵工学报,2010,31(2):56－59.

［18］刘忠,张维明,胡剑文,等.以网络为中心的指挥控制组织探索性分析[J].火力与指挥控制,2009,34(5):31－35.

［19］孙丽娟.Petri网在指挥控制系统中的应用研究[D].南京:南京理工大学,2007.

［20］张练达,卢昱.战场指挥控制系统的网络控制特性及其评估[J].装备指挥技术学院学报,2005,16(5):104－107.

［21］曹雷.指挥信息系统[M].北京:国防工业出版社,2012.

［22］马建光,刘佳圭.从俄格战争看俄罗斯指挥自动化的发展[J].国防科技,2009(3):87－92.

［23］徐诚,王亚平.火炮与自动武器动力学[M].北京:北京理工大学出版社,2006.

［24］Tyan F. The capture region of a general 3D TPN guidance law for missile and target with limited maneuverability[C]//Proceedings of American Control Conference,2001(1):512－517.

［25］Feng T Y. An unified approach to missile guidance laws: a 3D extension[J]. IEEE Transactions on Aerospace and Electronic Systems,2002,41(4):1711－1716.

［26］Tsao L P, Lin C S. A new optimal guidance law for air-to-air missiles against evasive targets[J]. Transactions of the Japan Society for Aeronautical and Space Sciences,2000,43(140):55－60.

［27］刘刚,李言俊,刘光斌.中远程空地导弹末制导自适应控制［J］.飞行力学,1998,16(4)：87－90.

［28］周获,胡恒章,胡国辉.一种自适应变结构制导律［J］.宇航学报,1996,17(4)：9－12.

［29］Oshman Y, Arad D. Enhanced air-to-air missile tracking using target orientation observations［J］. Journal of Guidance, Control, and Dynamics, 2004, 27(4)：595－606.

［30］蔡立军,周凤岐.一种非线性最优导弹制导律［J］.宇航学报,1999,20(2)：36－40,67.

［31］Alexandrov V V, Cherkasov O Y. Analysis of the proportional navigation law with time delay［J］. IFAC Proceedings Volumes (IFAC Papers-OnLine), 2003, 36(8)：203－205.

［32］Machester I R, Savkin A V. Circular navigation guidance law for precision missile target engagements ［J］. IEEE Proceedings of the 41st IEEE Conference on Decision and Control, 2002(8)：1287－1292.

［33］富立,王青,陈新海.中程空地导弹最优中制导律的研究及仿真［J］.西北工业大学学报,1997,15(1)：73－78.

［34］张友安,胡云安,林涛.导弹制导的鲁棒几何方法［J］.控制理论与应用,2003,20(1)：13－20.

［35］Liaw D C, Liang Y W, Cheng C C. Nonlinear control for missile terminal guidance［J］. Journal of Dynamic Systems Measurement and Control, 2000, 122(4)：663－668.

［36］Krishnabrahmam V, Bharadwaj N, Swamy K N, et al. Guided missile with an intelligent agent［J］. Defence Science Journal, 2000, 50(1)：25－30.

［37］Rajasekhar V, Sreenatha A G. Fuzzy logic implementation of proportional navigation guidance［J］. Acta Astronautica, 2000, 46(1)：17－24.

［38］Rui Z. Optimal feedback missile guidance law using neural networks［J］. Chinese Journal of Aeronautics, 2003, 15(2)：955－958.

［39］李兆堃.基于动作识别技术的人机交互系统［D］.苏州：苏州大学,2014.

［40］胡林桥.面向人机协同诊断的数控机床故障知识演化技术研究［D］.重庆：重庆大学,2015.

［41］MBALib智库百科.人机交互［EB/OL］.https：//wiki.mbalib.com/wiki/人机交互,2019－09－19.

［42］赵沁平.虚拟现实综述［J］.中国科学：信息科学,2009,39(1)：2－46.

［43］Laver K E, George S, Thomas S, et al. Virtual reality for stroke rehabilitation［J］. Stroke, 2012, 43(2)：e20－e21.

［44］Piron L, Cenni F, Tonin P, et al. Virtual reality as an assessment tool for arm motor deficits after brain lesions［J］. Stud Health Technol Inform, 2001, 81(81)：386－392.

［45］Sutherland I E. Minimizing interceptor size using neural networks for terminal guidance law system ［J］. Journal of Guidance, Control and Dynamics, 1996, 19(3)：557－562.

［46］Clark J H. Designing surfaces in 3D［J］. Communications of the ACM, 1976, 19(8)：454－460.

［47］Rautaray S S, Agrawal A. Vision based hand gesture recognition for human computer interaction［J］. Artificial Intelligence Review, 2015, 43(1)：1－54.

［48］Hasan H, Abdul-Kareem S. Human-computer interaction using vision-based hand gesture recognition systems［J］. Neural Computing and Applications, 2014, 25(2)：251－261.

［49］Pisharady P K, Saerbeck M. Recent methods and databases in vision-based hand gesture recognition ［J］. Computer Vision and Image Understanding, 2015(141)：152－165.

［50］Simon T, Joo H, Matthews I A, et al. Hand keypoint detection in single images using multiview bootstrapping［C］//Proceedings of the IEEE Conference on Vision and Pattern Recognition, 2017：1145－1153.

［51］Rogez G, Supancic Ⅲ J S, Khademi M, et al. 3D hand pose detection in egocentric RGB-D images ［C］. European Conference on Computer Vision. Springer, Cham, 2014：356－371.

［52］Thomas Defanti, Sandin Daniel. Final report to the National Endowment of the Arts［J］. US NEA

R60 - 34 - 163，University of Illinois at Chicago Circle，Chicago，Illinois，1977.

[53] Dumas J S，Redish J，Redish J. A practical guide to usability testing[M]. Kent：Intellect Ltd.，1993.

[54] Mistry P，Maes P. Sixth sense：a wearable gestural interface[C]. International Conference on Computer Graphics and Interactive Techniques ACM SIGGRAPH Asia，2009.

[55] Monir S，Rubya S，Ferdous H S. Rotation and scale invariant posture recognition using microsoft kinect skeletal tracking feature[C]. 2012 12th International Conference on Intelligent Systems Design and Applications (ISDA). Piscataway：IEEE Press，2012：404 - 409.

[56] Mohamed A S，Umeda R，Higa H. An attempt to control a 3D object in medical training system using leap motion[C]. 2017 International Conference on Intelligent Informatics and Biomedical Sciences (ICIIBMS). IEEE，2017：159 - 162.

[57] Alexei Sourin，Zhong Cai Chock. Playing digital music by waving hands in the air[C]. International Workshop on Advanced Image Technology (IWAIT) 2019. International Society for Optics and Photonics，2019，11049：1104922.

[58] Bolt R A，Herranz E. Two-handed gesture in multi-modal dialog[C]//Proceedings of the ACM Symposium on User Interface Software and Technology，Monteray，1992：7 - 14.

[59] Bowman D，Rhoton C，Pinho M. Text input techniques for immersive virtual environments：an empirical comparison[C]//Proceedings of the Human Factors and Ergonomics Society Annual Meeting，Maryland，2002：2154 - 2158.

[60] Billinghurst M. Put that where voice and gesture at the graphics interface[C]//Proceedings of ACM SIGGRAPH Computer Graphics，1998，32(4)：60 - 63.

[61] McTear M F. Spoken dialogue technology：enabling the conversational interface[J]. ACM Computing Surveys，2004，34(1)：90 - 169.

[62] Wolpaw J R，Birbaumer N，Heetderks W J，et al. Brain-computer interface technology：a review of the first international meeting[J]. IEEE Trans. Rehabil. Eng.，2000，8(2)：164 - 173.

[63] Birbaumer N，Murguialday A R，Cohen L. Brain-computer interface in paralysis[J]. Curr. Opin. Neurol.，2008，21(6)：634 - 638.

[64] McCarthy G，Donchin E. Brain-computer interface technology：a review of the second international meeting[J]. A Metric for Thought：A Comparison of P300 Latency and Reaction Time，1981，211 (4477)：77 - 80.

[65] Donchin E，Smith D B D. The contingent negative variation and the late positive ave of the average evoked potential[J]. Electroencephalography and Clinical Neurophysiology，1970，29(2)：201 - 203.

[66] Anne-Marie Brouwer，Jan B F van Erp. A tactile P300 brain-computer interface[J]. Front. Neurosci.，2010，4(19)：1 - 11.

[67] McCarley R W，M E Shenton B F O，Faux S F，et al. Auditory P300 abnormalities and left posterior superior temporal gyrus volume reduction in schizophrenia[J]. Rch. Gen. Psychiatry，1993，50(3)：190 - 197.

[68] Takano K，Komatsu T，Hata N，et al. Visual stimuli for the P300 brain-computer interface：a comparison of white/gray and green/blue flicker matrices[J]. Clin. Neurophysiol.，2009，120(8)：1562 - 1566.

[69] Deng L Y，Hsu C L，Lin T C，et al. Eog-based human-computer interface system development[J]. Expert Syst. Appl.，2010，37(4)：3337 - 3343.

[70] Ma J，Zhang Y，Cichocki A，et al. A novel EOG/EEG hybrid human-machine interface adopting eye movements and ERPs：application to robot control[J]. IEEE Trans. Biomed. Eng.，2015，62(3)：

876 - 888.

[71] Usakli A B, Gurkan S. Design of a novel efficient human-computer interface: an electrooculogram based virtual keyboard[J]. IEEE Trans. Instrum. Meas., 2010, 59(8): 2099 - 2108.

[72] Wu S L, Liao L D, Lu S W, et al. Controlling a human-computer interface system with a novel classification method that uses electrooculography signals[J]. IEEE Trans. Biomed. Eng., 2013, 60(8): 2133 - 2141.

[73] Cohen P R, McGee D. Tangible multimodal interfaces for safety-critical applications[J]. Communications of the ACM, 2004, 47(1): 1 - 46.

[74] Li Z, Su C Y. Neural-adaptive control of single-master-multiple-slaves teleoperation for coordinated multiple mobile manipulators with time-varying communication delays and input uncertainties[J]. IEEE Transactions on Neural Networks and Learning Systems, 2013, 24(9): 1400 - 1413.

[75] Yang C, Wang X, Li Z, et al. Teleoperation control based on combination of wave variable and neural networks[J]. IEEE Transactions on Systems, Man, and Cybernetics: Systems, 2016, 47(8): 2125 - 2136.

[76] Malysz P, Sirouspour S. Nonlinear and filtered force/position mappings in bilateral teleoperation with application to enhanced stiffness discrimination[J]. IEEE Transactions on Robotics, 2009, 25(5): 1134 - 1149.

[77] García-Valdovinos L G, López-Segovia A, Santacruz-Reyes H, et al. Impedance-based sliding mode control for nonlinear teleoperators under constant time delay[C]. 2016 IEEE Conference on Control Applications (CCA), 2016: 1537 - 1543.

[78] Li Z, Ding L, Gao H, et al. Trilateral teleoperation of adaptive fuzzy force/motion control for nonlinear teleoperators with communication random delays [J]. IEEE Transactions on Fuzzy Systems, 2012, 21(4): 610 - 624.

[79] Sun D, Liao Q, Ren H. Type-2 fuzzy modeling and control for bilateral teleoperation system with dynamic uncertainties and time-varying delays[J]. IEEE Transactions on Industrial Electronics, 2017, 65(1): 447 - 459.

[80] Hu H C, Liu Y C. Passivity-based control framework for task-space bilateral teleoperation with parametric uncertainty over unreliable networks[J]. ISA Transactions, 2017(70): 187 - 199.

[81] Lu Z, Huang P, Liu Z. Relative impedance-based internal force control for bimanual robot teleoperation with varying time delay[J]. IEEE Transactions on Industrial Electronics, 2019, 67(1): 451 - 455.

[82] Santacruz-Reyes H, Garcia-Valdovinos L G, Jiménez-Hernández H, et al. Higher order sliding mode based impedance control for dual-user bilateral teleoperation under unknown constant time delay[C]. 2015 IEEE/RSJ International Conference on Intelligent Robots and Systems (IROS), 2015: 5209 - 5215.

[83] Rebelo J, Schiele A. Performance analysis of time-delay bilateral teleoperation using impedance-controlled slaves[C]. 2015 International Conference on Advanced Robotics (ICAR), 2015: 28 - 33.

[84] Corredor J, Sofrony J, Peer A. Decision-making model for adaptive impedance control of teleoperation systems[J]. IEEE Transactions on Haptics, 2016, 10(1): 5 - 16.

[85] Xu X, Cizmeci B, Al-Nuaimi A, et al. Point cloud-based model-mediated teleoperation with dynamic and perception-based model updating[J]. IEEE Transactions on Instrumentation and Measurement, 2014, 63(11): 2558 - 2569.

[86] Owen-Hill A, Parasuraman R, Ferre M. Haptic teleoperation of mobile robots for augmentation of

operator perception in environments with low-wireless signal[C]. 2013 IEEE International Symposium on Safety, Security, and Rescue Robotics (SSRR), 2013: 1 - 7.

[87] Son H I, Bhattacharjee T, Hashimoto H. Enhancement in operator's perception of soft tissues and its experimental validation for scaled teleoperation systems [J]. IEEE/ASME Transactions on Mechatronics, 2010, 16(6): 1096 - 1109.

[88] Moore K S, Gomer J A, Pagano C C, et al. Perception of robot passability with direct line of sight and teleoperation[J]. Human factors, 2009, 51(4): 557 - 570.

[89] Mantel B, Hoppenot P, Colle E. Perceiving for acting with teleoperated robots: ecological principles to human-robot interaction design[J]. IEEE Transactions on Systems, Man, and Cybernetics-Part A: Systems and Humans, 2012, 42(6): 1460 - 1475.

[90] Yang C, Huang K, Cheng H, et al. Haptic identification by ELM-controlled uncertain manipulator [J]. IEEE Transactions on Systems, Man, and Cybernetics: Systems, 2017, 47(8): 2398 - 2409.

[91] Huang D, Yang C, Wang N, et al. Online robot reference trajectory adaptation for haptic identification of unknown force field[J]. International Journal of Control, Automation and Systems, 2018, 16(1): 318 - 326.

[92] Huijun L, Aiguo S. Virtual-environment modeling and correction for force-reflecting teleoperation with time delay [J]. IEEE Transactions on Industrial Electronics, 2007, 54(2): 1227 - 1233.

[93] Gao Y, Li J, Su H, et al. Development of a teleoperation system based on virtual environment[C]. 2011 IEEE International Conference on Robotics and Biomimetics, 2011: 766 - 771.

[94] Ni D, Nee A Y C, Ong S K, et al. Local implicit surface based virtual fixtures in point cloud virtual environment for teleoperation [C]. 2016 10th International Conference on Sensing Technology (ICST), 2016: 1 - 6.

[95] Brizzi F, Peppoloni L, Graziano A, et al. Effects of augmented reality on the performance of teleoperated industrial assembly tasks in a robotic embodiment [J]. IEEE Transactions on Human-Machine Systems, 2017, 48(2): 197 - 206.

[96] Livatino S, Banno F, Muscato G. 3D integration of robot vision and laser data with semiautomatic calibration in augmented reality stereoscopic visual interface[J]. IEEE Transactions on industrial informatics, 2011, 8(1): 69 - 77.

[97] Sanguino T J M, Márquez J M A, Carlson T, et al. Improving skills and perception in robot navigation by an augmented virtuality assistance system[J]. Journal of Intelligent and Robotic Systems, 2014, 76(2): 255 - 266.

[98] Schatzle S, Hulin T, Preusche C, et al. Evaluation of vibrotactile feedback to the human arm[C]// Proceedings of EuroHaptics, Paris, 2006: 577 - 560.

[99] Cassinelli A, Reynolds C, Ishikawa M. Augmenting spatial awareness with haptic radar[C]// Proceedings of the 10th IEEE International Symposium on Wearable Computers, Minnesota, 2006: 61 - 64.

[100] Spelmezan D, Jacobs M, Hilgers A, et al. Tactile motion instructions for physical activities[C]// Proceedings of the SIGCHI Conference on Human Factors in Computing Systems, Boston, 2009: 2243 - 2252.

[101] Hoggan E, Brewster S A, Johnston J. Investigating the effectiveness of tactile feedback for mobile touchscreens [C]//Proceedings of the SIGCHI Conference on Human Factors in Computing Systems, 2008(4): 1573 - 1582.

[102] Altinsoy M E, Merchel S. Audiotactile feedback design for touch screens[C]//Proceedings of

Haptic and Audio Interaction Design. Berlin：Springer Berlin Heidelberg，2009：136 – 144.

[103] Jansen Y，Karrer T，Borchers J. MudPad：tactile feedback and haptic texture overlay for touch surfaces[C]//Proceedings of ACM International Conference on Interactive Tabletops and Surfaces，Pittsburgh，2010：11 – 14.

[104] Bau O，Poupyrev I，Israr A，et al. TeslaTouch：electrovibration for touch surfaces[C]//Proceedings of the 23rd Annual ACM Symposium on User Interface Software and Technology，California，2010：283 – 292.

[105] Stone R J. Haptic feedback：a brief history from telepresence to virtual reality[C]//Proceedings of Haptic Human-Computer Interaction. Berlin：Springer Berlin Heidelberg，2001：1 – 16.

[106] Hrvoje B，Christian H，Sinclair M，et al. NormalTouch and Texture Touch：high-fidelity 3D haptic shape rendering on handheld virtual reality controllers[C]//Proceedings of the 29th Annual Symposium on User Interface Software and Technology Tokyo，2016：717 – 728.

[107] Kikin G E. Light-induced shape-memory polymer display screen：US，US8279200[P]. 2012.

[108] Biet M，Giraud F，Lemairesemail B. Squeeze film effect for the design of an ultrasonic tactile plate [J]. IEEE Trans Ultrason Ferroelectr Freq Control，2007(54)：2678 – 2688.

[109] 范俊君，田丰，杜一，等.智能时代人机交互的一些思考[J].中国科学：信息科学,2018,48(4)：361 – 375.

[110] 余昆.基于工效学的舰桥人机界面评价研究[D].哈尔滨：哈尔滨工程大学,2010.

[111] Brüggemann U，Strohschneider S. Nautical PSI — virtual nautical officers as test drivers in ship bridge design[A]//Proceedings of 2nd International Conference on Digital Human Modeling：Held as Part of HCI International 2009 [C]. Berlin：Springer-Verlag，2009,1(1)：355 – 364.

[112] Mallam S C，Lundh M，Mackinnon S N. Integrating human factors and ergonomics in large-scale engineering projects：investigating a practical approach for ship design[J]. International Journal of Industrial Ergonomics，2015，50(1)：62 – 72.

[113] Lützhöft M，Petersen E S，Abeysiriwardhane A. The psychology of ship architecture and design [A]//MacLachlan M. Maritime Psychology [M]. Cham：Springer，2017：69 – 98.

[114] Uitterhoeve W，Croes-Schalken M，Hove D T. Physiological measurement applied in maritime situations：a newly developed method to measure workload on board of ships[A]//Proceedings of International Conference on Human-Computer Interaction 2011 [C]. Berlin：Springer-Verlag，2011，173(1)：327 – 331.

[115] Hahn A，Lüdtke A. Risk assessment of human machine interaction for control and navigation systems of marine vessels [J]. IFAC Proceedings Volumes，2013,46(33)：368 – 373.

[116] Man Y，Lützhöft M，Costa N A，et al. Gaps between users and designers：a usability study about a tablet-based application used on ship bridges[A]//Stanton N，Landry S，Di Bucchianico G，et al. Advances in human aspects of transportation [J]. Cham：Springer 2017,597(1)：213 – 224.

[117] Javaux D，Luedtke A，Adami E，et al. Model — based adaptive bridge design in the maritime domain. The CASCADe Project[A]//Proceedings of 6th International Conference on Applied Human Factors and Ergonomics and the Affiliated Conferences [J]. Amsterdam：Elsevier B. V.，2015,3(1)：4557 – 4564.

[118] Ginnis A I，Kostas K V，Politis C G，et al. VELOS — a VR environment for ship applications：current status and planned extensions[A]//Brunnett G，Coquillart S，van Liere R. Virtual realities [J]. Cham：Springer,2015,8844(1)：33 – 55.

[119] 张雪松，王文生，刘家鹏.探索网络化作战的预警机[J].中国电子科学研究院学报,2015,10(2)：

119 - 124.

[120] 牛福亮,张耀中,吕迎迎.网络中心战优势价值链的建模方法分析[J].火力与指挥控制,2013(11)：77 - 80.

[121] Kangchan Lee, Chulwoo Park, Hee-Dong Yang. Development of service verification methodology based on cloud computing interoperability standard[J]. International Journal of Smart Home, 2013, 5(7)：57 - 66.

[122] 刘越.云计算综述与移动云计算的应用研究[J].信息通信技术,2010,4(2)：14 - 20.

[123] 胡悦.美国空军"作战云"发展现状与展望[J].现代导航,2017,8(1)：74 - 78.

[124] 李伯虎,张霖,王时龙,等.云制造——面向服务的网络化制造新模式[J].计算机集成制造系统,2010,16(1)：1 - 7,16.

[125] 肖立业,林良真,徐铭铭,等.未来电网——多层次直流环形电网与"云电力"[J].电工电能新技术,2011,30(4)：64 - 69.

[126] Kuffner J, Cloud-enabled robots[C]//Proc. IEEE-RAS Int.Conf. Humanoid Robot.Nashville, TN, USA, 2010.

[127] 訾海燕,朱国晖.一种基于服务质量的资源分配算法[J].西安邮电大学学报,2013,18(5)：117 - 120.

[128] Matthew MacKenzie C, Ken Laskey, Francis McCabe, et al. Reference model for service oriented architecture 1.0[S]. USA, NewYork, 2006.

[129] 王云花.ServiceMix：一个开源 ESB 的剖析与应用[D].太原：太原理工大学,2012.

[130] 王琦峰,刘飞.基于语义服务的网络化协同制造执行平台[J].计算机集成制造系统,2011,17(5)：961 - 970.

[131] 徐斌,张晟.美军网络中心企业服务及其应用[J].兵工自动化,2013,32(9)：63 - 67.

[132] 张永红.美军电子信息装备的发展趋势[J].系统工程与电子技术,2004, 26(6)：853 - 859.

[133] 计宏亮,徐山峰,赵楠.美军联合信息环境计划[J].指挥控制与仿真,2016,38(1)：131 - 136.

[134] 游坤,丁峰.云计算技术在联合信息环境中的应用[C].中国指挥控制大会,2015.

[135] 吴海.美陆军发布云计算战略报告[J].防务视点,2015(6)：45 - 48.

[136] Martin G, Lippold A. Forgemil：a case study for utilizing open source methodologies inside of government[M]. Open Source Systems：Grounding Research. Springer Berlin Heidelberg, 2011：334 - 337.

[137] Xiaofei W. Present situation of cloud computing's development and its application prospect in military[J]. Value Engineering, 2012, 31(7)：97 - 101.

[138] 时东飞,蔡疆,黄松华,等.美国空军"战斗云"作战理念及启示[J].指挥信息系统与技术,2017, 8(3)：27 - 32.

[139] 孙颖.国外下一代战机的发展趋势浅析[J].电子信息对抗技术,2014(4)：27 - 30.

[140] Zhao-rui L, Xue-zhi W, Ru-long H. Cloud computing in military application[J]. Communications Technology, 2011, 37(3)：254 - 257.

[141] Zhen-dong Y, Bin G. A data cloud management system for mass military information [J]. Telecommunication Engineering, 2011(7)：579 - 584.

[142] Yue-ling Z. Design of intelligent logistics system based on cloud computing and internet of things [J]. Computer Science, 2012(3)：124 - 129.

[143] Cheng X, Liao X. The application of cloud computing in military intelligence fusion[J]. International Conference on Information Technology, Computer Engineering and Management Sciences, 2011：241 - 244.

[144] Wan K, Gao X, Liu X, et al. A cloud cooperative attack system for networking anti-stealth combat

[J]. IEEE International Conference on Software Engineering and Service Science, 2013: 515 - 520.

[145] 袁援,凌卉.云计算技术驱动下构建数字图书馆虚拟化环境的探讨[J].情报理论与实践,2010(12): 119 - 123.

[146] 任磊,张霖,张雅彬,等.云制造资源虚拟化研究[J].计算机集成制造系统,2011,17(3): 511 - 518.

[147] Songshan Yue, Min Chen, Yongning Wen, et al. Service-oriented model-encapsulation strategy for sharing and integrating heterogeneous geo-analysis models in an open web environment[J]. ISPRS Journal of Photogrammetry and Remote Sensing, 2016(114): 258 - 273.

[148] Tom Broens, Stanislav Pokraev, Marten van Sinderen, et al. Context-aware, ontology-based service discovery[M]. Berlin: Ambient Intelligence. Springer Berlin Heidelberg, 2004: 72 - 83.

[149] Object Management Group. Catalog of Corba/IIOP specifications. http: www.omg.org/technology/ documents/corba_spec_catalog.html. 2004 - 09 - 14.

[150] Chen H. An intelligent broker architecture for contex-aware systems[D]. Maryland: University of Maryland Baltimore County, 2003.

[151] Agarwal S, Handschuhl S, Staab S. Surfing the Service Web. ISCW03, 2003.

[152] 黄琳.指挥自动化系统的开发[J].现代雷达,2002(1): 126 - 130.

[153] 李蒙蒙,沈其聪,靳艳卫.美军指挥控制系统发展现状及对我军的启示[J].中国指挥控制大会论文集,2013: 102 - 106.

[154] 孟祥玲,韦秀光,陈萍国.国外防空系统的发展[J].飞航导弹,2009(9): 34 - 36.